第二届中关村科学城工匠精神研讨系列活动论文集

中关村科学城总工会　编

中国言实出版社

图书在版编目(CIP)数据

第二届中关村科学城工匠精神研讨系列活动论文集 / 中关村科学
城总工会编 . —— 北京 : 中国言实出版社 ,2022.12
ISBN 978-7-5171-4305-5

Ⅰ . ①第… Ⅱ . ①中… Ⅲ . ①职业道德 – 中国 – 文集
Ⅳ . ① B822.9–53

中国版本图书馆 CIP 数据核字 (2022) 第 166069 号

第二届中关村科学城工匠精神研讨系列活动论文集

责任编辑：薛　磊
责任校对：李　颖

出版发行：中国言实出版社
　　　　　地　　址：北京市朝阳区北苑路180号加利大厦5号楼105室
　　　　　邮　　编：100101
　　　　　编辑部：北京市海淀区花园路6号院B座6层
　　　　　邮　　编：100088
　　　　　电　　话：010-64924853（总编室）　010-64924716（发行部）
　　　　　网　　址：www.zgyscbs.cn　电子邮箱：zgyscbs@263.net

经　　销：新华书店
印　　刷：北京科普瑞印刷有限责任公司
版　　次：2023年4月第1版　2023年4月第1次印刷
规　　格：889毫米×1194毫米　1/16　16.25印张
字　　数：320千字

定　　价：88.00元
书　　号：ISBN 978-7-5171-4305-5

序

    2016年底，中关村科学城总工会启动了首届工匠精神研讨系列活动，科学城非公高科技企业83位一线科研人员提交77篇高质量文稿，立足企业实际，就"劳动精神""创新精神"工匠精神在高新技术产业发展中的作用展开了充分论述，提炼形成"四个具有"符合中关村科学城创新人才特质的"创新工匠精神"内涵，即"具有对科技创新的真挚热情、具有对研发投入的执着坚毅、具有对创新创业的百折不挠、具有对崇高成就感的极致追求"。

    由此"创新工匠"评选标准与办法也酝酿产生。2018年4月，5位获得"创新工匠"称号的研发人才受到表彰。

    本论文集，是2020年5月启动的第二届中关村科学城工匠精神研讨系列活动论文合集，共收录论文64篇。科学城职工在文中论述了自己对创新工匠的认识、对本企业创新工匠文化的理解，对本企业创新工匠代表进行了讴歌，高度契合了发掘高科技企业创新工匠精神、弘扬创新工匠培育文化、树立创新工匠典范的活动初衷。读完这些篇章，你会坚信，在海淀、在中关村科学城这片创新沃土上，创新工匠精神定会薪火传递、新老相望、众志成城、代代发扬。实践证明，我国自主创新事业是大有可为的，我国要实现高水平科技自立自强，归根结底要靠高水平创新人才。

    本届论文征文大赛的最大特点，就是收集到大量文章体例规范、论述结构完整、颇具学术科研价值和企业应用推广价值的学术论文，凸显了中关村科学城作为北京国际科技创新中心核心区所具有的厚重的科学研究底蕴。论文涵盖了创新工匠精神在企业管理、企业战略、人力资源能力提升、企业规章制度特定化、企业文化构建等多领域、多学科交叉的优秀研究。此外，论文中也有一线科研人员对创新工匠精神的践行思考，对科技生产流程的优化论证，以及对企业创新工匠先进典型人物（群）的描绘颂扬。特别是在2020年突发的全球性新型冠状病毒流行的特殊时刻，无论是坚守在生产经营一线的科技工作者，还是为我国"一带一路"事业做出贡献的海外派遣科技人员，都生动地诠释着工匠精神对工作、对生活、对人生的巨大感召。

    "苦拟修文卷，重擎献匠人"，中关村科学城总工会以第二届工匠精神论文征集，为社会和科技企业同仁带来了一份思想碰撞的盛宴，向深化落实海淀"两新两高"战略、加快建设世界一流科学城献上一份高科技企业科技工作者气宇轩昂的时代答卷。

目　　录

论文篇

散文篇

人物篇

论文篇

工匠精神——高新技术产业优质组织心理资本的体现

韩　笑[1]

【摘要】工匠精神代表着精益求精、持之以恒、百折不挠、敬业乐业的职业精神，本文从管理心理学视角出发，尝试用心理资本理论来描述工匠精神组织或个体的底层心理特质，由此对工匠精神的内在心理机制进行更深层次的探索。

【关键词】工匠精神，心理资本，高新技术产业

工匠精神最早用于描述手工业时代手工劳动者的职业素养及职业品质，它代表着精益求精、持之以恒、百折不挠、敬业乐业的职业精神。现今，这种在工作中追求卓越的精神理念得到全社会的广泛认同，并开始培育、弘扬。以技术密集、知识密集为特征的高新技术产业，是研究开发投入高、研究开发人员占比大的产业。高新技术产业从业者们所持有的对科技创新的真挚热情、执着坚毅，对创新创业的百折不挠、极致追求，正是当代工匠精神的体现。

本文将从管理心理学视角出发，尝试用心理资本理论来描述持有工匠精神组织或个体的底层心理特质，由此对工匠精神的内在心理机制进行更深层次的探索。

心理资本（Psychological Capital Appreciation）由美国管理心理学家弗雷德·路桑斯（Fred Luthans）于2004年提出，他将积极心理学和管理心理学理论相结合，以：自我效能（self-efficacy）、希望（hope）、韧性（resilience）、乐观（optimism）四个核心要素描述了可促进个人成长的重要心理资源。近年来，心理资本得到了积极心理学（positive psychology）及积极组织行为学（positive organization behavior，简称POB）领域研究的广泛关注，大量研究发现，积极的心理资本与员工敬业的工作态度、卓越的绩效表现、优质的创意创新以及问题解决能力正相关。通过对此理论的梳理，我们发现心理资本的四大核心要素与工匠精神的具体表现有着紧密的联系，我们认为工匠精神的底层心理特点可被心理资本的概念所描述。

1　作者单位：完美世界（北京）软件科技发展有限公司。

一、自我效能（self-efficacy），精益求精、追求卓越的心理资本

在高新技术产业中，对研发技术的持续钻研、精益求精极为重要，这就意味着个体需要有足够的信心不断挑战研发过程中的困难任务，对业务进行高标准、严要求，未达成既定目标持续付诸努力。自我效能（self-efficacy），即个体对自身可成功达成某一目标的信心。高自我效能，可激励个体迎接困难和挑战，积极追求更高的目标。在工作中不断追求卓越，势必需要高自我效能作为内在动力进行支撑。路桑斯认为，持高自我效能的个体可有以下5个特征：

1. 他们会为自己设立高目标，并主动选择较为困难的工作任务；

2. 他们乐于挑战，并因挑战而更加强大；

3. 他们是高度自我激励的人；

4. 为实现目标，他们会投入必要的努力；

5. 他们以坚韧不拔的精神面对挑战。

我们可以发现，高新技术产业中的领军人物、技术带头人，往往都具备以上5个特征。那么高自我效能来自于哪里？组织该如何激励和提升其成员的自我效能感？路易斯认为，首先，自我效能与具体领域相关；其次，自我效能的产生来自于对技能的练习和熟练掌握；再次，自我效能永远有可提升空间；最后，自我效能可被他人影响。

总结来讲，即在自身专业领域内的持续深耕、积累，反复练习、钻研，不断累积小成就可有效提升个体在此领域内的自我效能感，并且优秀前辈的指导和肯定也可大幅提升个体的自我效能。这也正是工匠精神所强调的精益求精、追求卓越的底层心理推动力。

二、希望（hope），持之以恒的心理资本

在高新技术产业中，具有工匠精神的组织或个体，往往具备持之以恒、意志坚定，为实现目标可持续付出努力的特征，这正是"希望"（hope）品质的体现。心理资本中的"希望"是描述心理资源的概念。持高希望的个体拥有较强的意志力，有能力设定即符合实际又具有一定挑战性的目标，并且清晰达到目标的路径，同时可凭借自己的决心和自我约束，持续投入精力最终实现目标。

心理学家Peterson和Luthans（2003）的研究结果表明，管理者的高希望水平与其领导团队的高绩效正相关，并且高希望水平管理者下属的工作满意度以及留职率也更高。Youssef和Luthans（2007）通过对1000名管理者及员工进行研究，发现组织内个体的希望值与其工作绩

效、工作满意度、工作幸福感以及集体凝聚力成正相关。另外，也有研究发现，希望值的下降会引发组织内个体工作专注、积极和奉献精神的下降。由此可见，希望品质对于组织是否可以持之以恒、达成目标有着重要影响。

"希望"，曾经被定义为一种与生俱来的个性特质，不能被培养和改变。但是，随着积极心理学研究的发展，心理学家们认为希望品质是可以进行后天发展的。在组织环境中，提高个体的希望需要有3个条件：（1）至少一个令人振奋的清晰目标；（2）具有自主性以及找到路径的信心；（3）至少一个提供关心和鼓励的人。我们可以通过积极培养组织及个体的希望品质，来提升组织及个体持之以恒的职业品质。

三、韧性（efficacy）、乐观（optimism），百折不挠的心理资本

高新技术产业所拥有的关键技术往往开发难度大，研发过程中少不了攻坚战。科研人员们在攻克技术难题的过程中不可避免地会面对失败和挫折，在逆境中百折不挠的精神亦是工匠精神的体现。

韧性（efficacy），临床心理学家将其定义为在重大负性事件或风险之中或之后的心理复原能力，持高韧性的个体可调用积极的心理策略来应对逆境，并在较短的时间内将自身调整到与往常一样甚至更好的状态，坚韧地应对危机。路易斯在心理资本中将韧性的定义进行扩展，不仅包括在逆境中的坚韧，还包括在积极事件中的保持平衡、不骄不躁。同时，心理资本中的韧性不只包括恢复"正常"，还包括将逆境作为通向成长和发展的跳板，也就是成长思维。总结来看，韧性具备三个特点：逆境、适应和成长。

乐观（optimism），心理资本中的一种归因风格，积极心理学家马丁·塞利格曼（Martin Seligman）认为，乐观是一种归因方式，乐观的个体将积极事件归因为个人的、永久的、普遍的，将消极事件归因为外界的、暂时的、特定情境性的。有研究发现，乐观的员工能够更积极地解释工作中的挫折，并保持积极情绪，与此同时，积极情绪使得他们有更开阔的注意范围，从而帮助他们具有更高的开放性、乐于接受新观念、尝试新实践，并表现出更多的创造力。

韧性和乐观可被视为支撑"百折不挠"的心理资本。具有高水平韧性和乐观的组织或个体，在逆境和充满不确定性的情境下，会清楚地认为当前的挫败是暂时的，终将通过自身努力取得胜利，他们可在失败和压力中迅速恢复，维持良好的心理状态，积极调动资源解决问题，最终实现目标。

心理学家马斯腾（Masten）等人指出，个体的认知能力、自我效能感、情绪稳定性、自

我约束能力（自律）、积极的自我认知和生活观、幽默感以及吸引力是可以提升韧性的潜在心理资产。也就是说，韧性亦是可发展的心理资本，并且认知神经科学的研究中也支持韧性发展的脑可塑性。在组织中积极关注和培养组织成员的韧性，可帮助组织拥有百折不挠、用永不退缩的决心推动技术研发的精进。

四、优质组织心理资本缔造产业工匠精神

人们追求工匠精神，现实是并非所有人和组织都能达到工匠精神所期待的标准。究其原因，可能在于心理资本的匮乏，就如同无源之水、无本之木，在内在能量及动力不足的情况下，强硬地要求员工持续达到工匠精神所期待的目标，是不可行的。

Luthans等人通过对422位中国员工的实证研究，探讨了心理资本与工作绩效的关系。结果表明，员工的心理资本都与他们的工作绩效显著正相关。我们可以通过发展组织及个体的心理资本，以获得一支更为专业、敬业的队伍。

《诗经·卫风·淇奥》曰："如切如磋，如琢如磨"，《大学》曰："如切如磋者，道学也；如琢如磨者，自修也"。理解工匠精神的当代价值，需要研究工匠精神的本质，并将其弘扬培育。我们可以通过建立适合高新技术产业知识密集型组织的领导方式及组织氛围，优化组织心理资本，从而不断提高组织绩效、组织凝聚力，最终将组织打造成为具备工匠精神的精锐队伍。以梦为马，不负韶华，不忘初心，砥砺前行。

参考文献

［1］Fred Luthans, Carolyn M. Youssef, Bruc J. Avolio.（2018）.心理资本：激发内在竞争优势.中国轻工业出版社.

［2］Peterson, S. J., Luthans, F.（2003）. The positive impact and development of hopeful leaders. Leadership & Organization Development Journal, 24（1）, 26–31.

［3］Youssef, C. M., Luthans, F.（2007）. Positive organizational behavior in the workplace：the impact of hope, optimism, and resilience. Journal of Management, 33（5）, 774–800.

【评语】本文从行为心理学的角度，对工匠精神在企业中提高生产率的意义进行了学理分析。结合人力资源中的员工心理满意度分析，从自我效能、希望、韧性和乐观等角度，进行了工匠精神对企业培育员工核心竞争力之意义的分析。学术规范，引用得当，构思精巧，对一般企业理解工匠精神具有相当的指引意义，是一篇难得的工匠精神佳作。

弘扬工匠精神助力航空精品制造
——百慕高科发挥劳模、工匠榜样和示范作用实践研究

吴聪聪、沈思宏、赵君民、唐　辉[1]

【摘要】党的十九大报告中明确指出，我国经济已由高速增长阶段转向高质量发展阶段，正处在转变发展方式、优化经济结构、转换增长动力的攻关期，建设现代化经济体系是跨越关口的迫切需求和我国发展的战略目标。制造企业在这个经济形势下就更应该率先进行转型和变革，提升产品质量，增加企业效益成为最核心的市场竞争力。在这个过程中，提升弘扬工匠精神，强化典型引领，充分发挥劳模、工匠榜样和示范作用这项工作的优势作用就显得尤为重要。在抗击疫情和经济自强的大背景下，惟改革者进，惟创新者强，惟改革创新者胜。本文结合深化供给侧结构性改革中弘扬工匠精神的重要性，基于百慕高科现阶段发展现状和特征，研究探索百慕高科现阶段弘扬工匠精神的重要性和紧迫性，并结合公司生产型企业性质，开展具体的"弘扬工匠精神、助力精品制造"工作实践。

【关键词】工匠精神，工匠，劳模，精品制造

一、研究背景、目的和意义

（一）研究背景

随着《大国工匠》的播出，工匠精神引起了人们的广泛关注和热议。王东明在中国工会第十七次全国代表大会上强调，要树立劳动最光荣、劳动最崇高、劳动最伟大、劳动最美丽的理念，倡导辛勤劳动、诚实劳动、创造性劳动，尊敬劳动模范，用劳模的干劲、闯劲、钻劲鼓舞更多的人，激励广大劳动群众争做新时代的奋斗者，营造劳动光荣的社会风尚和精益求精的敬业风气。[1]

中关村科学城首届工匠精神研讨系列活动，以创新思维引领取得了超越既往的成果。作为中国航发航材院的控股公司和中关村科技园区高新技术产业，北京百慕航材高科技有限公司（以下简称百慕高科）秉承中国航发"动力强军、科技报国"使命，努力完成航空发动机

1　作者单位：北京百慕航材高科技有限公司。

配件科研生产工作。只有全体职工精益求精，锐意创新，敬业奉献，才能打造精品，企业才能稳步提升，在迅速发展的市场经济中站稳脚跟。因此，如何发挥劳模、工匠榜样和示范作用，直接关系着精品工程的实现，关系着公司未来的发展。

（二）研究目的及意义

本文的研究目的，是通过对高新技术制造企业强化技能培养和制度落地，树立先进典型，营造工匠精神氛围，充分发挥团队作用，发挥劳模、工匠榜样和示范作用的研究探索，了解高新技术生产制造企业弘扬工匠精神的特征，研究工匠精神在高新技术产业的表现形式和作用，并基于百慕高科现阶段的状况、特性等，实现百慕高科如何弘扬工匠精神，助力精品制造的实践探索。

本文的研究意义在于，通过对百慕高科工匠精神和示范作用的研究探索，树立先进典型，营造工匠精神氛围，充分发挥劳模、工匠榜样和示范作用，以点带面，不断将精益求精、创新发展理念深入到每一位职工心中，将工匠精神和精品铸造的概念在生产中有效运用，带动团队，用工匠精神助力航空精品制造，传导为公司的核心竞争优势，这对促进新时期百慕高科的战略转型，提升企业综合管理水平和核心竞争力，具有极其重要的意义。公司在创新理念和工匠精神的指引下，为核心区新一轮科技创新驱动发展贡献力量。

二、高新技术制造业工匠精神分析

（一）制造业工匠精神的特征

工匠精神是什么？它是一种职业精神，是职业道德、职业能力、职业品质的综合体现，是从业者的一种职业价值取向和行为表现。工匠精神的基本内涵包括敬业、精益、专注、创新等方面的内容[2]。香奈儿首席鞋匠说："一切手工技艺，皆由口传心授"。传授手艺的同时，也传递了耐心、专注、坚持的精神。工匠精神的传承，依靠言传身教地自然传承，无法以文字记录，以程序指引，它体现了旧时代师徒制度与家族传承的历史价值[3]。

因此，中国高新技术制造业中工匠精神就是要精于工、匠于心、品于行。确保在自己的本职岗位中，做出来的每一件产品都是精品，企业在管理和生产过程中鼓励并监督每一个岗位都做到这样，才能整体提升。目前，我国正处在加快建设制造强国的过程中，要将以爱岗敬业、精益求精、笃实专注和锐意创新为显著特征的工匠精神融入现代化生产制造与管理实践中。其中，爱岗敬业是工匠精神的根本，精益求精是工匠精神的核心，笃实专注是工匠精神的要义，锐意创新是工匠精神的灵魂。

（二）百慕高科发展现状分析

2010年，永丰产业基地铸造钛合金生产线投产，百慕高科航空航天军品及国际宇航生产铸造线由科研实验转入工业化批产专线。2016年，中国航发成立，坚持国家利益至上，坚持实施创新驱动战略，大胆创新，锐意改革，脚踏实地，勇攀高峰。百慕高科聚焦主业，积极完成各项重要产品、型号的研制和生产，同时完成波音、空客、GE、赛峰等国际客户的订单任务。2018年，国家供给侧结构性改革的深化之年，着力于实体经济发展，弘扬工匠精神越来越被重视。2019年，公司迎来了战略转型的关键时期。秉承"一心一意谋发展、心无旁骛干动力、严慎细实干精品、精益求精铸强心"的理念，面对机遇，百慕高科应以转型求发展，以高技术含量、高品质的产品占位领先。

2020年是百慕高科成立二十周年，公司以"十四五"规划为目标，实现企业转型发展，践行"诚信、协作、精益、创新"精神，更好地完成国内外航空配套任务及国际宇航研制生产任务，努力开拓国内非航空市场，逐步实现百慕高科腾飞之梦。因此，如何在员工中弘扬工匠精神，关系着企业核心竞争力的提高，关系着企业未来的发展。工匠精神在公司更好的推广和运用，将是企业发展的源泉和生命线，对加强管理、提高效益、稳定职工队伍、凝聚职工力量以及激发职工的正能量都有着重要作用。

三、百慕高科弘扬工匠精神、助力航空精品制造实践

（一）爱岗敬业为根本

1. 成立"铸心"新长征党员突击队

爱岗敬业是每个员工最根本的素质，为了充分发挥党员的先锋模范作用，聚合力进行技术攻关，2017年公司成立"XX机匣优质交付"项目党员突击队，聚匠心精神，造精品机匣。突击队攻坚克难研制项目完成全部指标，其中XX型号提前交付完成，产品合格率提升26.6%，X光缺陷数量降低56.8%。2018—2020年，连续三年，发扬工匠精神，打造精品机匣，组建联合突击队。完成4个攻关目标。

2. 抗击疫情兼顾复工复产，彰显工匠榜样和示范性作用

公司青年参加颜鸣皋院士杯"铸我中国心"主题演讲比赛，荣获全院二等奖。一名90后一线工人说："发动机是飞机的心脏，每一个零件都需要很多很多的工序精心加工而成，产品被一线工人们以严慎细实的工作态度进行了上千次的抚摸。"就是这样一群爱岗敬业的员工成为企业的根本，制造出一件件完美的精品。有一位劳模，她已经到了退休年纪，却每天甚

至周末都站在生产一线，为等一个荧光结果到半夜十二点，为解决一个难题在打磨间一待几个小时，她是我们高科人心中的榜样，更是工匠精神的充分体现。公司以她成立劳模创新工作室，作为专家指导着重要产品的生产，带领着一个又一个爱岗敬业的人继续进步和奋斗。

2020年是特殊的一年，我们在疫情中复工复产，疫情就是命令，防控就是责任。为积极响应党中央精神，充分发挥党支部的战斗堡垒作用和党员的先锋模范作用，百慕高科于2月8日策划成立"应对新冠肺炎疫情防控党员突击队"。党员每天早上7:20-8:10在公司测温点对进厂员工进行体温检测，以保证生产任务的按时完成。在这里，每一名党员，每一名在疫情期间上班的职工都用自己的力量诠释着工匠精神。

图1　铸心党员突击队

图2　北京市劳动模范颁奖

图3　党员突击队成员值班合影

（二）精益求精为核心

1. 劳动竞赛，提升技术水平

在中关村开展的"双爱双评"活动的带动下，百慕高科工会围绕公司经营目标以及在经营管理中的重点、难点和薄弱环节，有的放矢地开展了"强技能、提素质、保安全、提效益"的劳动竞赛，技术比武、合理化建议、岗位培训、创建"六型班组"等各项竞赛活动。

近年来，公司产品的质量内部损失和外部损失金额都有明显的下降，精益求精，推进零缺工程，逐步落实零缺陷、零呈报，件件精品。

要弘扬工匠精神，提升职工技能，关键是营造"尊重知识、尊重劳动、尊重人才、尊重创造"的良好氛围。开展丰富多样的竞赛是有效的手段。公司连续几年举办射线检测劳动竞赛、计量大赛、荧光检测技能大赛、质量技能大赛等。公司多次以"精益严慎工作作风、保质保量完成生产任务"为主题，开展"千炉安全无事故"劳动竞赛，"保质保量交付"为主题开展多样的劳动竞赛、维修岗位技能比武大赛、启功流动红旗进班组活动等，为全体员工展示自我、提升技能提供了重要的平台。

图4　技能大赛照片

2. 每周一星，树立典范

公司在生产现场开展"每周一星"活动，其中最有代表性的就是精整工段的一名普通的焊工。这是一位帅气腼腆的大男孩，在工作中他总是默默地努力耕耘着。为了焊接处合格产品，他虚心向老师傅请教。他负责的产品是大型铸件，由于结构复杂，铸造冶金质量不稳定，容易产生缺陷，一般精整补缺需要反复多次进行，但是这个奇迹却在这个大男孩手中产生，经过荧光检测后补焊合格率为100%。他以精益求精的工匠精神严格要求自己，对工作高度负责，书写了某大型钛合金铸件补缺一次合格的传奇。

（三）笃实专注为要义

1. 脚踏实地，国际宇航项目持续进步

国外宇航产品的订单和图号逐步增加，也增加了公司的交付压力，经历了长时间的交付爬坡过程，终于在赛峰发动机项目的交付上再传喜讯，基本实现了LEAP发动机钛合金零件N个图号的交付，来自法国赛峰集团的领导与百慕高科共同举办了阶段目标表彰会，共同见证百慕高科在LEAP项目上的又一里程碑。

公司对LEAP项目受表彰的员工进行了"百慕工匠"的专栏宣传，鼓励更多一线的员工笃实专注，制造精品，更快更优质地完成公司的各项指标。生产现场评模范，带头人就在我身边。表彰是有效的激励，能有效激发工匠精神。无论他们是具有18年岗位经验的现场熔炼工，是具有11年岗位经验的库管员，是资深的质量工程师，还是新入职的供应链管理者，每一位员工都是笃实专注的代表，是工匠精神的代表。他们热爱本职工作，不断追求进步，他们对质量精益求精、对制造一丝不苟、对完美孜孜追求。他们拥有堪比外科手术医生的定力，严肃、认真地对待每一个工作细节，他们美丽的青春在焊花中绽放风采，执着匠心坚守岗位，满满正能量。

图5　LEAP项目表彰会及百慕工匠期刊

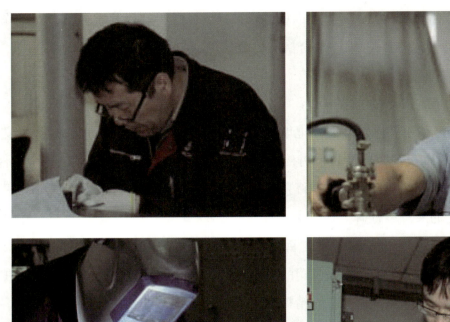

图6　工作中专注的师傅们

2. 发挥党员先锋模范作用，实现LEAP项目优质交付

为更好地科研攻关，夯实产品的优质交付，百慕高科与机加工单位中国航发长空力威尔公司开展以"赛峰LEAP项目优质交付"为主题的共建活动。双方员工互通有无，两个公司在产业化升级和管理中全面融合，在产品的优质交付上共同努力。发挥党员的先锋模范作用，带头做好自己的工作，同时双方签订了共建任务书。这也能促进双方在后续的加工合作中更加了解，双方员工都以笃定专注的态度来干，对于产品的优质交付是大有裨益的。

发挥党员的先锋模范作用，能有效激发工匠精神。为了促进广大职工在工作实践中将重点放到提升工作和产品质量上来，开展争做"质量放心党员"、"质量放心党支部"等活动。同时，更好地引导广大党员和职工群众聚焦主业，增强质量意识、严守规章流程、夯实工作基础、持续改进创新，推动各类产品质量提升。

图7　丝绸之路共建

3. 携手主机客户，开展厂际联动

百慕高科与沈阳黎明公司已持续三年开展劳动竞赛。在厂际联动劳动竞赛活动项目中，共涉及一千多件产品，均提前或超额完成任务。黎明公司工会副主席王宝成同志来到百慕高科，对公司进行嘉奖。2020年，双方更是以更高的要求，更严谨的考核机制，持续开展厂际劳动竞赛，确保国防型号关键件的保质保量交付。

图8　黎明公司来京对公司嘉奖

（四）锐意创新为灵魂

1. 集体智慧力量大，传承工匠精神得提高

创新是发展的不竭动力。新时代呼唤新作为，公司大力鼓励员工进行创新和发明，技术研发项目也逐年增加。公司先后产生了全国劳动模范李东升、北京市劳动模范王红红，劳模带动示范作用让工匠精神的传承更有动力、有实效。

熔炼工段是多人操作特殊过程的一级危险作业场所，曾发生过爆炸伤亡事故，针对薄弱环节工会开展了"百炉安全无事故"、"千炉安全无事故"等劳动竞赛，在共产党员吴培的带领下，根据多年实际操作经验，将熔炼操作集体智慧集成，提炼出"熔炼操作手语"，使熔炼操作更加规范、易懂和便于传承。

2. 青年创新展活力，注入工匠新血液

百慕高科的青年参加中国航发第一届青年创新大赛"百团大战"，其中"某型号中介机匣荧光自动线检测"项目成功进入集团20强，荣获优秀奖。之后，"航空发动机零件的机械数字射线检测"等项目持续开展和申报参赛。

图9　焊接之星

质量制胜，立足青年积极推进成本工程，鼓励青年立足本岗，主动作为，积极探索新内容、新方法、新成效，为新时代的改革发展贡献青春智慧。组织青年参加青年降本增效活动，2017年，有7名青年参加项目答辩，其中三个项目在评比中荣获奖项。近年来，降本增效持续推进，有11名青年带着12个项目进行了降本增效的评选，其中2个项目荣获三等奖，他们为工匠精神的传承注入了新鲜的血液。

序号	负责人	项目名称	部门	所属党支部
1	王会贤	复验结果证明书/复验申请单实现电子化流程及复验相关资料共享效果	质量安全部	第二党支部
2	朱艳杰	检测工装的应用和砂型代替石墨制品	运营保障部	第二党支部
3	肖海涛	精铸型壳堵孔用石墨堵的替代	铸造中心	第三党支部
4	张奎宁	提高SLB机匣蜡模制备生产效率	铸造中心	第三党支部
5	杨嵎	钛合金铸件复合切割工艺研究及应用	铸造中心	第三党支部
6	田智星	leapA系列发动机零件——A支臂生产效率提升	精整中心	第三党支部
7	吴利红	酸洗保护去除工艺的优化提升	精整中心	第三党支部
8	刘俊	ATOS自动化光学测量设备编码点成本优化	特检中心	第三党支部
9	杨硕	垂尾助力器支持框架荧光自动化检测	特检中心	第三党支部
10	杨硕	LEAP套件类产品数字射线检测	特检中心	第三党支部
11	张立朝	钛合金铸件X光、荧光补焊质量提升	特检中心	第三党支部
12	张军威	机匣类铸件CR检测自动化应用研究	特检中心	第三党支部

图10　降本增效项目截图

3. 表彰劳动模范，打造最强工匠团队

为了树立典范，表彰先进，更好地弘扬工匠精神，促进职工之间的交流，增长学识，组织公司先进个人和LEAP项目工匠等人参观珠海航展，参观最新的行业引领产品，了解最先进的行业知识，不断学习，在今后的工作中不断创新，继续保持先进的工作作风，起到更好的模范带头作用。公司注重人才培养，5年来，技术人员比例由9%提升至13%；大专以上高素质人员比例由38%上升至47%，博士团队由1人上升至7人。建立继续教育制度，鼓励员工继续教育，内生动力得到显著提升，使得各项产品任务的高质量高标准完成，为助力航空精品制造建设提供了坚实的保障。

2020年是公司成立二十周年，为充分发挥劳动模范的骨干带头作用，公司建立劳模评比制度，组织评选第一届"百慕高科劳动模范"，对候选人的事迹进行宣传和展示，共评选出10名劳动模范。

百慕高科开展弘扬工匠精神、助力航空精品制造工作实践以来，运用多种形式的研究方法并开展具体实践工作，对强化先进典型引领，充分发挥劳模、工匠榜样和示范作用研究工作进行了系统归纳和经验总结，进而提炼出具有实践意义的工作经验、工作形式和方法。

在传承工匠精神的同时鼓励创新、精益求精，在发展中逐步突破，有效地促进了生产管理工作，同时助力公司产品质量再上新的台阶，提升了企业的核心竞争力。通过此次实践研究和收获的成效，公司将继续弘扬工匠精神，强化前进典型引领，充分发挥劳模、工匠榜样和示范作用，在航空精品制造上精益求精，为动力强军、实现中国梦贡献力量！

图11　劳模颁奖和珠海航展合影

参考文献

［1］王东明：《以习近平新时代中国特色社会主义思想为指导团结动员亿万职工，为决

胜全面建成小康社会夺取新时代中国特色社会主义伟大胜利而奋斗》，在中国工会第十七次全国代表大会上的报告，2018年10月22日。

〔2〕论工匠精神：中国文明网，2017年5月24日。

〔3〕王迩淞：《工匠精神》，《中华手工》2007年第四期。

【评语】本文以本企业弘扬工匠精神的工会活动为切入口，具体阐释了工匠精神的内涵以及对企业竞争力提升之影响。从工匠精神的定义出发——敬业、精益、专注、创新，以铸心活动、一周一星评选、LEAP项目等，生动地展示了企业工会在发挥劳模和工匠带头作用，塑造企业创新工匠上的丰硕成果。特别是以本企业的行业特殊性为例，以飞机的机器之心，对应于工匠之心，以及工会活动的铸心，是非常巧妙的呼应，给人印象深刻。文章语言流畅，图文并茂，人物画像非常丰富，点面俱全，是一篇较好的创新工匠论文。

高新技术企业的工匠精神内涵构建和培育路径探析

刘江超[1]

【摘要】工匠精神概念在国内广为流行，但其内涵一直在持续演变，而对于高新技术企业如何构建工匠精神内涵、培育工匠精神的探讨甚少。本文在分析高新技术企业主要特点的基础上，对高新技术企业的工匠精神内涵构建及培育路径进行了探析。

【关键词】高新技术企业，工匠精神，内涵构建，培育路径

近年来，工匠精神这一概念在国内广为流行，然而，工匠精神的内涵尚无一定论，且仍在持续演变。本文拟在分析高新技术企业主要特点的基础上，对高新技术企业如何构建工匠精神内涵及培育路径进行探析。

一、高新技术企业主要特点

一般讲高新技术企业，是指根据国务院《高新技术企业认定管理办法》认定的企业，是在《国家重点支持的高新技术领域》内，拥有核心自主知识产权，并以此为基础开展经营活动的企业。高新技术企业是知识密集、技术密集型的经济实体，是高新技术产业的主体。相对于其他企业，高新技术企业在以下三个方面特征明显。

1. 从所属行业看，高新技术企业需更重视人才

与其他产业发展不同，高新技术产业发展的核心竞争力在于技术创新，技术创新是推动高新技术产业发展的引擎，这方面已经是大家的共识。但是，随着资本市场的勃兴，对资本运作的重视程度随之飙升，有的人甚至认为资本比人才更重要。

对此，有学者对我国高新技术产业差异性进行了探索性分析，在空间异质性检验基础上，运用混合地理加权模型分析了影响我国高新技术产业发展的因素，得出的结论是：相对于投资、地理差异等因素，人力资本不但是技术创新的主体，而且是强化技术溢出和扩散的传导主体。人力资本不但加速产业集聚，而且激发了集聚区的创新动机。[2]有的学者通过构建

---

[1] 作者单位：旋极信息技术股份有限公司综合办公室。

[2] 赖志花，王必锋，牛晓叶：《我国高新技术产业影响因素异质效应研究》，载《数学的实践与认识》2020年第4期，127-135。

灰色关联模型，对我国高技术产业发展进行了综合评价，认为高比例的专业技术人员是发展高技术产业的基础，对各地区的技术创新发展都起着至关重要的作用。[1]

由此可见，人才依旧是支撑高新技术产业的首要因素。相对于其他企业，高新技术企业需要把人才放在更重要的位置，回应人才需求，重视人才培养，建立企业与人才共赢的局面。

2. 从单位员工价值取向看，高新技术企业需更关注群体精神的培树

高新技术企业员工大多为"知识型员工"。"知识型员工"是由彼得·德鲁克（Peter F. Drucker）最早于1959年在其著作《Landmarks of Tomorrow》中提出，他将知识型员工界定为"利用自己所了解和掌握的信息和技术进行工作的群体，知识型员工不同于传统的工作者，他们在工作的过程中更加注意对自己掌握的知识和技能的应用"。弗朗西斯·赫瑞比将知识型员工定义成主要通过依靠自己的分析和创造能力，不断地为产品增加附加值的员工。[2]

知识型员工有较高的学历，丰富的专业技能，以及独当一面的工作能力。他们自我要求很高。在工作中，他们不满足于重复性劳动，而是通过不断学习，自我更新，不仅积累经验，更注重从理论、知识层面进行思考、成长。

知识型员工通常更喜欢具有挑战的任务和工作，希望将工作岗位变为实现自我价值的舞台，进而得到他人的认可。与普通员工不同，他们不喜欢所谓的岗位稳定，不愿面对千篇一律、一成不变的工作内容，他们求新求变，积极创新，努力适应并融入这个快速发展变化的社会。[3]

面对这样的员工群体，高新技术企业需要在制定合理薪酬体系的基础上，建设良好的企业文化，营造争先创优的氛围，为员工提供不断发展、具有挑战性的工作机会，让他们有追逐梦想、实现人生价值追求的平台。

3. 从产品研发周期看，高新技术企业需更注重长期投入

产品是企业价值的载体。一般而言，产品的市场生命周期都有引入期、成长期、成熟期、衰退期四个阶段。与普通产品相比，高科技产品市场生命周期特征有本质的差别。

普通产品生命周期特征一般是产品的引入和成长期比较短，产品成熟期较长，产品衰退阶段较为缓慢。

而高科技产品，引入期最大特征是时间长、费用高，研发和推广需要较大的沉淀成本，

1　吕微，管利娜：《我国高新技术产业灰色关联发展评价研究》，载《科技促进发展》，2019年第9期，988–996。

2　刘新：《我国企业知识型员工激励机制研究》，载《现代商贸工业》，2012年第5期，1–2。

3　刘新：《我国企业知识型员工激励机制研究》，载《现代商贸工业》，2012年第5期，1–2。

需要投入大量的人力、物力、财力，进行大规模和较长时间的研究开发与推广。同时，生产者还要面对可能由技术与市场的不确定性带来的损失。[1]

为了在市场中崭露头角，赢得成熟期的高额利润，高新技术企业需要持续保持耐心、专注，注重长期经营，投入大量的研发成本，掌握更多的尖端技术和核心技术，才能熬过漫长的引入期、成长期。

二、高新技术企业如何构建工匠精神内涵

《辞海》对工匠一词的释义简单明了："手艺工人。"[2]而对于工匠精神，根据严鹏的研究，这是2010年以后才在中国兴起的新概念，其字面含义具有与职业技能教育的关联性，但其真正的流行得益于具有日本想象的商业营销。由于概念本身的模糊性，工匠精神一词在传播过程中，不断被赋予新的内容和含义，最终泛化为一种以敬业和专注为基本内涵的工作伦理。[3]

工匠精神在国内的广为流行，很大程度上源于官方推动。2016年工匠精神首次出现在政府工作报告中。与此同时，相关研究持续升温。据统计，中国知网全文包含工匠精神一词的文献，2016年为10368篇，2017年为17940篇，2018年为19857篇，2019年为19935篇。

综合当前的诸多研究，工匠精神的内涵还在不断地丰富、演化，对其确切内涵大家还有很多讨论。对于高新技术企业，鉴于上述三个特点，笔者认为应从以下三个方面构建这一概念的内涵，以形成新时代的企业文化，为企业发展提供精神动力。

1. 工匠精神不仅是一种个人职业操守，也应是一种集体价值观

从历史渊源来看，在早期手工业社会，为了保证产品质量合乎要求，工匠在制造过程中必须遵守一定的规范，而工匠头脑中的规范意识及其在制造活动中的落实，便是今人通常所说的工匠精神。可见，早期的工匠精神主要是一种个人的职业操守。

而随着时代变迁，特别是在当今互联网时代，社会硬件为个人赋能的趋势越来越明显、个人获得更多自由，个体与组织的新型关系正在形成。传统工匠的个性化特征与现代社会高度协作特征在这里相遇了。[4]有的研究从工匠精神与劳动竞赛、劳模精神的关系来分析，认为从诉诸群体看，劳动精神的主体是广大的普通劳动者群体，劳模精神的主体是为社会做出突

1　金素，申钢强：《高科技产品市场生命周期特征与影响因素分析》，载《江苏科技信息》，2005 年 3 期，42–44。

2　辞海编辑委员会：《辞海》（第六版彩图本），上海辞书出版社 2009 年版，第 714 页。

3　严鹏：《工匠精神：概念、演化与本质》，载《东方学刊》，2020 年第 2 期，41。

4　张培培《互联网时代工匠精神回归的内在逻辑》，载《浙江社会科学》，2017 第 1 期，75 – 78。

出贡献的劳动模范群体，工匠精神的主体是面向拥有专业特长和一技之能的产业工人。[1]有的研究具体到制造业，认为培育制造者的工匠精神有利于提升制造业从业者的集体素质，追求制造更加优质的产品，提升其价值理念，确保更好的产品进入市场。[2]

由此可见，作为个体，不同劳动者可能拥有相似和相同的价值观，而当这种价值观被群体中的所有个体共同认可时，就成为一种共享的心智模式，是群体文化的重要组成部分。在这个意义上，工匠精神理应成为群体文化的组成部分。由此，高新技术企业构建工匠精神内涵，在从个人职业操守方面进行探究的同时，还应加入分工协作、共创精品的群体精神，使之成为一种集体价值观。

2. 工匠精神不仅是手工业者的职业追求，也应是劳动者的价值取向

工匠精神的内涵，有狭义与广义之分。狭义上，特指在某些工程技术工艺领域中的人们的一种专注、精益求精的精品精神。广义上，则泛指人们在日常生活的方方面面所表现出来的一种创造、创新、开放和不断学习、不断提升与完善的生活态度。[3]有的学者的表述更直接，认为"工匠"不应该单一地指向制造业，而是在各行各业中都可以使用。[4]还有的学者指出，工匠精神的社会构建并不只是激发某一个人、某一群体或某一特定行业的职业精神和敬业表现，它旨在提升全体劳动者的集体劳动素质。[5]

总而言之，在当前的宣传语境下，工匠精神不应只局限于手工业者、产业工人的职业追求，而应进一步扩展为新时代全体劳动者的共同价值取向。高新技术企业应该着力将工匠精神引入所属行业领域，注入行业内涵，进而以工匠精神重塑企业价值观，为企业发展提供精神动力。

3. 工匠精神不仅要吸取国外相关理念的精华，也应深深植根于中华历史传统

近现代以来，西方国家拥有了很多"百年老店"和享誉全球的世界品牌，其中从德国、瑞士和日本为其代表。这些成就的取得，与背后起支撑作用的、以精益求精为核心的工匠精神关系甚密。我们在构建工匠精神内涵时，应充分吸收借鉴这些理念的精华成分。

同时，不能认为"月亮总是国外圆"、妄自菲薄，因为在中华民族的历史长河中，能工巧匠创作了各种各样精致细腻的物品，如青铜器、丝绸、刺绣、陶瓷等，并形成了以"尚

1 邵月娥：《关于劳模精神、劳动精神、工匠精神的时代内涵与内在逻辑的理论探析与实践探索》，载《天津市工会管理干部学院学报》，2020年第1期，27 - 32。

2 赵会淑：《工匠精神的内涵及其当代价值》，载《经贸实践》，2018年第20期，278 - 280。

3 齐善鸿：《创新的时代呼唤工匠精神》，载《道德与文明》，2016年第5期，5 - 9。

4 赵会淑：《工匠精神的内涵及其当代价值》，载《经贸实践》，2018年第20期，278 - 280。

5 朱春艳，赖诗奇：《工匠精神的历史流变与当代价值》，载《长白学刊》，2020年第3期，143-148。

巧"的创造精神、"求精"的工作态度、"道技合一"的人生境界为主要内涵的工匠精神。[1]而据有关学者研究，日本工匠精神是日本根据日本人的生活生产方式与信仰和精神需要，对中国文化做出的诠释与改造。[2]

当前，在西方话语主导的"智能制造"时代，高新技术企业在国际化上若想有所作为，则需在本土与世界、传统与现代、坚守与发展诸"张力"空间中，构建起继承中国传统的、富有时代气息的工匠精神，才能真正挺起国货的脊梁。[3]

三、高新技术企业培育工匠精神路径探析

在知识经济和经济全球化发展的背景下，企业之间的竞争越来越表现为文化的竞争，企业文化对企业生存和发展的作用越来越大，对企业生存和竞争力的发展具有至关重要的作用。[4]

在高新技术企业，构建以爱岗敬业、精益求精、开拓创新为内核的工匠精神，将极大地增强企业凝聚力。可以考虑从以下几方面构建工匠精神。

1. 找准企业定位，聚焦核心业务

以工匠精神为核心的企业文化，不只体现在公司员工身上，也体现在公司战略和定位上。

江南春在《抢占心智》一书中指出，互联网在很大程度上使人们的购物天性得到了释放，市场也开始变得越来越碎片化。在这样的情况下，越来越多的企业开始选择避开巨头，从垂直细分领域入手，准确把握用户需求，将有限的资源聚焦到其所擅长的核心渠道上，依托自身优势走出一条与众不同的道路。[5]

旋极信息在上市后，通过孵化、收购等，逐步走上了集团化的道路。随着业务面的扩大，如何对企业核心业务进行精准定位，成了公司战略的重大问题。经过多方摸索、碰撞，并筛选、精简，旋极集团最终将企业愿景定位为领先的行业智能服务构建者，将业务聚焦到智慧防务、智慧城市、智慧税务三大板块，发展目标更集中，资源配置更合理，企业发展进入了快车道。未来，旋极集团将继续优化产业布局，精简产品结构，为社会提供更多智能服务。

2. 营造求精氛围，树立用人导向

工匠精神需借鉴古今中外优秀的匠人精神，融入企业整体文化建设，在企业使命、愿

1　肖群忠，刘永春：《工匠精神及其当代价值》，载《湖南社会科学》，2015年第6期，6-10。

2　周菲菲：《试论日本工匠精神的中国起源》，载《自然辩证法研究》，2016年第9期，80-84。

3　路宝利，杨菲，王亚男：《重建与传承：中国工匠精神断代工程研究》，载《中国职业技术教育》，2016年第34期，124-134。

4　余斌：《企业文化在公司经营中的作用》，载《管理观察》，2018年第8期，25-26。

5　江南春：《抢占心智》，中信出版集团，2018年版，第63-64页。

景、核心价值观、企业精神等方面都体现这一理念，并注重从员工入职、培训、工作，直至离职的全过程加强点滴日常渗透，形成精益求精、追求卓越的浓厚氛围。

对员工进行崇尚工匠文化、工匠精神的教育，在研发、设计、生产、质量等经营管理的各个环节之中，倡导精雕细琢的重质文化。对公司各专业领域内体现工匠精神的专家、大家、行家，不仅宣传其典型事例，更注重从物质、精神、晋升等多方面给予倾斜，以鲜明的用人导向牵引员工将工匠精神作为一种永恒的追求。

3. 以产品为核心，鼓励多出精品

当前，随着经济社会发展和居民收入不断增长，一部分高收入群体开始对产品质量有了更高层次追求，而且年轻人越来越注重品质生活享受。正如周鸿祎在《极致产品》一书中指出，在需求个性化的今天，做产品与其奢望满足所有群体的需要，不如退而求其次，对准某个特定群体，能够满足某个细分领域的人群，将自己的优势发挥到极致，就能够获得更高的用户认同率。[1]

高新技术企业应立足不断扩大的国内高端消费品市场，运用好工匠精神和"互联网+"思维，开展个性化生产和私人定制服务，在互动中形成更多的特色型经济业态。要树立高标准，鼓励追求产品极致化，对精美作品、产品实行专项奖励，如同建筑界的"鲁班奖"或者影视界的"奥斯卡"，形成良好的质量文化、品牌文化。

4. 鼓励创新创造，促可持续发展

随着知识经济的到来和人工智能的发展，高新技术企业只有不断加大研发投入，增强创新创造力度，掌握核心技术，才能在市场立于不败之地。

高新技术企业要突显员工主体地位，培养对岗位的专业程度与专注态度，提升自主创新能力，激发象力与创造力。实施技术创新型人才培养工程，制定完善的激励机制和奖惩机制，针对专门人才制定股权激励机制，吸引更多的创新型技术人才。

提高员工创新创造意识，强化专利的保护与运用，制定从专利收益获取分成的措施，让员工勤于钻研、敢于创新，同时享受到精益求精的成果。

【评语】本文是一篇不可多得的工匠精神论述佳作。作者将工匠精神的分析定位在高新技术企业中，从企业特性（高科技型）、人才构成（知识工作者）、产品研发生产（智力创造产品）的特性出发，环环入扣地界定了中关村科技城企业的工匠精神土壤。在此前提下，作

---

1 周鸿祎：《极致产品》，中信出版集团，2018年版，第39-40页。

者引述了人力资源管理理论，着重点出人力资源在技术创新中的角色和影响，提出了切实的工匠精神践行意见。特别是将工匠精神不局限于个人精神，而作为企业文化和团体价值观的论述，切中要害，直指工匠精神与企业管理相融合的方向。最后从高科技企业营造工匠精神的建议中，也不局限于人的层面，而是总揽全局，从人、研、营等角度系统的构建工匠精神的实施框架，逻辑清晰，论述得当，引人入胜。

工匠精神的内涵及其培育

冯少辉[1]

【摘要】本文主要阐述了工匠精神的内涵，工匠精神的国内外对比以及中国高新技术企业如何培育工匠精神。工匠精神是生产者、设计者在技艺和流程上精益求精，追求完美和极致，以质量和品质赢得行业领先和消费者信赖的精神，它是一种心存敬畏、执着专一的价值观，是一种从容独立、脚踏实地的工作态度，是一种永不知足、追求卓越的理念。论文最后部分进行了总结，指出中国企业只有重拾工匠精神，才能在新一轮的世界产业革命中立于不败之地，为此，中国企业尤其是高新技术企业应做到：以工匠精神引领研发与创新，以工匠精神引领质量管理，以工匠精神引领品牌建设。

【关键词】工匠精神内涵，研发创新

工匠精神成为热词，是因为在2016年政府工作报告中提出要"培育精益求精的工匠精神"，并且在给第二届中国质量奖颁奖大会批示时再次提出"弘扬工匠精神，勇攀质量高峰"。工匠精神能够为大家热议，是好事；培育和弘扬工匠精神，迫在眉睫。

一、工匠精神的内涵

工匠精神，是生产者、设计者在技艺和流程上精益求精，追求完美和极致，以质量和品质赢得行业领先和消费者信赖的精神。工匠精神体现了一种踏实专注的气质，在如切如磋、如琢如磨的钻劲背后，是对品牌和口碑的敬畏之心。工匠精神的核心在"精"与"神"，"精"就是精细、精致、精准、精确，精益求精，追求极致，力求完美；"神"就是信仰、敬畏，对所做的产品、所从事的职业、所服务的对象"敬若神明"，不是只为"三斗米"而皮笑肉不笑，而是发自内心的、来自骨子里的热爱与敬业。做"工"易，成"匠"不易，做"工匠"更难。凡工匠者，必有"精神"在支撑着他，才能经年累月地坚持做一业，练一技，成一家。

工匠精神是一种心存敬畏、执着专一的价值观。工匠精神是骨子里想把事情做好的信念

1　作者单位：北京旋极信息技术股份有限公司综合办公室。

和决心，是对初心的一种坚持。工匠精神是将心注入工作中，当全身心投入、主体与客体融为一体忘我工作的时候，便可调动本能的力量，从而产生无限的创造力。

工匠精神是一种从容独立、脚踏实地的工作态度。工匠精神蕴涵着严谨、耐心、专注、敬业、创新等品质。不贪多求快，不好高骛远，不眼花缭乱，不惜力，不怕费事。甚至费尽周折没有收获也无怨无悔，不轻言放弃，用一步一个脚印的精神，艰苦磨炼，产品和技能不断攀越，走向精致。

工匠精神是一种永不知足、追求卓越的理念。工匠精神要求自己对产品质量的追求永不知足，永远在改进，把每一个产品当作工艺品一样精雕细刻、耐心打磨，不厌其烦地改进产品。

说到工匠精神，我们想得更多的可能是产品质量，不论"顺德制造"还是"顺德智造"，都少不了要求把产品做好做精，高品质，创名牌。其实不然，日常中，我们每个人都应是"工匠"，各行各业的人都应有工匠精神，工人把产品做精致，医生把手术做精准，教师把课讲精彩，清洁工把地板扫得一尘不染，厨师把菜做得好味又有营养，政府出台的政策很精细合理……每个人都在从一业，既在服务别人，也在接受别人服务，如果大家都对自己的工作倾注全部的心力与智慧，则人人就都具备了工匠精神。

二、国内外工匠精神

联合国工业发展组织（UNIDO）发布的《2012 -2013 世界制造业竞争力指数》报告显示，全球制造业竞争力位居前四位的依次为日本、德国、美国和韩国。为什么这些国家的制造业如此之强大？谜底不难揭晓，这些国家的制造业和企业都有着一个共同的成功密码—工匠精神。正是由于对工匠精神的尊重和坚守，才使得这些国家的制造业蜚声海外、誉满全球。

德国的工匠精神是一种文化。德国素有"工匠王国"之美誉，德意志民族自古就有重视手工制造、崇拜技术的传统。德国工匠精神的培养与其先进的职业教育管理模式密不可分，他们从学生抓起，采用"双元制"职业教育管理模式，简而言之就是国家办的职业学校与私人办的企业合作开展职业教育的模式。在双元制职业教育体制中，接受职业教育的学生需要在两个场所分别进行培训。其中，一元是指职业学校，由政府主导，依据各州统一的教学计划进行教学，主要职能是传授与职业有关的专业知识；另一元是企业主办的校外实训场所，主要职能是让学生在企业里接受职业技能方面的专业培训。参加职业教育的学生每周至少要在企业培训三天，剩下的时间在学校上课。德国工人大部分都接受过职业教育，德国的"双元制"职业教育十分具有特色，不仅在国内教育体系中占据重要地位，在国际社会也得到广泛认可。

德国技工的社会地位很高，工资也很高。德国有很多企业是百年老店，长期生产某种产品，他们的工人很多世代做一个工种，手艺代代相传，他们喜欢不断雕琢自己的产品，不断改善自己的工艺，享受着产品在双手中升华的过程。所以，德国的机械、化工、电器、光学，直到厨房用具、体育用品是世界上质量最过硬的产品，动不动就"能用100年"，"德国制造"成为质量和信誉的代名词。工匠精神成就了德国的制造业，使德国成为全球第三大经济体、欧洲第一大经济体，世界一流经济强国。

日本的工匠精神表现在"职人文化"。从明治维新开始，日本就形成了尊重和推崇技术的"职人文化"。"职人"指的就是工匠，"职人文化"的精髓即工匠精神。日本的工匠精神表现在"职人"对自己的每一个作品都力求尽善尽美，以自己的优秀作品而自豪和骄傲，将不完美作品视为耻辱。日本"职人"对高超技艺的追求有着超乎寻常甚至可以说痴迷的追求。他们对自己的技艺要求极为苛刻并为此不厌其烦、不惜代价，但求做到精益求精，完美再完美。日本"职人文化"的精髓可以用两个词来概括，那就是"执着"和"忠诚"。"执着"的意思是说对完美作品和高超技艺的追求永不停止，直到自己满意为止；"忠诚"指的是为所从事的事业倾其一生，绝不改行或放弃。

在日本，技能型人才非常受重视。有关资料显示，日本蓝领工人的平均收入甚至超过白领工人，技术学校毕业生的就业率达到惊人的98%，远远超过大学生。较高的收入和令人尊敬的社会地位，给日本的蓝领工人带来了强烈的职业自豪感。日本的制造业也因此而获得了大批愿意为之献身的年轻后备力量。此外，在日本，传统手工艺的传人不仅得到了社会各界的尊重，而且经常见诸媒体。日本还建立了"人间国宝"认定制度。政府在全国不定期的选拔认定"人间国宝"，将那些大师级的艺人、工匠，经严格遴选确认后由国家保护起来，并予以雄厚资金的投入，以防止手艺的流失。

其实日本的"职人文化"并没有太多秘密，几个简单的词汇就可以概括：敬业、认真、负责、追求极致品质。但是一旦"职人文化"得到社会的广泛认可，融入日本人血液之中，抽象为日本民族的形象，"职人文化"就会转化为蜚声海外的名誉和巨大物质财富，极大提升日本制造的国际地位和日本人民的民族自信心和自豪感。

中国自古以来就是一个崇尚工匠的国度。从农耕工具、陶瓷、刺绣制作到高铁技术国产化，从四大发明、两弹一星到现代航空航天技术，我国在许多领域涌现出大批能工巧匠，也沉淀出意义深远的民族工匠精神。小至一件景泰蓝，大到辉煌的故宫、颐和园、云冈石窟，哪一样不是工匠精雕细琢而成的产品或艺术品？可以说工匠精神是支撑"中国制造"从"合格制造"走向"优质制造、精品制造"的精神动力，是中国进行供给侧改革的支撑因素，是中国企业提升国际竞争力的"利器"。

三、中国高新技术企业如何培育工匠精神

高新技术企业主要是从事具有较高科技含量的软硬件产品研制或技术服务的一类企业，由于其较高的技术附加性，使消费者对这类企业产品的体验需求与使用要求也更高。高新技术企业在产品的设计、生产制造等过程中应更加注重质量，追求精益求精，所谓"差之毫厘，谬以千里"，在设计、生产环节即便是一丝微小的误差或疏忽，都可能给产品带来严重的质量缺陷，导致颠覆性的从头再来，为企业造成巨大经济损失。从当年海尔总裁张瑞敏怒砸76台不合格冰箱即可体现。那么高新技术企业如何才能培育工匠精神呢？

首先，培育工匠精神，企业应根据员工的工作性质对工作理念、职业素养和工作能力等不同层次要求，有针对性地加以培育。通过专业技术培训、职业技能竞赛、敬业精神评比等方式，在不断提高员工专业技术、职业能力和综合素养的基础上，逐步夯实产生工匠精神的人力基础。常言道"十年树木，百年树人"，企业尤其是高新技术企业，更应持之以恒地为各层级员工"补钙"，不定期开展各类工种的技能大赛，为技能人才"学比拼"营造氛围，培养、选拔、表彰、宣传一批高技能、高素质专业人才，树立岗位标兵和典型。

其次，培育工匠精神，企业需要建立以市场为导向、以客户为中心的创新发展理念，建立并完善兼具包容与激励的制度环境。只有把客户放在第一位，才能以开放的心态实现价值创造的目标；只有精益求精，才能把产品和服务做到极致，才能把附加值做到最大，才能以最有利于社会的方式实现企业存在的价值。这就需要企业着力转变因循守旧，重学历、轻能力的传统观念，对富有创新和创造精神的员工要有明确的激励机制，同时对创新过程及其成果要建立正确的评价机制，逐步规避急功近利的工作倾向，建立"误差零容忍"的约束机制，奖罚分明，形成培育工匠精神的保障机制。

再次，培育工匠精神，企业需要建立与之相适应的重视技术、尊重技能人才的文化氛围，这种文化能助益于社会对劳动的崇尚，对工作技能与职业能力的崇尚，并创造一种环境让具有敬业精神和一技之长的创新人才有足够的发展空间和晋升通道。当然，这种文化并不是一蹴而就的，它需要领导与员工之间密切配合形成共同的企业价值观，并在长期的价值激励中逐渐积淀形成，从而使工匠精神成为引领企业发展的风向标。通过以工匠精神为核心的企业文化建设，让员工树立"工匠意识"，把工匠精神内化为全体员工的精神品质，让员工有严谨、细致、专注、负责的工作态度以及对职业的认同感、责任感、荣誉感和使命感，让

敬业执着、脚踏实地、精益求精成为企业价值追求，为工匠精神培育厚植土壤。

最后，培育工匠精神，是"一把手工程"，需要企业领导重视并常抓不懈，将质量意识、敬业精神植入企业经营管理的每一个环节。工匠精神的培育是一个持之以恒的过程，绝不是一朝一夕就可以实现的，也不是喊喊口号、开开会就可以让员工自愿执行的，那种今天想起来狠抓一把，明天忘了就放任不管的态度是很难培育工匠精神的。只有企业管理层始终重视倡导，建立适合工匠精神成长培育的组织、制度、措施等一系列软硬环境，企业员工正确认识、接受并积极践行，将其融入企业生产、研发、销售的各个环节，并不断地监督改进，企业才能逐渐培育自己的工匠精神。

结　语

当前，在我国政府的大力号召和引领下，工匠精神已日益被社会认知并接受，为人们所崇尚，我们每个人、每个企业要消除急功近利的浮躁思想，重新审视制造业之于经济、工匠精神之于制造业、于社会的深远意义。只有培育工匠精神，中国企业才能在新一轮的世界产业革命中立于潮头，我国的制造业才能长盛不衰。为此，下一阶段，我们的企业尤其是高新技术企业应努力做到：

以工匠精神引领研发与创新。创新是工匠精神的重要内涵，对原有技术的创新与新技术的应用，将更好地满足客户需求、提升用户体验。工匠精神不仅体现精工制作的理念和追求，更要积极吸收前沿技术，通过新技术的应用做出更好的产品，推动企业不断进取。

以工匠精神引领质量管理。质量管理需要质量文化引领与质量管理制度保障，需要进行思想建设与制度建设。要让企业上下形成共同的品质理念，在全员中形成追求极致品质的精神。质量管理制度以硬性要求，强化提升产品质量标准，推动质量理念在各个环节落地。

以工匠精神引领品牌建设。企业的发展需要品牌的推动，品牌的好坏决定企业能否在市场立足。品牌的竞争是产品品质的竞争，而工匠精神是品牌的内在价值。工匠精神就意味着品牌对客户在质量、体验、服务等方面做出的一个长期而持续的承诺。良好的品牌打造是基于对技术的不断突破创新和对产品品质的细致研究、提升，这是品牌工匠精神的集中体现。

参考文献

［1］胡建雄：《试论当代中国工匠精神及其培育路径》，载《辽宁省交通高等专科学校学报》2016年4月第18卷第2期。

［2］熊威，王力：《企业如何践行工匠精神》，载《中国工业评论》2016年第6期，第

41~43页。

［3］唐方成：《培育工匠精神对我国企业发展的重要性》，载《中国电力企业管理》2017年第2期，第9页。

［4］韩凤匠，于雯杰：《德国工匠精神培养及对我国启示》，载《地方财经研究》2016年第9期，第102页。

【评语】本文对我国工匠精神的培育提出了非常重要的议题。从日德工匠精神的内涵比较出发，作者深入到我国企业的短寿问题，提出工匠精神只有在企业的长远经营目标下才能得到系统的培育；继而提出高科技企业应当从系统性培训、企业文化定位、企业领导常抓不懈等角度，提出了自己对工匠精神培育的观点。具有一定的思想深度。行文规范，体例完成，是一篇较好的工匠精神论文。

浅谈如何打造中关村科学城工匠文化

王　娟[1]

【摘要】随着《中国制造2025（行动纲要）》的提出，高品质、高质量的发展方式对于"数控一代"和"智能一代"产品越来越重要。在从中国制造转变为中国创造、制造大国转向为制造强国的跃进中，迫切需要以爱岗敬业、精益求精和勇于创新为特征的大国工匠去打造中国品牌。人们提到"日本制造"、"德国制造"，就会想到优质精密、结实耐用、安全可靠，这得益于其传承已久的工匠精神，及逐渐形成的国家区域性的工匠文化。本文借鉴了这种日德工匠文化，浅析如何打造属于中关村科学城的"科学城制造"。

【关键词】工匠精神，格物致新，匠心与哲心

近几年政府工作报告中多次提到工匠精神一词，激起了社会各界的广泛关注和深入思考。林尚文[1]认为匠人精神是从物出发，追求物、心与技的有机统一，着重的是物之开发的极致、心之用的极致和技之锤炼的极致，是物、心与技的完美合一，展现人力与心智力量的结合。随着基于现代技术平台的新手工制造成为社会的新追求，今天的个性化产品与服务，不再单单由匠人的个性来决定，而是取决于匠人的个性与消费者的个性有机结合。在制度既定的条件下，工匠精神将最终决定一个国家与社会的质量与精神高度。徐长山[2]认为工匠精神的基本要义是：严谨、专注、专业、敬业，是指产品制造者精益求精的态度，包括认知、情感与意志。其本质上是一种职业精神、一种工作态度，汇聚了产品制造者的职业操守、劳动智慧、人生信念与价值追求。

不同的国家、民族，从物出发，在格物基础上所追求的心智取向是不同的。日本格物致知的最终走向是术道，强调物与我一体，以我之术，成物之美，以物之美，成术之美。术是心与技的结合[1]。他们认为工匠精神可以概括为认真、执着、极致、忠诚与负责。日本的匠人文化是"无我之器"，意为日本的匠人精神是从一个器物让公众看得见的，这个器物中不仅有技，更重要的层面是心，是器与心的结合，从高超、完美的技达到一种心的无我，达到物我合一的境[2]。日本拥有3146家超过200年历史的企业，为全球之最，代代传承的、精

1　作者简介：北京四方继保自动化股份有限公司功率电子硬件研发部研发工程师。

益求精的匠人精神是其有此成就的秘诀。即使在制作寿司饭桶这种日本国人习以为常的物品上，制桶匠人仍在从木材选取、干燥、切割、抛光等每一步上追求极致。德国最具特色，格物所达的知，不仅在于物之理，更为重要的在于物之本即追求超越具体物的道。在德国的文化中，对道的追求与对物的追求有机统一，因而，整个民族既有深厚的匠心，又具有高深的哲心[1]。他们认为工匠精神的主要内涵为认真严谨、专注，追求完美与秩序。中国格物致知，最终走向的是治道，匠人是依物之理，顺势而为。我国学者认为，尊师重道、敬业乐业、甘于奉献、持续创新、精益求精是当代工匠精神的大致内涵。

当然，在不同的国家政策制度下、不同的社会文化、经济制度下，每个地方都存在不同的驱动力让工匠精神进行传承和发展，如何形成地区性工匠文化甚至是工匠精神下的品质国家，是非常值得探讨的大问题。

高新技术产业不能靠数量竞争、靠低价竞争，而要有质量意识和品质意识，只是在技术层面的调整是不够的，企业文化、精神以及价值观的调整也非常重要。要打造区域性匠人文化，就要把匠人精神中的原则变成可操作的具体流程，把其目标任务变成实实在在的具体环节。

第一，企业要认同不同工种的地位，个人要认可自身价值，并愿意为企业创造价值。制造业链条的上端是科学家，科学家的突出作用在于发现和发明，他们能够提出科学理论，并通过工程师、技术工人，把科学理论变成现实。工程师的作用在于依据科学理论、原则和方法，进行产品的研发和设计，他们处在制造业链条的中端，起着承上启下的作用。技术工人处在制造业的下端，是产品的最终完成者，其地位和作用也必须肯定[2]。如何保护工匠，让其感受到荣誉感、获得感和认同感，是牵动整个社会的系统化工程。

第二，高新技术企业的核心是软硬技术，灵魂是创新发展，但想打造属于中关村科学城的匠人文化，只是在技术层面上的调整是不够的，企业文化、精神以及价值观的调整也非常重要。企业就像一个完整的人，有充当大脑角色的高层管理者，有担任眼睛角色的战略发展部门，有担当嘴巴角色的销售等等，那么工匠精神需要像血液一样融入这个企业，在各个部门流通，做到不可或缺地存在于每个角落。将工匠精神融入企业文化中，潜移默化地培养和塑造员工的工匠精神。

第三，优化人才培养系统，设计完整可行的人才培育方案，并将工匠精神嵌入到整个流程中。

1. 企业需要新鲜血液的注入，新员工的入职培训将是塑造新一代匠人的绝佳机会。日本企业"秋山木工"的社长秋山利辉，制定了一套长达8年的独特学徒制度，培养学徒优良的心性、人品、知识、技能等，他认为一流的匠人，人品比技术更重要。根据学者叶龙[4]的研究，企业师徒制对徒弟的工匠精神具有积极的促进作用，践行工匠精神是需要消耗资源的，而师傅的职业指导、社会心理支持和角色榜样功能，可以为其提供必要的支持性资源。企业可以通过规章制度在组织中建立正式的师徒关系，将师带徒作为组织中人才开发和培养的重要模式，让新员工及时得到知识技能较高且工作经验丰富的师傅提供的指导和帮助，加快成长速度，增强对组织、职业的认同和情感。其次，在社会交换的不确定性和风险性下，为保障师徒关系健康发展，组织可以通过认可、表扬以及升职加薪等内在与外在激励相结合的方式，积极宣传、推进师徒制，鼓励师傅认真带领徒弟。最后，结合工作性质，制定阶段性、具体化的培训计划及考核要求，定期进行师傅间、徒弟间以及师徒间的心得交流，对培训内容、方式进行反馈和改进，最大可能地发挥师徒关系的效用。

2. 企业内部的培训课程增加工匠精神内容，不仅要提高员工的职业能力，还要融入爱岗敬业、精益求精的职业品质培养。员工应结合自身工作性质、工作经验，分享对工匠精神的解读与在实际工作中的具体体现，以及对于现状有何建议，集思广益，在企业内、企业间进行头脑风暴，在打造自我品牌的工匠文化时，携手共同打造科学城的工匠文化。

3. 结合行业需求与工种特点，将工匠精神内涵作为绩效考核内容，加大企业、科学城相关的评奖评优力度，让实实在在爱岗敬业、精益求精、勇于创新的人，获得物质上的回报与精神上的抚慰。

第四，工匠精神是对物、对事从头至尾、从始至终地做到极致，从源头做到不出问题，以技术人员的高技能、新创造来打造高品质的产品，以及出了问题如何及时、高效应对，维护自身品牌高保障的形象。面对问题，要有问责机制，不仅是对错误的问责，还应该做到对低品质的问责，问责的目的不是责备，而是责任到人，对问题的及时解决，对后续工作的反思，和对思想、工作态度的思考，更深入地认识工匠精神和工匠文化。还要有一套完整的、适合自己产品的、不同问题下的解决流程和应对机制。

工匠文化，就是把工匠精神上升为某种地方性的文化，把个体驱动性上升为某一个地区被广泛人群所认可甚至是信奉的价值观[5]。

首先，中关村科学城是打造地方性匠人文化的大脑，要宣传工匠精神、树立学习榜样，"首届海淀园工匠精神研讨系列活动就是非常成功的典范。从官方文字上的解读或许不那么直观，但通过选出身边一个个真实可爱的人，从他们如何做以及怎么做来感受、来学习、来借鉴就是非常生动立体的。希望后续可以有更大范围的宣传活动，不止让科学城中的企业一起去努力完善区域性工匠文化产业建设，还可以作为整个海淀、整个北京、甚至整个中国的试点示范单元，让"科学城出品必属精品"的思想，在中国甚至全世界慢慢生根发芽，渐渐茁壮成长。

其次，可以建立积分制度及信用体系，对于科学城会员企业进行评估，包括企业自身制度、匠人精神实际成果、员工成长进度及用户满意度等多方面，评估可分为企业自评及工匠精神研讨活动领导小组评分，让口号落实到实际行动上，体现在书面数据上。

再者，我们需要创造一种有助于追求工匠精神的人能够获得更多利益的体制，形成一套完整的、以工匠精神为本质，以品质追求为核心，真正做到地域性匠人文化要求的制度和标准，建立新合作主义下的劳资协调等经济政治制度，这需要行业协会、工会、企业和每个员工共同努力。科学城可以积极创造条件，甚至牵头和参与标准的制定，以争取更多的定价权和主动权，但制度永远不是解决问题的根本途径，我们要打破思维定式，要思考工匠精神所带来的价值观和行为方式，从内心本质去认同，从点滴行动去实现。在科学城中的每一个人都是版图上的一角，找到自己的位置，精确做好的自己的事情，以工匠精神为凝聚力，共同打造属于科学城的工匠文化，最终形成世界认可的"科学城制造"，让世人提到"中关村科学城制造"，就会想到优质精密、结实耐用、安全可靠。

参考文献

［1］林尚立：《工匠精神是物、心与技的极致统一》，载《我们》2016年第3期。

［2］徐长山，陈辉：《工匠精神哲学论纲》，载《河北经贸大学学报（综合版）》2020年第2期。

［3］阮云星：《无我之器，日本匠人文化及其借鉴》，载《我们》2016年第3期。

［4］叶龙，刘园园，郭名：《传承的意义：企业师徒关系对徒弟工匠精神的影响研究》，载《外国经济与管理》2020年第7期。

［5］周歆红：《德国工匠精神：从职业到志业》，载《我们》2016年第3期。

【评语】本文是一篇探索我国工匠精神哲学内涵的佳作。作者从既往学术研究中对工匠精神的界定出发，赞同工匠精神下物为出发、心为终极、技为连接的行为模式，认为在制造文化和消费文化匹配的社会基础下，工匠精神可能实现哲学上的升华——从匠心到哲心，体现整个社会历史时期人文精神的价值追求。文章体例规范，学术功力深厚，结构完整，论述具有相当深度。文尾提出的科学城工匠精神的培育体系框架，也借鉴了学徒制的奖励措施以及工匠精神在人力考核中的承认，带给读者较为深刻的思考和共鸣。

工会在工匠精神培育过程中的重要作用

李晓辉、刘　兵、黄　腾、项英豪[1]

【摘要】党的十九大报告明确指出："我国经济已由高速增长阶段转向高质量发展阶段。"中央经济工作会议强调：中国特色社会主义进入了新时代，我国经济发展也进入了新时代，基本特征就是我国经济已由高速增长阶段转向高质量发展阶段。这就为工会工作者们指明了一个工作方向。近几年来，随着国家对工匠精神的高度重视、客户对交付质量的高标准要求，四方工会开展多项工作，积极培育工匠精神，取得了良好的效果。

【关键词】工会，工匠精神，培育，企业文化

北京四方继保自动化股份有限公司工会联合会（以下简称四方公司工会）自成立以来，不断结合自身企业文化进行探索工匠精神的培育方式方法。在近几年的不断探索中总结了一些经验。在实践的过程中，总工会与各分工会联动，围绕工匠精神这一主题开展了一系列活动，旨在让工会内的成员从企业文化的氛围中感受工匠精神，用一个个鲜活的人物或项目的示例，展现四方人从工心走向匠心的历程。让工会的成员从感同身受中得到启发，将好的工作经验方法用到自身实践中，从而在工匠精神的氛围中培育出一个个具有匠心精神的人。

一、工会是工匠精神宣传的第一阵地

四方公司工会在工匠精神的宣传上做了很多功课，每年都会围绕工匠精神展开主题征文，其中一篇文章写了一个工程服务人员一天的日常工作，从路上赶车接用户电话耐心讲解，到自己经过一路的颠簸抵达项目现场后立刻开展工作，以"平凡一日"作为开篇题目，触动了很多工程一线员工的心弦。

文章发出后得到了很好的反响，在一定程度上宣传了工匠精神在身边，其实不论我们做着多么繁杂的工作，只要我们用匠心去做，都会拨开云雾见天明。

2017年至今，工会组织的工匠精神征文共收到50余篇文章。工匠精神是一个多层次的概念，首先，在组织层面工匠精神能够成为一种组织文化和行为惯例来影响组织发展的方方面

1　作者单位：北京四方继保工程技术有限公司。

面，再来工匠精神体现在每一个员工的品质中，员工具有创新精神、爱岗敬业的职业态度与精益求精的工作追求[1]。本文认为工匠精神需要工会作为宣传的排头兵，举办形式多样的活动，让员工实实在在地从工匠精神中感受企业文化，从企业文化中学习工匠精神。让工匠精神走到每一个员工的心里，成为员工日常工作约束自身行为的规范。

二、工会营造工匠精神企业氛围

詹晓雪认为工匠精神影响企业文化，工匠精神的培育提高企业的整体运营质量，工匠精神的培育有利于组织提高绩效[2]。四方公司工会在2019年组织了工程现场秀活动，活动旨在传递四方工匠精神，让每个员工通过现场秀展示的项目了解公司所参与的国家重点项目，提升员工的集体荣誉感，形成良好的企业文化氛围。

三、工会通过多种形式培育选拔匠人

中国工会十七大提出，工会要竭诚为职工服务，服务的出发点就是职工的合理需求，服务的归宿点就是满足职工的合理需求。在"工匠"或职工对知识和技能的合理需求，工会应该通过多种形式提升职工的知识和技能[3]。四方公司工会在近几年力求通过自身对工会成员的了解，采取多种途径措施为提升工会员工的技能水平添砖加瓦。

（一）通过技能比武选拔四方匠人

为了充分发挥老员工经验丰富的优势，提高老员工的综合素质，深入了解公司新的管理模式及战略规划，加强省区之间的技术沟通交流，营造良好的学习氛围，四方公司工会每年都会在组织大规模的技术培训暨比武大赛，如2018年3月4日至3月9日期间在保定分公司顺利组织了"新产品技术培训暨比武大赛"。参加该次培训及比武的基本为八年以上老员工。竞赛极大地挖掘了匠人们的潜力。通过比武这种形式的活动，很多人学到了更多的工作方法，为后期的工作奠定了基础。

（二）通过部门规范指导员工履职

四方公司工会为进一步促进工会内的成员在工匠精神的意识下开展工作，在制度方面联合相关公司部门出台了一系列的工作规范，这在一定程度上将工匠精神从精神层面落到实处，让员工真正地从字面上理解了什么是工匠精神。相关的制度和文件出台后，更有利于培

1　徐长山，陈辉.工匠精神哲学论纲[J].河北经贸大学学报（综合版），2020，20（2）：29-35.
2　詹晓雪，徐小雨，李红方.企业中培育工匠精神的重要性[J].中外企业家，2020（17）：225-226.
3　胡晓东.工匠培育：我国地方工会弘扬工匠精神的创新之道[J].中国劳动关系学院学报，2019，33（5）：43-47.

育出适合企业发展的匠人，同时给员工们指明了成长的方向。对提出规范的实施进行定期的现场质量检查，形成了制度规范不落空、层层监督的良好氛围。

（三）老带新模式的创新

师徒模式自始至终是匠人培育的传统方法。如何在现有的信息时代中进行创新，其实涉及师徒角色在实际工作中的变化——在某一方面的工作技能熟练的可能已经达到为人师者的标准，但在另一方面，其工作技能可能只有徒的水平——如何化解这样的难题，四方公司工会联合公司内ESP调度指挥系统的部门负责人经多轮讨论，开发了知识库这一平台。

四方知识库平台着力打造成为员工快速解决工作当中的问题，让知识库中的"师"在知识文档中教"徒"。这有力地提高了现场的工作效率。知识库这一平台的从"师"员工提交相关技能知识点到技术能手在线实时审批，严把知识库内容的质量及严谨性。知识库平台一经推出，在四方公司工会涌现出了一批为人师表的员工。他们毫无保留地奉献着自己的技能常识，将技能知识点服务于其他人。四方公司工会每年组织有仪式感的拜师活动并现场签订师徒协议，让新员工在意识上感受四方公司对人才培养的重视。这些都为企业培育匠人输送了无尽的养分。

（四）沉浸体验感的演讲传递工匠精神

四方公司工会每年都会举行围绕工匠精神的主题演讲，进行了一系列如"弘扬工匠精神·助力智能电网——浅谈工匠精神于研发之意义"、"精雕细琢，方成大器——论工匠精神在现代社会的重要性"等主题鲜明的演讲（如图1）。演讲一经推出就得到了工会内成员的一致好评，在演讲中四方公司的员工可以从每个演讲的个体，深刻地感受到工匠精神的发扬。因为演讲的人大多来自工会内基层的一线员工。他们是工匠精神的现实体验者，同样是践行者。

图1 主题演讲

四、工会人文关怀，培育工匠精神

四方公司工会结合自身实际，为两年以上未回过公司的老员工特别策划了参观四方展厅和同中心领导座谈的团建活动。这次活动，增加了同事之间的情谊，让员工真切地感受到公司的发展，增强了工会成员的凝聚力和向心力。

四方公司工会设立救助基金，对于出现困难的员工进行力所能及的帮扶。四方公司一位员工的妻子，突然因脑出血病倒了，一时间筹不到足够的医疗费，四方公司工会发起号召，向工会内成员募集善款，得到了工会内的强烈响应。款项由四方公司的领导及时送到了该员工的手中，解了该员工燃眉之急。事后该员工写了感人至深的信给四方工会，感谢工会的付出。从人文关怀的层面来凝聚企业文化的深层次的内在力量，为培育工匠精神埋下希望的种子。

【评语】本文围绕企业工会在宣传和培育员工工匠精神的活动，论述了工匠精神应当在师徒互帮互带的组织框架下进行。从企业内部规章制度中对工匠精神的重视，到工会活动中对会员群体和个人的影响与帮助，展示了该企业工会在工匠精神活动中的全貌。文章论述条理，逻辑分明，在举例中有点有面，有理有情，是较为生动的一篇论文。

企业主体践行工匠精神探析

王朝辉[1]

【摘要】本文开篇介绍了"工匠精神"的基本内涵，即敬业、精益、专注、创新。作者从"融入企业文化、打造工匠精神价值观，提升员工技能、练就工匠精神真功夫，建设流程制度、筑牢工匠精神回报路"三个方面，探析了企业主体践行工匠精神的路径，以及企业作为市场主体，如何有效结合自身发展经营活动，推动工匠精神的弘扬和发展。

【关键词】工匠精神、企业主体、践行、探析

一、什么是工匠精神

什么是工匠精神？百度百科的解释为：工匠精神，英文是Craftsman's spirit，是一种职业精神，它是职业道德、职业能力、职业品质的体现，是从业者的一种职业价值取向和行为表现。工匠精神的基本内涵包括敬业、精益、专注、创新等方面的内容。

（一）敬业

敬业是从业者基于对职业的敬畏和热爱而产生的一种全身心投入的认认真真、尽职尽责的职业精神状态。中华民族历来有"敬业乐群"、"忠于职守"的传统，敬业是中国人的传统美德，也是当今社会主义核心价值观的基本要求之一。

早在春秋时期，孔子就主张人在一生中始终要"执事敬"、"事思敬"、"修己以敬"。"执事敬"，是指行事要严肃认真不怠慢；"事思敬"，是指临事要专心致志不懈怠；"修己以敬"，是指加强自身修养保持恭敬谦逊的态度。

（二）精益

精益就是精益求精，是从业者对每件产品、每道工序都凝神聚力、精益求精、追求极致的职业品质。所谓精益求精，是指已经做得很好了，还要求做得更好，"即使做一颗螺丝钉也要做到最好"。正如老子所说，"天下大事，必作于细"。能基业长青的企业，无不是精益求精才获得成功的。

（三）专注

专注就是内心笃定而着眼于细节的耐心、执着、坚持的精神，这是一切"大国工匠"所

1　作者单位：北京旋极信息技术股份有限公司信息化部。

必须具备的精神特质。从中外实践经验来看，工匠精神都意味着一种执着，即一种几十年如一日的坚持与韧性。"术业有专攻"，一旦选定行业，就一门心思扎根下去，心无旁骛，在一个细分产品上不断积累优势，在各自领域成为"领头羊"。在中国早就有"艺痴者技必良"的说法，如《庄子》中记载的游刃有余的"庖丁解牛"、《核舟记》中记载的奇巧人王叔远等，都是内心热爱者为工匠的经典事例。

（四）创新

工匠精神还包括追求突破、追求革新的创新内蕴。古往今来，热衷于创新和发明的工匠们一直是世界科技进步的重要推动力量。新中国成立初期，我国涌现出一大批优秀的工匠，如倪志福、郝建秀等，他们为社会主义建设事业作出了突出贡献。改革开放以来，"汉字激光照排系统之父"王选、"中国第一、全球第二的充电电池制造商"王传福、从事高铁研制生产的铁路工人和从事特高压、智能电网研究运行的电力工人等，都是工匠精神的优秀传承者，他们让中国创新重新影响了世界。

二、企业主体践行工匠精神的路径

企业是市场主体，因此市场经济条件下的竞争，归根结底是企业之间综合素质，特别是技术优势的竞争。企业需要通过制度创新、组织创新、技术创新建立起高效率的、有应变能力的生产经营体系，尤其是要努力提高员工素质，把一切积极因素都转化为现实的竞争力。从工匠精神的定义和精神内涵分析中，我们可以看到，工匠精神是重要的员工素质。如何把工匠精神引入企业，让工匠精神在企业扎根，融入企业文化，促进企业成功发展？在此，我们做一个企业主体践行工匠精神的路径探析。

（一）融入企业文化，打造工匠精神价值观

企业的发展，应当注重文化建设的重要作用，并将工匠精神渗透其中，为企业发展奠定坚实的基础。其一，确定以工匠精神为核心的企业文化建设战略目标，着重培养竞争力强以及发展潜力大的人才，所谓的工匠精神并非一句空洞的标语，而是要将其核心和要点予以传承，这必定是一个极其漫长的过程，可将其融入企业发展战略之内，使每一位员工树立正确的价值观，深受工匠精神的影响。其二，树立质量为先的经营理念，制定精益求精的生产管理机制，结合企业发展方向和运营规律，对产品和服务的战略进行更新和完善，针对某项产品进行研发的过程中，切忌不可贪大求全，而是要从细节之处着手，不惜花费时间，践行工匠精神，使得最终的产品研发更能适应时代的发展趋势。其三，本着人本理念，引导员工自觉接受工匠精神。工匠精神的主体就是企业的内部员工，因此，在进行文化建设的过程中，需要坚持遵循人本精神，将员工视作宝贵的资源，并视其为企业的首要因素，努力使员工成为企业发展及其内部文化的建造者和受益者，从工匠精神中履行自身的社会价值。

打造工匠精神，增强企业内部的文化建设力度，并提高企业自身的竞争力。另外，顺应政府的引导和鼓励政策，可将工匠精神上升到品牌凝聚力和行业竞争力层面，制定有效的发展对策，努力营造良好的企业内部环境。从技术角度着手，为企业注入不断的活力，使得最终企业发展模式更具现代化的特点。

企业工匠精神是企业发展的巨大推动力，还能为企业文化建设奠定坚实的基础，企业发展中，文化建设是极为必要的。只有关注文化建设工作，方可使得企业具有更强的凝聚力和核心力；没有文化的支撑，企业将会步履维艰，很难实现持续性发展的目标。只有发挥工匠精神，才能令文化建设更为完善、更具针对性，也能成为企业运营发展的动力源，为其提供有效的支撑，引导企业实现高效的发展。

（二）提升员工技能，练就工匠精神真功夫

工匠是工匠精神的主体，工匠原指有工艺专长的匠人。凡是专注于某一领域、针对这一领域的产品研发或工作过程全身心投入，精益求精、一丝不苟地完成整个工序的每一个环节，均可称其为工匠。可见，工匠必须具备某一领域的专业技能，是这（些）技能的佼佼者，是有真功夫的"大师傅"。

员工技能改变着工作的能力，体现在精湛技艺、多种技能的拥有与应用过程中，是造就高品质产品的基础支撑，是工匠精神区别于其他精神的关键。工匠精神重点是"行动力"，是遵循客观规律，做到精工细做、品质至上，制造出客户满意的精品。调查显示，技艺上要想达到娴熟、精湛的水平，需要至少五到十年甚至更长时间的修炼积累。而面对新知识新技术的挑战，更是要以自主学习、快速更迭、创新创造的精神来适应。工匠精神也鼓励劳动者不畏艰险、迎接挑战，审时度势、顺势而为，要思维缜密、考虑周全，要尊重科学、敬畏未知，树立相应的安全意识、质量意识等。工匠精神直接助力员工技能提升，进而实现更高效率，促进企业成功发展。

（三）建设流程制度，筑牢工匠精神回报路

践行工匠精神是一个系统问题，仅仅倡导基于工匠精神的企业文化价值观是远远不够的，企业应建立使工匠精神落地的载体——标准化的操作流程。企业拥有标准化操作流程仅是工匠精神落地的第一步，关键还在于全体员工对于规则的敬畏与坚守。工匠精神不是浪漫的文艺表达，不是嘴上纸上的宏大口号，而应是从流程制度入手建立的一整套培育工匠精神的企业治理体系，即通过提高工匠人才的精神和物质回报，使工匠型人才重新成为劳动者的普遍选择，让工匠成为人人羡慕的楷模。

现实中，有些企业把技术工人的劳动等同于简单劳动或低级劳动，即使成为高级技工，在工资、福利、住房等待遇上，也往往不如管理人员，这在某种程度上造成许多技工急于脱离"工人队伍"。因此，强化对工匠人才有效的激励机制，在企业中营造尊重工匠人才的浓厚氛围，充分调动人才的积极性，制定使优秀人才脱颖而出的具体措施，就显得尤为重要。当工匠精神成为真金白银的丰厚回报，当尊重工匠人才成为全社会的共识，工匠精神才会在各行各业开花结果。

在我国经济转型提质的背景下，在抗击疫情常态化的环境下，作为市场主体的广大企业，更加需要践行工匠精神。探析出自己工匠精神落地路径的企业主体，一定能够调动员工与其共克时艰，一定能够乘风破浪成为新时代新常态下市场经济的弄潮儿。

【评语】本文是从企业管理层的角度探索如何将工匠精神融入企业文化的佳作。作者先从工匠精神的由来入手，论述了工匠精神在中华文化中的历史底蕴。之后以大国工匠例证了工匠精神于企业、于社会的重要意义。在文章中部，提出如何将工匠精神与企业文化相结合的重要议题——认为必须以人本主义精神为依托，从工匠的企业价值观塑造、工匠技能的制度化培养、工匠规范的流程化与利益反哺，提出了较为切实可行的工匠精神与企业文化融合的可行路径。

论创新是新时代赋予工匠精神的核心内涵

高英强[1]

【摘要】通过对新时代工匠精神进行剖析，以企业发展战略相关理论为指导，结合当前疫情现状下经济发展的政策及国内外环境变化，粗浅分析新时代工匠精神的核心内涵，通过理论和实例相结合，证明了创新改变经济面貌的强大动力作用，得出创新就是工匠精神核心内涵的结论。

【关键词】新时代，中国力量，工匠精神，创新

一、引言

（一）研究的背景

党的十九大报告提出：建设知识型、技能型、创新型劳动者大军，弘扬劳模精神和工匠精神，营造劳动光荣的社会风尚和精益求精的敬业风气。

（二）研究的意义

目前国际环境日趋复杂，新型冠状病毒肺炎正肆虐全球，邻国重兵陈于边境，国内外形势都非常严峻。以美国为首的一些国家对我国科技公司的无端霸凌，这时刻都在提醒我国企业审视自身生存发展实力。掌握核心技术、树立核心竞争力迫在眉睫。

我们要在新时代发展的契机下，提倡和发扬工匠精神，以满足新时代发展和新的国内外经济环境变化要求。本文仅以创新是新时代赋予工匠精神的核心内涵展开相关探讨和分析。

二、新时代工匠精神

（一）什么是新时代工匠精神

笔者认为，新时代工匠精神是"敬业力求精益求精，爱岗奉献至善完美"。新时代下，工匠精神彰显了新思想、新气象、新活力的时代风采。

（二）如何理解新时代工匠精神

新时代的工匠精神是聚焦当下对传统传承的敬畏与坚守，是寻找差距不断追求卓越的面

1　作者单位：北京清新环境技术股份有限公司。

貌与品质，新时代的工匠精神不仅仅强调专心专注，更强调探索创新。它是基于专心专注基础上不断更新的精雕细琢的精神。

还记得几年前我国尚无能力生产出品质优良的圆珠笔芯。当时震惊了所有人。改革开放这么多年，国家实力增强那么多，居然小小的圆珠笔芯都做不好。其实根源不是圆珠笔芯加工不行，实则没有合格的笔尖钢。企业要摒弃以往无差异化、附加值不高、求大求规模、粗放式的发展模式，进行精细化、多元化、人性化生产。科技创新是对钢企行业困境转型指明一个方向。经过5年不断测试，中国太钢集团终于研制出中国制造的笔尖钢。因为相较国外笔尖钢性价比更高，不仅国内制笔厂大规模开始应用，还赢得了国外客户的青睐。

三、创新是新时代工匠精神的核心内涵

（一）什么是创新

什么是创新？创新具有三层含义，一为更新，二为创造新的东西，三是改变。

创新场景可以说无处不在，远的不说，就说近期的名人直播带货。先有罗永浩，后有董明珠等。针对疫情下实体店销售不利局面，名人顺应时代发展潮流，创新营销模式，将电商推广、实体销售创新为线上直播销售推广。创新还被赋予其他更多使用场景的意义，如创新发展、创新思维、创新精神等。本文只对创新是否是新时代 工匠精神的核心内涵进行简要讨论。

（二）如何理解新时代工匠精神中的创新

"精华在笔端，咫尺匠心难"，早在唐代著名诗人张祜在《题王右丞山水障》诗中就曾对匠心感慨过。工匠易，匠心难。难在何处？难的是一生只做一件事，并将此事做到尽善尽美。匠心异于因循守旧、拘泥一格的"匠气"，匠心的本质是追求突破，而寻求突破只有通过在传统坚守根基上不断"创新"。

"摹古酌今"是清代景德镇督陶官唐英在《陶人心语》中所说的。这四个字用在今天一点也不过时。这四个字强调的就是应对传统进行揣摩研习，然后再结合当下开展探索革新。因为这种创新既是延续创新也是价值创新，应该说这四个字是对工匠精神核心价值——创新最好的诠释。

（三）创新在新时代工匠精神中作用

新时代工匠精神下的创新具体体现两方面作用：一是加快了人类对客观世界的认知能力；二是极大提高了人类对客观世界的驾驭能力。创新的动力就是对客观世界认知的不满足传统，映射到现实生活，就是打破固有传统观念和思维模式进行创造更新。

试想一下，如果没有鲁班的创新，他就发明不了锯子、墨斗等木工工具，本来他手艺已

经很精湛，只有对已掌握的工艺不断探索，才提升了生产效率，工艺才更上一个层级，使呈现给世人的作品比之前工艺水平有了质的飞跃。

新冠肺炎疫情刚开始出现，国家就果断决策，火速兴建火神山、雷神山医院。几百台工程机械同时在一个作业面上进行施工，在数以千万"云监工"在线督战下，各工种交叉施工有序展开，仅仅10天时间，一座总建筑面积3.39万平方米、1000张床位的火神山医院就在荒地上拔地而起。火神山医院建成不仅让世界再次见证了新时代下的"中国速度"，也验证了创新在新时代基建模式中的巨大作用。

（四）为什么说创新是新时代工匠精神的核心内涵

企业依靠工匠精神可以稳步发展，但只有依靠自主创新获得核心竞争力才能行稳致远。

华为1987年成立，经过30多年的发展，不改创业初衷，由最初只有2万元的小型公司逐步成长为2019年营业额超过8500亿人民币的世界500强企业。其业务遍布170多个国家和地区，服务全球1/3以上人口，其中运营商业务和企业业务都已经做到世界第一，而手机业务也已经超越苹果，成为全球销量第二大手机厂商。

华为为什么能够做到如此成绩，主要还是推行的"针尖战略"。其核心就在于以其不断提高的自主创新能力来获得专利，用专利打造核心技术，提高核心竞争力。2019年华为在美国专利数量排行榜排名第十位，达到2418件。

一个国家或一个企业的创新实力也真实地体现在专利拥有量上面。

根据国家知识产权局数据显示，2019年，我国发明专利、实用新型专利以及外观设计专利三种专利授权量总数达259.2万件。2019年，国内（不含港澳台）有效发明专利拥有量达到186.2万件。世界知识产权组织最新数据显示，2019年，中国在《专利合作条约》（PCT）框架下的国际专利申请量为6.1万件，首次超越美国跃居世界第一。

从以上华为发展和我国专利统计数据不难看出创新才是工匠精神核心内涵。

具体的数字背后无不展示国内企业创新主体地位的提升，也展示出我们国家创新的实力，充分证明了创新才是我国新时代发展的强大动力。

四、结束语

新时代，对工匠精神有新的标准和要求。新冠肺炎疫情和以美国为首的技术封锁打压都倒逼行业开展质量提标升级。原来企业粗放管理和规模化发展道路显然走不通，企业要在行业内立足、在国际上获得认可，就要顺应新时代下科技革命和产业变革趋势，坚持创新驱动，强化技术创新、管理创新与服务创新联动，增强公司核心竞争力的科技含量和附加值。

我们要放眼世界，对标国际先进企业，以匠心铸精品，以质量做代言，弘扬以创新为核心内涵的工匠精神才能打造"中国制造"的精品和品牌。

【评语】本文作者以设问的方式，层层探究创新工匠精神的内涵和意义。特别是以创新为核心的新工匠精神，植根于当前时代，与企业驱动创新并列成为我国未来经济发展的原动力。作者以疫情期间的方舱医院建设速度为例，说明工匠精神引领下的中国创新速度；又以华为的发展以及中国专利数量的跃升为例，说明我国创新深度的成就。摩古酌今，不断前进。文章富有思想上的张力，语言优美流畅，思路清晰，博古论今，是一篇较好的工匠精神论文。

论工匠精神对产业效率提升的影响

崔亚楠[1]

【摘要】 现今培养大批高素质的优秀"工匠"是提升我国各项产业效率、质量，促进我国成为工业强国的必备条件之一。将工匠卓越的职业素养和敬业精神融入产业制造者的培养过程中，努力提高产业制造者的专业技能和综合素质，发挥工匠型人才作用，展现工匠精神的时代价值，既是实现由工业大国向工业强国转变的关键所在，也是提升我国各项产业效率的重要举措。

【关键词】 工业强国，职业素养，产业效率提升，工匠精神

工匠，在古代被称为手艺人，意为熟练掌握一门手工技艺并赖此谋生的人[2]。中国古代工匠匠心独运，创造出无数令后世叹为观止的民族瑰宝，同时也在孕育和传承着工匠精神。2016年，工匠精神首次出现在政府工作报告中，提出"要鼓励企业开展个性化定制、柔性化生产，培育精益求精的工匠精神"。随后，工匠精神又连续出现在2017—2019年政府工作报告中，并在其他各类场合被党和国家领导人反复强调。伴随着社会各界对工匠精神的广泛讨论，工匠精神的影响已经不限于生产制造领域，更延伸到高新科技产业，工匠精神一再被强调，无疑已经成为新时代各领域制造者亟须具备的一种品质。

虽然与传统工匠精神一脉相承，但在当前，工匠精神又被赋予了新的时代内涵。在当今社会，工匠精神已呈现出重要的理论和实践价值。

一、产业的高效发展需要凝聚工匠精神

纵观当今世界一些工业制造强国的发展历程，都与其重视发扬工匠精神密不可分。例如，德国是世界知名工业强国，不仅制造业发达，而且其产品品质以精密优良享誉世界，出产了奔驰、宝马等众多世界驰名的汽车品牌。在德国，很多企业家对自己的价值定位首先是成为一名对工作精益求精、注重细节和品质的工匠，其次才是其他人格体现。

---

1 作者单位：北京旋极信息技术股份有限公司。
2 周菲菲：《试论日本工匠精神的中国起源》，《自然辩证法研究》2016年第9期。

苹果的创始人乔布斯正是有着与德国企业家相类似的品质，所以他也曾被誉为"当今最伟大的工匠"。乔布斯对产品完美的品质追求甚至达到了近乎苛刻的要求。正因为在"苹果"产品设计制造理念中始终贯穿着技艺精湛、追求细节完美的主旨思想，才造就了品质精湛的"苹果"电子产品。综上所述，现代产业的飞速发展，打造工业强国与追求精益求精、完美与极致的工匠精神密不可分。

二、高质量的产业发展急需工匠精神

当今世界，工业格局面临着重大调整，各国都在加强对高精尖产业的研究。面对强劲的国际势头，中国提出"中国制造2025"的战略计划，要实现这一目标，实现中国由工业大国到工业强国的转变，核心是要提升中国制造的质量。如何提升中国制造的质量，是目前摆在制造者面前的一道难题。我国有"世界工厂"之称，世界上的大部分产品制造来自中国，但产品质量往往不达标，让人担忧；我国制造的产品丰富多元、琳琅满目，但能够享誉世界的知名品牌却寥寥无几。究其根源，是很多企业忽视产品的质量而一味地追求经济效益，把经济效益优先摆在了生产制造的首位。虽然这些低质量的产品在一段时期带来了经济的增长，但随着时代的发展，人们对产品质量的要求不断提高，低质量的产品最终将被淘汰。

工匠精神在我国产业发展历史中的阶段性缺失，是我国产业发展陷入瓶颈的重要原因。推进产业高质量发展，转变产业原有的粗放型发展模式，提升产业自主创新能力，强化产业品质升级和品牌培育，亟须大力弘扬工匠精神，将工匠精神内化于产业发展的顺向演进中，推动产业发展由要素驱动转向创新驱动更迭，实现产业价值链由低端向高端攀升。

随着全球制造业生产与需求重心向新兴经济体渐次转移，我国经济的快速发展使劳动者的收入水平显著提高，居民消费结构也随之升级。消费者追逐更高品质的商品，是居民消费结构升级的重要体现，消费者需求也从功能型、大众化转向体验型、个性化。但在我国制造业供给侧方面，优质产品供给乏力，产品供给结构与消费者需求结构呈现出了一定的偏离现象。在互联网日益普及的今天，越来越多的消费者通过"海淘"等网络路径从境外购买自需商品，海淘品类从奢侈品向护肤品、电饭煲、马桶盖等日用品扩展，超过200万款。[1]这类商品无论在质量、工艺等方面显著优于国内同类商品，技术含量和品牌附加值明显更高。在我国经济共计与需求的动态发展过程中，由于制造业供给能力和技术缺口的存在，产品供给结构并未与需要结构同级递进，技术含量高、品质好的新产品供给与需求呈现出结构性失衡的发展状态。

1　王晋：《以品质革命促转型升级》，《经济日报》2016年5月17日。

在我国经济高质量发展背景下，强化产业品质升级与品牌培育，亟须大力培育和弘扬工匠精神，注重产品服务细节，重新发掘产品价值，提升产品质量，创造富有特色的口碑品牌，满足消费者个性化和多样化的社会需求。

三、结论与启示

当前国际经济格局深刻变化，低成本和低技术的制造业发展模式已不能适应急剧变化的国内外经济发展形势。在长期的低成本战略发展模式影响下，工匠精神的长期缺失导致我国产能过剩、供需结构失衡及金融资本"脱实向虚"等问题凸显。据研究，工匠精神缺失的原因主要包括：低成本战略下制造业发展模式、缺乏孕育工匠精神的社会经济制度、经济理性的国度扩张和轻视工匠的社会心理定势等。在经济新常态背景下，推进产业高质量发展，亟需大力培育和弘扬工匠精神，强化产业知识和能力建设，引导产业向智能化、绿色化、服务化、科技化方向发展，提升我国产业在全球产业价值链中的位置。

【评语】本文主要从结构经济学的视角，分析了我国工匠精神阶段性缺失的社会经济原因，并提出现代工匠精神实际上业已内生于中国市场经济发展之中，并应当成为我国产业升级和产品升级的内驱动力。文章在宏大的国际经济背景下展开，并非仅限于对工匠精神内涵的分析，而是深入到社会成因和经济学解释之中，具有相当的理论深度。文章行文流畅，层次分明，逻辑通顺，体例规范，是较好的一篇工匠精神论文。

刍议当下生产制造行业对工匠精神的重塑与传承
——以北京四方公司生产部门为例

高梦露[1]

【摘要】工匠精神这个似乎已经久远的名词，如今又走入人们的生活。在快节奏的社会中，这种对工作态度和理念的极致追求，似乎与眼下社会发展的大环境显得格格不入。在这个商家与消费者长期以来一直惯于实行的"物美价廉"的传统模式下，工匠精神所代表的"慢、精、贵"，变得不再具有吸引力。对此，更多企业对于工匠精神持观望态度，企业精神的理念核心泛泛而空洞。在疫情防控的环境下，如何传承、发展、重塑工匠精神，变成重中之重。

【关键词】工匠精神，产品质量，传承，重塑

一、生产制造业与工匠精神的概述及困境

（一）生产制造业的概述

生产制造业是指按照市场要求，机械工业时代对制造资源，通过制造，转化为可供人们使用和利用的大型工具、工业品与生活消费产品的行业。我国作为生产制造业第一大国，其地位在国民经济中占主导，引领着社会经济的发展，为国民生活品质提供必要需求和保证。

（二）工匠精神的概述

何谓"工匠"？似乎这个称呼只存在于古代，仿佛看到了烈日当空低头落汗之时，仍醉心于钻工精美玉器的老者，用对产品质量的执着以及一丝不苟、精益求精的工作态度，出品令人啧啧称叹的艺术品。而这，就是工匠，在他认真钻研背后的影子，就是工匠精神。

工匠精神从古代手工业再到现代工业制造业，早在历史文化的长河中，流淌了百年岁月。它放在当下，除了代表了创新精进、严谨认真以外，面对当前疫情肆虐的大环境，更像是带给大家安全感和信任感的精神理念。显然，它已绝非仅是一种态度，它已变成一种信仰，不偏离，不遮蔽，不伪装，不低头的信仰。

1　作者单位：北京四方继保工程技术有限公司保定生产部。

（三）工匠精神无法在生产制造业有效发展的原因

1．"匠心"的浅知漏见

在现代生产制造业中，似乎惯有的生产体系与全自动化的流水线工艺，在解脱人工劳动力的同时，也逐渐蒙蔽了人们的心智和创造力。科技发达下逐渐衍生出的惰性，像硫酸一样侵蚀着各行各业，带来的必是毁灭性伤害。就如2020年初疫情泛滥，口罩行业的意外崛起，面对来势汹汹的疫情以及应接不暇的订单，即使是在社会关注度极高的情况下，仍有不法商贩为谋得利益，不择手段。将不具备防护功效的口罩趁乱投入市场，企图鱼目混珠。其为追求利益，丧失商业道德的背后，正是因为对匠心的缺失，攻于蝇头小利，疏于责任建设，从而酿成危害国人生命安全的严重后果。

2．"匠魂"被以辞害意

一直以来，很多企业对工匠精神一词仍局限于铁杵磨针的慢工出细活。很多企业家认为将大量资源和精力投放在极致和精品上，对他们来说既不现实又不实际，就如同赌注押宝，要么赢得满堂喝彩，成就一片天，要么一败涂地，付出沉重代价。根深蒂固的守旧思想，使人们如今仍认为，工匠精神并不适用于现如今利益为先的时代，就像三观不合的朋友，只会阻碍彼此发展，并不会达到有效融合。由于工匠教育制度的落后，社会对匠人意识的淡漠与误解，让更多的人认为，工匠精神只是空喊口号，毫无实践意义。

3．"匠育"的一物不知

现如今这个快节奏时代，滚动涌现着层出不穷的新兴行业。他们用微商、电商、线上、线下或直播等方式，彰显个人魅力与产品优势的同时，也企图在这个丰富又千变万化的市场上分得一杯羹，成为一个行业的领军者。然而，多数企业在无良地竞争和攀比后，迎来的是快速地发展又快速地落幕，像冷夜中的烟火，绽放过后又投入进无尽的黑暗。反观日本、德国等企业，无数品牌品质过硬又能历经百年，犹如干红，历久弥香。在探究其特殊之处时，发现国人创业大胆，守业却十分保守：小心驶得万年船。守业过程中，小心经营固然重要，但其后果就是停滞不前。相较国外，成熟的体制建设与文化环境，给他们提供了更多施展才华的机会，使人们能够精进现有产品的同时，创新发展开发全新功能。

国民企业最根本的问题是工匠文化基础设施建设不足，认知的局限性限制了对产品生产独具匠心的眼光和耐性。缺乏匠人使命，忽视匠品塑造的结果，就是迎合快节奏时代的同时，也变成了快节奏时代下的牺牲品。

4．"伪匠"的大行其道

消费者对产品的要求随着时代发展，实用性与观赏性都有了质的飞跃，从而滋生出一批

"对工艺充满研究"、"眼光独到"的"伪匠人"，宣召着对产品秉承品质优良的旗号，企图达到"物美价廉"的效果。然而普品当作良品出，质素必定会千差万别。渐渐地，被欺瞒消费者"闻匠无感"，真正的"匠人"在被"伪匠人"搞坏的名声下，难以生存。也因为有不良之风的盛行，扰乱了市场的秩序，也混淆了消费者对"工匠"真正的认知和对产品的真正选择。

二、四方公司对工匠精神的重塑与探索

（一）"以人为本"是指引方向的明灯

作为高新技术产业中一直奋勇向上的企业，"以人为本"一直都是四方公司的宗旨。无论对待员工，对待产品，对待客户，都坚持用产品质量打造属于四方人的万里长城。尽管工匠精神在近几年才变成流行词汇，但很庆幸的是，工匠精神虽然未在四方公司内频繁宣扬效仿，但润物细无声的力量却时时刻刻体现在各处。成熟的处理流程以及四方员工面对疑难，严谨的工作态度与克服问题的信心，都归功于对工匠精神的追求。

（二）四方公司员工重塑工匠精神的表现

1. 匠心进入

四方公司从研发到生产，流水化的系统参与，使员工们习惯了各部门之间的密切联系，问题的相互请教与探讨，似乎在单板生产中细枝末节的微小差异，都能引出有趣的创意话题，使产品在性能和工艺上，得到不断的改善。然而突如其来的疫情，让人与人之间必须保持适当距离，北京与保定两地的联系，在近期从密切变得疏远。而身处保定的我们，除了配合疫情防控，面对环境周遭的变化，很容易乱神分心，慌了脚踏实地的性子，失了克服困难的决心。对此，生产部门每天召开晨会，汇报"生产成果、反省不足、每天的进步点"，遇到疑难用电话和视频的方式沟通解决。

一千种困难，就有一千种解决办法。这种重拾热爱工作的信心，追求进步的心态，重新恢复激情的方式，就像钟声激荡下引发的心流一样，涌进员工心间。当匠心进入灵魂，偏离的灵魂被洗礼和拨正，工作态度和心境都跟着平和下来。

2. 匠工走出

生产部门最重要的是保证产品的量产和质产，面对来自国内外客户、地域要求各不相同的我们，在保证准时交付的同时，仍要把控对产品质量的要求。当接收需求之时起，研发、设计、采购再到生产，在部门间环环相扣的连接中，四方公司做到了最大限度地信息分享。在此期间，从生产环节对客户要求的核实确认再到执行，以及后续因为疫情影响无法亲临现场的客户，通过会议讨论，最终达成采用的视频验收的共识，都是我们对产品质量的完美追

求和同时兼容客户需求的全力以赴。

如果产品出现异常或环节梳理不畅，我们都会记录质量反馈单，通过问题反馈的形式交由质管监管部门协商处理。对于输出产品的一丝不苟，加以对问题处理时效的严格把控，似乎真正意义上地做到了严谨与效率的切磋，慢工匠与快时代的相结合。有匠心的引导和匠工的走出，是我们对产品卓越追求的表现。

3. 匠品陶染

工匠精神对产品精进钻研、孜孜不倦的工作态度，在生产制造业中，其精神是否存在最容易被发现。在一种正确理念的影响下，好像产品也被刻上了格物致知的LOGO，从第一次中标，客户投入使用再到变成老客户对我们的产品信任、依赖。这个过程，虽漫长但也是了解我们是否具备匠人品格的验证。如同稻盛和夫在《干法》中所说"动机至善，私心了无"，工作的本质就是追求完美和创新，放下冗余的杂念，全身心投入工作，才能真正做到匠品的升华。

四方公司的工程技术中心，长期在外负责现场产品的后期调试和售后工作，他们同时具备生产和技术方面的能力。面对恶劣的环境和不同态度的客户，尽职尽责地将技术和服务工作贯彻到底，其辛苦是我们未身处其中的人根本无法体会的。也正因为这样，在风霜雨雪的击打下，客户给予的信任和好评，正是磨砺出的耀眼的匠心品质。

（三）对工匠精神的探索

工匠精神，顾名思义，在各行各业都保持专注和极致的状态。虽然我们在工匠精神的熏陶影响下，受益匪浅。但其精神并不仅限于此，我们对它的了解还远远不够。它就像老顽童一样，虽然历经时代的滚轮，满头白发，但仍然未见沧桑，似乎有很多故事等着讲给我们听，并教导我们成长的方法和意义。

探索工匠精神，就要怀揣匠心，秉持匠意，精益求精之时，开拓创新。用创新敲碎尘封老旧的制度和方法，用创意凝固成支撑企业框架的骨骼，摒弃惰性，敢为人先。

三、弘扬工匠精神传承的表现及作用

（一）传承工匠精神的目的

工匠精神在时代发展中特别是生产制造业中并不被重视。如前文所述，多数企业对它的曲解使其得不到有效发展，由于工匠知识教育体系的不完善，它无法走进多数人的脑海中。为了实现工匠精神亲民化、接地气并具有实践意义的愿望，需要我们传承、发展古代工匠精神的衣钵，加以现代知识的融会贯通，达到提高产品品质、增进工作效率和继续传承的目的，使其世世代代有效发展和成长。

（二）传承工匠精神的表现

1. 成为一个合格的匠人

工欲善其事必先利其器，想正确弘扬并传承工匠精神，首先要成为一个合格的匠人。成为一名匠人，就像苦行僧的修行之路。匠人的耐心是对产品最好的关怀，学会控制脾气，不暴躁不疏离，才能让身边的人和手中握着的产品接近你。

其次是懂得感恩，富有责任感。对待工作，即便问题的发生与自己无关，也要多和对方讨论交换意见，一定要勇于突破交流的隔膜。帮助对方成长，替对方着想，正确领会对方的话，并很好回应，是成为一个合格匠人必备的品质。

2. 不忘初心

只有在日复一日的烦琐工作中，仍旧保持专注，保持对工作深层的热爱和不灭的激情，保持不忘初心、方得始终的决心，才能完成精品。在面对疲倦、乏味、无趣或疑惑之时，保持最初选择这份职业的初心，享受钻研的过程，面对困难乐于发现解决点，才能实现工作真情投入，全程付出，攻坚克难，大有作为。

3. 追求极致

完美的产品仿佛并不存在，但如果从开始就不相信它的存在就更谈不上如何实现它。在制造产品过程中，哪怕99%都很顺利，只要最后1%出了问题，前面的努力也会前功尽弃。在工作中追求极致，不仅是对客户负责，也是对我们自己能力的一种考验。努力做到极致，在工作中高度专注，才有可能真正做出"完美"的作品。

4. 敢于创新

我一直认为"创新"是在工匠精神内涵中最大胆的一个词，它代表了未知和不定性，也像是长辈的一种鼓励。而工匠精神的魅力就恰恰在于，它出于古代，旧时制度，却仍勇于打破固有观念，冲破时代的围墙和原有的束缚，勇于变革，为新时代和各行各业，注入年轻、新鲜的血液，寻求新的突破和激发员工和企业的原动力。

（三）传承工匠精神的作用

1. 用心无旁骛，坚定内心

站在现代高新技术产业的山峰上，俯瞰收入眼底的生产制造业。在复杂的环境中，除了一如既往地对产品保持高要求外，还要有坚定对抗难关的信心和应对风雨不动摇的意志。眼下，我们所倡导的对工匠精神的传承，正是学习先辈才人面对乱世仍从容不迫、镇定自若，不被外界影响的专注气场。

2. 用格物致知，重塑工魂

想要做到品牌响亮、经营不破，除了深谙企管经营之道、保证产品质量要求之外，还要用修炼心智的状态，通过摒除杂念，打造心无挂碍、纯质通透的心境。只有对心智保持干净，才能对手中的产品付出真挚情感，从而创造出赋予了感情的良品佳作。工魂，燃烧在作业中。

无论什么职业，将工作融入血液汇成使命的神情，都凝聚了闪耀的工魂。

结　论

传承匠人精神，缔造工匠灵魂。为帮助工匠精神被正确认知和应用，我们应该在生活和工作中着手搭建更完善的工匠文化体系。工匠精神的真正含义深远流长，无论是对情操的陶冶还是对工作态度的纠正，劳动者和企业应该争相学习。

疫情防控正当时，经济、工作环境乃至维系生活温饱的食品，都面临前所未有的冲击。着眼于当下，我们更应该依仗自产商品，保质保量达到自给自足的目的。既能在困境中谋发展，也能保证人民日常所需。要有与困难相对抗的勇气和不服输的精神，即便遭受挫折也仍热爱工作，将其作为寻求进步的信念，才能更好发扬工匠精神。

作为高新企业中的一名成员，真正能使高新企业、社会乃至国家发展的重要因素，就是无论面临顺境、逆境，都能有敏感觉知的能力。弘扬工匠精神绝非是工作理念的简单灌输，更像照亮国人勇往直前道路的灯塔，在各方面都体现着它的价值和意义。

参考文献

［1］四七：《高职院校春风正当时》，载《北京晚报》2020年4月23日。

［2］木朵彩虹糖：《新时期工匠精神的传承》，搜狐论坛（理论研究）2019年9月25日。

［3］素材林：《工匠精神"心-技-道"的修行》，搜狐论坛（理论研究）2017年7月6日。

［4］稻盛和夫：《干法》，中信出版集团2003年版，第35页。

［5］郑一群：《工匠精神：卓越员工的》，新华出版社2016年版，第108页。

［6］宋犀堃：《工匠精神：企业制胜的真谛》，新华出版社 2018年版，第92页。

【评语】本文是一篇较好的工匠精神论文。作者从概念入手，批评了我国社会存在的一些短视理念和工匠精神受困的社会土壤，转到本企业中如何培育工匠精神，从匠心入到匠人出再到匠品的生产，环环相扣，绵密入理。对于工匠精神的表现和作用，其实可与上部分工匠精神的探索相合并。作者遣词造句颇见功底，体例规整，语言流畅。如果能结合本企业实际细加论述，删减一定的议论篇幅，应能增加文章的说服力。

论工匠精神和当代价值

邢海宁[1]

【摘要】本论文主要介绍工匠精神的基本内涵以及弘扬工匠精神对新时代发展的意义。工匠精神是指在制作或工作中追求精益求精的态度与品质，是从业者的一种职业价值取向和行为表现，其中包含专注与坚持、精益求精、创新等基本内涵。专注是工匠精神的一种工作态度；精益求精是工匠精神的核心内涵；创新是新时代工匠精神的拓展。弘扬工匠精神为中国新时代的发展，为实现"中国梦"提供强大助力，有利于提升中国在国际上的品牌形象，有利于社会稳定发展，有利于为中国企业培养出更多德才兼备的高精尖人才和提供更良好的生存发展环境。弘扬工匠精神是中国新时代持续发展的要求，是本土企业提高竞争力的诉求，是从业者能完善自己的必要需求。

【关键词】工匠精神，中国梦，企业竞争力

当我们谈到工匠精神的时候，不可避免地就要提到这种精神的首提者——聂圣哲先生。聂先生作为当代著名作家，不仅在文学创作方面硕果颇丰，而且也是一位著名的企业家。而在十余年前，当时充斥媒体的都是"中国智造"、"中国创造"的时候，聂圣哲先生却呼吁："中国制造"是世界提供给中国练兵的机会，不能轻易丢失。"中国制造"熟能生巧了，就可以过渡到"中国精造"；"中国精造"稳定了，不怕没有"中国创造"。而我们所要做的就是一步一步地走，需要在工作中有工匠精神，从"匠心"到"匠魂"。在中国快速发展，大家都以"速成"为目的的当时，聂圣哲先生无疑是正确的。但是随着中国时代的发展、社会的进步，我们口中的工匠精神也从当时注重"中国制造"、强调人动化（手工活）是自动化的基础的理念上，不断地得到补充与完善。那我们新时代的工匠精神又代表着什么呢？

坚持与专注，是工匠精神下的工作态度

工作没有好坏，不分贵贱。而我们作为一名普通的工作者，就是要干一行爱一行，爱一行进而专一行。在具有工匠精神的人看来，工作就是我们生活中的一种修行，要不浮不怠，

---

1 作者单位：北京四方继保工程有限公司保定分公司。

戒骄戒躁，十年如一日地去钻研进步。

中国的古哲学便曾对学艺的过程分解为三个过程：技、艺、道。而工匠精神就是在日复一日的坚持下，自己与技术融会贯通而诞生的不凡力量。从古代土木工匠的鼻祖鲁班、享称"吴中绝技"的著名玉雕大师陆子岗，到新时代的首位诺贝尔医学奖的屠呦呦，无一不是倾其所有投入到自己的本职工作中的。

工匠精神就是需要这种专注与坚持的工作态度和理念。有了这种态度，才可以让我们在平时的工作中耐得住寂寞、受得了挫折，才可以让我们发掘自己的无限潜力，才可以让我们在本职领域里勇攀高峰。

精益求精，是工匠精神的核心内涵

工艺水平上的精益求精传统，在我国古代就得到大力弘扬尊崇。古代典籍《诗经》中曾言"如切如磋，如琢如磨"，就是在赞美当时的工匠在打磨玉器时的精益求精。也正是得益于这种精益求精的精神，才使得当代的许多工艺长期处于世界的领先地位。现在我国是世界制造业第一大国，在世界几百上千种主要工业产品中，我国可以说是独占半壁江山，那能有如此成果的原因是什么呢？这不仅有国家政策的大力支持，也与承认我国制造企业在本土规模浩大有关，但是我认为"产品质量"才是形成现在局势的重中之重。

产品质量禁得住客户的推敲，受得起时间的考验，才可以让公司在所在领域获得良好的口碑，才可以在领域里越做越大，越走越远。精益求精的品质，永远都是公司最好的广告。

常言道"人叫人低头不语，货叫人点首自来"。正是工匠精神下精益求精的工作作风，让我们把控产品从设计、生产到交付客户的每一个环节，实现产品从"数量"到"质量"的蜕变。也正是这种蜕变，才打造了我们这一个个广受好评、人尽皆知的品牌。

精益求精，是工匠精神的核心价值与内涵，也是培养工匠精神的必备素养。老子言："天下大事，必作于细"。而一个企业具备这种精益求精的工匠精神时，也必将拥有更广阔的发展前景。

创新，是新时代工匠精神的拓展

工匠精神不仅包含专注、求精等这些传统品质，也包括不断突破，追求创新的新时代内涵。从古至今，热忱于推陈出新、乐于创造的工匠们一直是推动科技发展进步的"发动机"。也许有人会想，创新和专注坚持、精益求精是相互矛盾的，是相悖的。但是我认为专注与求精是敢于创造，乐于创造的先决条件，日复一日的工作是创新的基础，追求完美是推动创新的动力。而没有创新能力的企业，是没有竞争力的。

美国当代著名的发明家迪恩·卡门曾说："工匠的本质——收集改装可利用的技术来解决问题或创造解决问题的方法从而创造财富，并不仅是这个国家的一部分，更是让这个国家生生不息的源泉"。[1]从以前的手工化生产，到现代化的机械制造；从之前低效率生产制度，到如今新型的高效率经营模式，都是建立在不断地改造和创新的基础上的。

尤其是在工业化、智能化的今天，创新也越来越被企业所重视，而这也是新时代赋予工匠精神的新内涵。传承工匠精神，推动技术创新，不仅仅是一个口号，是要让每一位员工、每一家企业真正地去贯彻落实。培养工匠精神，发扬创造精神，不仅仅是我们国家的生存之道，也是每一家企业的发展之道。

这里提及的专注与坚持、精益求精与改造创新仅仅是工匠精神内涵的一部分而已，除此之外还有许多需要去培养与传承的优良品质。那么培养这种工匠精神对于新时代发展又有什么当代价值呢？

进入新时代发展，中国正从"中国制造"向"中国创造"迈进，而我们作为新时代的建设者、中国梦的见证者，必须具备工匠精神，勇于承担实现国家伟大复兴的使命。

党的十九大报告提出"弘扬劳模精神和工匠精神"。党的十九届四中全会《决定》提出"弘扬科学精神和工匠精神"。[2]所以大力弘扬工匠精神，鼓励具有工匠精神的人才的培养，符合我国长期高效稳定的发展方针，对推动社会发展，实现我国"两个一百年"的目标具有重要的战略意义。

弘扬工匠精神对于企业的发展、中国品牌国际形象的提升也有着举足轻重的作用。品牌是企业走出国内、打开国际市场的"敲门砖"，也是国家在国际市场竞争力的重要体现。虽然国内的品牌建设已经取得长足进步，可是在国际上让人拍案叫绝的品牌还不够多，这也是我国在国际上始终被贴上"制造大国，生产大国"标签的重要原因。而培养与弘扬工匠精神，正是要求把这种精神融入我们企业生产的各个环节中去，做到精雕细琢，精益求精；要求把这种精神投入到我们劳动者的工作中去，做到恪尽职守，进而培养真正的大国工匠。只有这样，企业与员工才可以做到真正的高效高产高质，才能够不断地提升品牌形象，才能够使得我国在国际市场保持竞争力，享有更多的荣誉。

弘扬工匠精神为社会的稳定与企业的发展提供良好的环境。宣扬工匠精神，也是在培养人们优秀的劳动品格，营造出一种劳动光荣、珍惜人才的社会风气，形成一种"鼓励创业，支持企业发展"的社会理念，从而调动社会活力，汇聚成推动劳动者创造，企业发展的磅礴伟力。而企业的发展离不开高精尖人才的参与，更离不开开放、良好的社会环境的支持。所以弘扬工匠精神对社会、企业和劳动者而言是有百利而无一害的。

工匠精神，是美国家族企业历经百年而不倒的秘诀，是瑞士品牌屹立于世界之巅的利器，更是一种生命态度。其价值在于精益求精，对匠心、精品的坚持与追求，其利虽微，却长久造福于世。[3]因此，弘扬工匠精神，培养属于中国自己的"中国巨匠"，是中国新时代的要求，是中国企业能长久发展的诉求，更是我们每一位国家建设者的必备品质。传承精神，立足发展，让我们以更好的姿态投入到实现"中国梦"的浪潮中去。

参考文献

［1］王新哲，孙星：《工业文化》，电子工业出版社，第89页。

［2］刘鹏程：《党员干部也需要工匠精神》，载人民网-人民论坛。

［3］付守永：《工匠精神》，中华工商联合出版社，第156页。

【评语】本文中，作者对工匠精神的内涵予以多角度的阐释，并将创新定义为工匠精神的新内涵。在思辨中，较为引人注目的是，从哲理上提出了中国制造向中国精造、中国创造的转变，也强调工匠精神应当作为企业战略和全社会企业发展的引擎。文章的论述较为丰满，层层递进，如果能在体例上区分章节标题，会更便于读者的领会。同时，对于工匠精神的内涵发掘，既要多角度论述，也需要避免泛化。如果文章可以结合具体事例予以佐证，则可在华丽之下有所沉淀。本文是较好的一篇工匠精神论文。

新时代中国的工匠精神

李孟青[1]

【摘要】新时代经济环境的复杂性、突如其来的疫情，都使得各国重视工业振兴，而工匠精神成了各国重塑产业的核心精神理念，工匠精神迎来了世界范围内的推崇，相关的理论研究也引起了诸多学者的关注，并进行了有价值的讨论和梳理。本文认为，工匠精神的内核是和时代背景相联系的，新的时代背景赋予工匠精神新的内核。而新时代也需要重塑工匠精神的社会价值观，弘扬其"热爱"、"精准"、"坚持"等新时代精神内涵，并融入创新驱动发展战略中，推动中国的智能制造，为产业转型奠定坚实的基础。

【关键词】工匠精神，社会价值观，创新发展战略

一、新时代中国与工匠精神

国家强盛的道路从来都不是平坦的，中国从落后的农业国发展为制造大国经历了几代人的付出，但是实现制造强国的目标需要的不仅仅是努力。当前科技力量转化为国家力量的比重越来越大，发展科技创新是国家不断进步的关键，而科技力量的勃发需要工匠精神的内在基因。

中国制造目前的困境在于大而不精，制造业产值与精度不相匹配，尤其是科技行业的整体素质和竞争力远远不如以美国为首的发达国家。高端硬件等行业制造能力明显缺失，如光刻机、高端芯片等能够主导一国技术领先的关键行业，中国与国际领先工艺水平差异明显。虽然中国从改革开放以来仅仅四十余年，已经取得了令人骄傲的成绩，但未来各种可能的局部争端会引起国际形势的复杂化、风险化，高端技术的缺失或成为这一时期中国发展最明显的阻碍。

中国的人才质量、数量、民族的凝聚力，都不输他国，缺少在高速发展过程中逐渐淡化的工匠精神，缺少对产品精雕细琢和追求完美的心态，缺少追求专业领域极致的精神。因此，弘扬新时代的工匠精神是从中国制造向中国"智"造转变，是实现发展转型的必然要求，也是民族复兴的价值期待。

---

1 作者单位：北京旋极信息技术股份有限公司。

2016年，政府工作报告指出，"鼓励企业开展个性化定制、柔性化生产，培育精益求精的工匠精神"。正是国家意识到制造强国需要创新血液的支撑，需要高新科技企业沉淀技术、专注研发、积极创新，推动工匠精神成为企业文化的重要部分，让全社会意识到工匠精神的可贵和重要。

2020年初，疫情在世界各地爆发。中国也遭受了巨大的打击，在政府强有力的部署下虽然疫情很快得到控制，但经济的停摆还是影响到社会的各方面。国际上疫情日趋严重，全球化进程戛然而止，逆全球化之势抬头，这时一个国家拥有完整的工业体系的重要性凸显出来。同时美国对中国的高精尖产品的出口进行限制，还通过政治手段压制中国企业的发展。这个时期存在风险和机会，中国的发展需要以工匠精神为信念，培养工匠精神的社会风尚，推动民族复兴。

二、工匠精神新时代的内涵

工匠精神存在于中华民族的基因中，是历史沉淀给我们的瑰宝。"匚"是古代木工置物的方形容器，"斤"简单来说是木工的斧头，因此最开始匠是指木工，随着时间的推移，具有专业技法的人都可以称为匠。工匠精神字面上是指具有专业技能的人所拥有的品质。进一步思考，木匠反复打磨，追求毫厘之间的完美尺寸所代表的更多的是对自己职业的热爱和尊敬，对工作的坚持，对细节的极致追求和执着。在国际局势复杂多变的今天，本文认为工匠精神具有更多的内涵，概括为热爱、精准、执着、奉献、勇气、凝聚和突破。

对于个人来说，工匠精神是从事自己热爱的事业，在任何情况下都能坚守自己的岗位、执着于工作中细节，不断进步。突破极限精度、将龙的轨迹划入天空的高凤林，以精湛的技艺焊接火箭发动机，提速了中国的火箭生产；全球青年抗疫榜样王勇，在武汉疫情最危险的时候不惧险情，组织起一支义务接送医护人员通勤的车队。他们都是在自己的行业中发光发亮，在艰苦的处境下用自己双手将本职工作发挥到极致的工匠，立志为民族奉献自己的力量。

对于企业来说，工匠精神是凝聚组织上下，以饱满的姿态应对各项事务，扎根于行业，反复打磨优化自身的产品，在市场变化中寻求动态平衡，并把工匠精神的基因融入生产、经营、管理、创新的每一个环节中去。尤其是高新技术企业，要以不怕失败的勇气，钻研开发新的技术，弘扬工匠精神，创新产品、提升品质，打造享誉世界的品牌。旋极自成立以来，一直以敢于突破、勇于创新的工匠精神为指导，充分发挥集团优势，在5G、智慧城市等方面取得了一定的成就，并光荣受领国庆70周年庆典保障任务，旋极产品随受阅装备亮相长安街。

对于国家来说，社会崇尚的工匠精神，是指在各行各业都能够制造出世界一流水准的产品，国家拥有应对复杂危机的能力。武汉最严重的时候，各方企业和单位临危受命，在极短的时间内建造了雷神山、火神山两座一流水平的医院，让世界感叹中国速度，但这奇迹的背后正是工匠精神的体现。一座医院的建造谈何容易，排水、通风、通信、医疗设备、主体设计，各个方面都需要设计协调到极致；建造的流程，不同部门的搭配，管理上的工作，种种任务都是以秒为单位进行衔接，以民族的团结凝聚，以极致的时间建设出完美精度的雷火神山，这就是中华民族传承下来的工匠精神。

诚然，我国仍然在某些行业存在短板。疫情初期，最好的口罩防具生产商是国外的3M、霍尼韦尔；对于中国来说，作为人类科技集大成的光刻机产业仍然处于相当落后的水平，2020年中国只有14nm级别的光刻机，向荷兰公司高价购买的7nm光刻机因为某些国家的政治压迫迟迟无法到货，华为也可能因为台积电收到该国的压迫而被迫放弃自主芯片，14nm到7nm再到5nm，这肉眼看不到的差距却是该行业无法翻越的一座座大山。但是，中国是能够创造奇迹的国家，在过去40年里工匠精神仿佛很少被人提起，但它是刻在中华民族骨子里的精神，在世界局势变化，国家需要各行各业共同发力的时候，工匠精神带给我们的是凝聚，是各行共同生产口罩，宁愿丢单也要让中国度过危难的民族团结；是勇气和执着，明知道光刻机的研发很可能巨额投入也无法有所进步，明知道付出一生也无法得到结果却一往无前的勇气和执着；是热爱，热爱这个国家和民族；是精准，是雷火神山中被人称为奇迹的精准协调；是突破，是我们都相信，即便万山难越，也能破云见日的突破。

这，就是新时代中国的工匠精神！

三、弘扬新时代工匠精神

改革开放40多年来，中国的主流任务是扩大制造产业产值，实现社会富足，解决物资匮乏的问题。在这个过程中，批量化，规模化生产成了主要的生产方式，这种生产方式提高了生产效率，但极大地衰弱了工匠精神的传承和弘扬，自动化、智能化的机器制造成了过去一段时间的主要名词。在社会物资富足的今天，我们不再为吃穿住行发愁，在新时代，高度的分工和自动化无法再掩盖工匠精神的光芒，国家再次提出工匠精神，不是让我们回到手工作业时代，而是在高度工业化的今天，重视创新和科技进步，积极探讨工匠精神与创新驱动的有机融合，以工匠精神为指导，不断积累生产工艺经验，达到工匠般的纯熟境界，培育创新思维，于坚守中创新。

工匠精神不是因循守旧，拘泥于已经落后的技术或事物，而是在坚守和创新之间达到平衡，拥抱变革，学会变通，在坚持中实现突破和发展。新时代中国在许多行业的深耕结出了果，例如大数据、云计算、高铁等。这些都是各行各业的劳动者在不断优化打磨产品的过程中，提出了新的理念和技术，实现了创新。笔者相信，在不久的将来通过，各行业的从业者都能继承和发扬工匠精神，崇尚精益求精，不断提高产品质量，打造更多享誉世界的中国品牌，创造一个又一个的奇迹。

四、新时代工匠精神的重塑

（一）完善社会技能型人才的教育体系

虽然工匠精神是中华民族传统的优良品质，但在中国飞速发展的过程中，技能型人才却不被社会重视，职业教育不被看好。弘扬工匠精神首先需要优化职业教育体系，重视工匠精神的传承，培养完善的技能型人才的社会评价体系，让更多的学子感受到工匠精神的文化养分。院校要以培育"工匠"为目标，明确实践技能培养导向，使学生在接受系统的职业教育之后具备能够适应市场经济发展的实践技能。

（二）尊重客观事实，坚定信念

中国现如今大多数行业的短板得到了补齐，但更进一步，在某些行业仅仅发展40年想要达到发达国家发展几百年的领先水平，这是难以实现的。因此我们要接受差距，尊重事物发展的客观规律。工匠精神贵在专注地学习发展某一项技能，新时代的中国在尊重客观规律的情况下，需要以必胜的信念，不怕失败的勇气努力追赶和超越。

（三）培养具有工匠精神的社会价值导向

工匠精神以木匠为起源，从个人到社会流行是自发性的，但在新时代社会，重塑工匠精神需要政府重视并进行引导和激励。规范产业导向，为行业发展提供新的秩序，激励实体经济发展，夯实国家产业根基，表彰各行各业爱岗敬业具有匠心的优秀人物，在社会上形成崇尚工匠精神的主流文化价值观，将工匠精神的文化属性转化为文化自信和优势。

最后，对于工作者来说，工匠精神亦是一种职业精神。

人大代表栗生锐刚参加工作时，因一次失误刀具在零件表面划出一道刻痕，此后反复训练，已连续18年没出过废品。正如郭志坚所说"无论做什么工作都需要工匠精神。有人说工匠精神是做事不将就、品质要讲究，有时需要点倔强，坚持也要长久。一时是兴起，日久才见匠心！"

【评语】本文作者从企业实际出发，论述了工匠精神的内涵以及时代召唤。从回溯工匠精神的概念提出，到阐述工匠精神对个人、企业和社会三个维度的不同意义，再到智慧时代下新工匠精神的试界定，最后到企业内部工匠精神的培育，层层相扣，逻辑严密，并列举了旋极企业内部的代表，具有真实的号召力。如果能将企业工匠精神的代表事例再予以适当展开，则会进一步凸显实证的力量。总体而言，本文是较好的一篇工匠精神论文。

工匠精神在现代企业中的重要性

陈　超[1]

【摘要】工匠精神可以说是社会文明进步的重要标志，是制造业前行的精神动力，更是企业竞争发展的资本，是员工个人不断成长的导向。工匠精神是以爱岗敬业、精益求精、求实创新、追求卓越为内核的劳动精神，它不仅是一种价值理想和精神追求，还是劳动者应当秉持的职业观念、职业态度和职业操守。工匠精神是忠诚于自己事业的一种信仰，是追求卓越的思想观念，是求真务实的工作态度，是一种高尚的职业精神。这种敬业精神、精益求精的工作态度是设计创造高品质产品的根本。工匠精神是对自己从事的事业具有高度负责任的态度，是一种非常严谨认真做事的工作作风，是创造高品质产品的思想灵魂，是一种真诚做人做事的具体体现，是中华民族的优秀文化，为此我们要崇尚工匠精神。

【关键词】工匠精神，企业竞争，职业精神

工匠精神是最近几年的一个热门词汇，大家都耳熟能详。工匠精神并不是个新词，是现在各国都在提倡和推崇的一种职业精神，是从业者的一种职业价值取向和行为表现。

在德国、日本、瑞士等发达国家，正是因为工匠精神，才能生产出举世闻名的精品。无论瑞士手表、军刀，还是日本的家用电器，德国的汽车，都是其中的佼佼者。当然，工匠精神不是发达国家的专利，我国从古代就有工匠精神的体现。其中，最具代表性的是春秋时期的木匠鼻祖鲁班，他不仅技术精湛，还是传说中曲尺（也叫矩或鲁班尺）、墨斗、刨子、钻子、锯子等工具的发明人。庖丁解牛，也一直让人津津乐道。还有闻名世界的北京同仁堂，其制药产品远销海外。北京全聚德的烤鸭，让来中国旅游的外国人赞不绝口。现在，国家更加重视和提倡工匠精神，央视还推出《大国工匠》节目，讲述了长征系列火箭发动机焊接专家国家高级技师高凤林等不同岗位劳动者用自己的双手，为国家的建设和发展做出了自己的努力和贡献。

工匠精神可以说是社会文明进步的重要标志，是制造业前行的精神动力，更是企业竞争发展的资本，是员工个人不断成长的导向。工匠精神是以爱岗敬业、精益求精、求实创新、

1　作者单位：北京滨松光子技术股份有限公司廊坊分公司。

追求卓越为内核的劳动精神，它不仅是一种价值理想和精神追求，还是劳动者应当秉持的职业观念、职业态度和职业操守。工匠精神是忠诚于自己事业的一种信仰，是追求卓越的思想观念，是求真务实的工作态度，是一种高尚的职业精神。这种敬业精神、精益求精的工作态度是设计创造高品质产品的根本。工匠精神是对自己从事的事业具有高度负责任的态度，是一种非常严谨认真做事的工作作风，是创造高品质产品的思想灵魂，是一种真诚做人做事的具体体现，是中华民族的优秀文化，为此我们要崇尚工匠精神。

在当下，由于各行业间的竞争都很激烈，各个企业都会为壮大自己而绞尽脑汁，这本来是个良性的循环，但其中有一些企业为了追求短期利益，不但不倡导和培养员工的工匠精神，反而热衷于投机取巧，用最快的速度实现利益的最大化，缺少了对工匠精神的重视，久而久之，员工就难免失去对产品质量的追求，也失去了对工作认真负责的态度。对于企业来说，最终的结果也只能走向衰亡。

在现今的社会中，由于生活节奏加快，人们更加追求速度，重视虚拟而看轻实业。头条、热搜等众多媒体上充斥着明星私情、一夜暴富、摆阔显耀的负面报道，已经到了"明星家事天下知"的地步。尤其是快手、抖音等流量视频软件爆火以后，人们越发热衷于手机，越发热衷于模仿，而忽视了一些更加重要的东西。许多人都好像发现了可以不劳而获得捷径一样，去狂热地刷视频、拍视频。工匠精神是从业者对自己工作不断精益求精的精神，是从业者认真对待工作的优秀品质，也是一种推动行业不断发展的责任。在"互联网"时代，很多人对待工作处于浮躁的状态，为了让企业能够更上一层楼，必须发扬和传承工匠精神。我们要用工匠精神，战胜投机取巧。我们要知道工匠精神是一种社会责任心，一份民族担当，一份事业信仰。

中兴与华为事件已经给我们敲响了警钟，让我们深深地感受到在市场竞争中面临的压力，我们只有做强中国制造，才能生存发展；必须要崇尚工匠精神和掌控核心技术，我们的实体经济才能健康地持续发展。要做强制造业，工匠精神是必不可少的企业文化。

工匠精神是高品质生活的时代需求。随着人们的生活水平不断的提高，生活条件越来越好，人们对美好生活的需要越来越高，人们对高品质的产品和高品质的生活越来越向往。在这种情况下，工匠精神显得尤为重要，它体现了生产者对高品质生产的追求，可以以高质量产品满足人们对高品质生活的需要。所谓工匠精神，既是一种敬业精神，又是一种创新精神。创新精神与工匠精神两者是紧密相连的，它的最大目的就是要提升技艺的水平，提高产品的质量。这样才能把品牌做大，做成长寿企业，打造更多享誉世界的中国品牌。崇尚工匠精神是为了全面提升制造企业的设计水平和制造技术，让制造企业能真正创造出具有市场竞争力的高品质产品，并且不断提升产品品质，打造知名品牌。

　　无论是传统的工匠精神还是现代的工匠精神，均不难看出，当工匠们在制作物件或作品时，除了需要付出实质的物品之外，还要有专注力，即心力或精力，比如：工匠们的精益求精、注重细节的心力或精力等方面的精神力量，二者缺一不可，只有这样才能完成一件完美的物件或者作品，从而得到同行或者消费者的褒奖和赞许。这种成功又会给工匠们的身心带来喜悦，从而使他们在做下一件物件或作品时，精神更加饱满，信心倍增，表现在工作中，就是能够将下一个物件或作品做得更加完美。这种精神力量还会鼓励工匠对下一个物件或作品进行改良或创新，使其拥有更大的作用和价值，具有更加重要的意义。如果工匠们对制作出来的下一个物件或作品并不满意时，那么这种精神的力量也会促使他们在做下一个物件或作品时，汲取上次不满意的教训，避免类似事情的再次发生。去除改善工具等之外因素，最主要的还是精神的力量在起作用，这种精神力量会促使工匠们主动地将消极因素转变为积极因素，正如"失败是成功之母"的作用一样。这种情况下的精神力量，也是工匠精神的价值。随着人类社会的进步和发展，当代工匠精神中的这种价值表现得会越来越明显和充分。

　　众所周知，德国在十九世纪七八十年代成为世界重要的工业强国，其制造业的发达与对工匠精神的重视密不可分。随着德国工业迅猛发展，德国也将工匠精神发展到了极致，因为德国产品从设计思想到生产质量都饱含浓浓的人文理念。比如，世人在设计窗户时一般都是向外推开，但是具有工匠精神的德国在设计窗户时却是向内打开，这样的好处是拉开窗户擦玻璃不但没有危险还非常方便，并且打开窗户还有两种方式：一种是常规的横向内拉全开，一种是纵向小角度内倾，后者相当于在窗户上端开了个大缝，既透气又不会漏雨。在德国，类似这样的饱含人文理念、极具人性化的设计处处可见，尤其在老百姓生活中体现到了极致，这种极具人性化的设计理念充分体现了"以人为本"的人文理念。由此也可以看出，现代外国工匠精神已经转变为充分考虑现实，并且以满足人的最大需求为目的的一种精神品质，这正是德国、日本在二战之后迅速成为制造业强国的重要原因之一。当然，在当今中国制造业正由大变强的迅猛飞速发展的过程中，类似德国、日本制造业中的富含人本理念的设计、产品和服务等也处处可见，这都是工匠精神的人体价值的体现和作用。

　　工匠精神的创新价值，首先是从效益的角度出发，考察产品的设计和制造工艺。因此，在工匠精神创新价值的作用下，设计产品或者制造产品时，首先考虑的是如何降低成本、获取利润最大化等问题。在这种理念和价值观的驱使下，有时就难免有伤及人的利益的倾向或事件发生，因为任何产品一旦以追逐利润或追求效益为主要目的，就必然置人的利益于其次，尤其是在企业转型升级的过程中，提高产品利润或效益无可厚非，但绝不能以降低产品的质量为代价，否则就会伤及到使用该产品的客户。

说到底，工匠精神就是一种人生态度、一种人生价值观，面对工作精益求精，面对困难百折不挠，面对未来充满信心。从这个角度说，能被评选为工匠的人终归有限，大师更是凤毛麟角，但工匠精神却是人人都可以拥有的，人人都可以是工匠精神的传承者，认真对待工作，就是我们最现实的工匠精神。

【评语】作者在本文中论述了自己对工匠精神的理解。作者提出，工匠精神是忠诚于自己事业的一种信仰，是追求卓越的思想观念，是求真务实的工作态度，是一种高尚的职业精神。从中外工匠精神的概念对比得出，事实上工匠精神具有深厚的民族文化土壤，有益于我们当下的社会出虚入实的转变，对于互联网科技企业而言也同样重要。作者在文尾论述了工匠精神的创新性内涵，并将工匠精神升华为人生态度、人生价值，其实更应成为社会风气和时代精神。文章言简意赅，有一定的逻辑性，中外对比中也结合了社会现象的批判，是较好的一篇工匠精神文章。

工匠精神在高新技术产业的弘扬

刘长生[1]

【摘要】工匠精神是高新技术产业高质量发展的重要驱动因素，且日益受到国家和企业的重视。本文采用"是什么"、"为什么"、"怎么做"三段论，通过文献研究法和定性分析法，首先研究工匠精神的内涵，然后探究在高新技术产业弘扬工匠精神的原因，最后列举在高新技术产业弘扬工匠精神的举措，通过老带新的工匠精神传承、完善技能实践平台以及提高工匠待遇保障等措施，发挥工匠精神在高新技术产业顺向演进中的驱动效应，更有效地推动工匠精神在高新技术产业的弘扬，实现高新技术产业高质量发展。

【关键词】工匠精神，高新技术产业，高质量发展

如今，工匠精神日益受到国家和企业的重视，究其原因，在于工匠精神对推进中国制造向中国创造转变，中国速度向中国质量转变，制造大国向制造强国转变具有举足轻重的作用。工匠精神具有广泛的个体价值、社会价值和经济价值，在高新技术产业中的作用发挥更是重中之重。

一、工匠精神的内涵

关于工匠精神内涵的研究，国内学者和国外学者从不同的角度进行过长期且渐进式的研究。研究工匠精神的内涵和当代价值，有利于深化人们对工匠精神的认识。

（一）国内学者对工匠精神的定义

朱春艳、赖诗奇认为，从狭义方面来说工匠精神是凝结在工匠个人身上的优良品质，从广义方面来说是凝结在每一个人身上的专注、创新、追求极致的态度与精神。[2]李宏昌提到所谓工匠精神就是敬畏自身职业、专注执着工作、追求更好的产品、追求完美极致的服务，有止于至善的人生价值观。[3]刘建军指出工匠精神的主要内容包括：对职业的认同、乐业敬业的

1　作者单位：北京滨松光子技术股份有限公司。

2　朱春艳，赖诗奇：《工匠精神的历史流变与当代价值》，载《长白学刊》2020 年第 3 期。

3　李宏昌：《供给侧改革背景下培育与弘扬工匠精神问题研究》，载《职教论坛》2016 年第 16 期。

精神，专一专注、全身心投入工作的精神，追求卓越与精益求精的精神。[1]

（二）国外学者对工匠精神的定义

当代美国社会学家理查德·桑内特对工匠精神的定义是，工匠精神是为了完成工作并把它做好的愿望。日本的秋山利辉认为，具有匠人精神的人应具有一流的心性和一流的技术，匠人精神就是对事情不放弃，是一种思想的深度，从而唤醒每个人的一流精神。[2]

二、在高新技术产业弘扬工匠精神的原因

当代工匠精神不止包含爱岗敬业、殚精竭虑、钻研和创新等精神，还担负着引领行业发展的重任。在高新技术产业大力弘扬工匠精神，有着广泛的经济价值、个体价值以及社会价值，对实现劳动者自身价值，推动实体经济高质量发展，提高产品质量，保障品牌建立以及国家制造强国目标的实现都有着举足轻重的作用。

（一）工匠精神是劳动者自身价值实现的保障

打造产品的过程是工匠创造的过程，在此过程中提高技艺、提高自身对产品的认知。产品包含了工匠对世界的认知，也有工匠对自我的认知。之后不断完善产品，实现对产品的精确把握，在整个历程中实现自身的价值，制作出具有代表自身价值的产品。工匠精神所体现的恰恰是人的社会价值和自我价值的统一，当一个工匠为社会提供最好的产品时，他实现了他的社会价值。同时，他的劳动又得到了社会的尊重和肯定，实现了自我价值。

（二）工匠精神是实体经济高质量发展的支撑

实体经济，指一个国家生产的商品价值总量，是人通过思想使用工具在地球上创造的经济。实体经济的壮大是一个国家经济强大的基石，从世界范围来看，世界强国多数都有着强大的实体经济基础。经济全球化促进经贸国际往来的同时，也增加了贸易风险，促进实体经济的发展对于抵抗经济风险至关重要。工匠精神注重的是在岗位中爱岗敬业、全力以赴完成工作任务并刻苦钻研、反复琢磨细节、追求产品精益求精，这也契合了实体经济高质量发展的基础。将工匠精神融入实体经济中，促使产品在技术、工艺、功能等方面的改进与突破，不仅是企业发展要求，同时也是提高我国实体经济高质量发展的重要保证。

（三）工匠精神是产品品质升级和品牌培育的必然选择

现如今"中国制造"的产品遍布全球各地，但很多都是以"量"取胜，在产品品质和品牌创立方面还有待提高。质量问题的发生一定程度上是技术水平有限，更为重要的原因是企

1　刘建军：《工匠精神及其当代价值》，载《思想教育研究》2016 年第 9 期。

2　秋山利辉：《匠人精神——一流人才育成的 30 条法则》，中信出版社 2015 年版第 6 页。

业追求短期利益，在产品制作过程中，只看重低成本，使得在制作过程中劣质产品数量增加。随着我国的消费需求不断升级，消费者对于品质、品牌的要求也日益提高，在此基础上企业更应该注重产品质量和技术水平的提高，以及自身品牌的塑造，必须发挥工匠精神的作用。工匠精神注重对产品的精雕细琢，工匠在制造自己作品的过程中不断打磨，苛求细节与小事的完美，遵循操作流程和操作规范。因此，工匠精神是产品品质升级和品牌培育的必然选择。

（四）工匠精神是制造强国目标实现的基础

要积极响应国家"推进中国制造向中国创造转变，中国速度向中国质量转变，制造大国向制造强国转变"的要求。我国实施制造强国战略的行动纲领《中国制造2025》，提出经过10年的努力，实现我国成为制造强国的目标。这个目标的实现需要工匠精神来保驾护航。实现由重"量"到重"质"的突围，中国制造才能赢得未来，工匠精神是中国制造升级的精神源泉，是成功实现"中国制造2025"战略目标的重要保证，是制造强国目标实现的基础。

三、在高新技术产业弘扬工匠精神的举措

要保证高新技术产业优良的工匠精神的传承，就要持续优化行业内部工匠精神传承环境。高新技术产业的良好发展离不开工匠，也离不开工匠精神，为让工匠精神在高新技术产业内部继续存在并发挥优势，就要不断优化工匠精神发展的环境，完成老带新的工匠精神传承，完善技能实践平台，以及采用提高工匠待遇等激励措施多管齐下。

（一）老带新的工匠精神传承

传统学徒制是一种高度情境性的学习方式，强调师傅对学徒的言传身教，要做好老带新的工匠精神传承，在高新技术产业中制定合理的制度与方案，让师傅通过不同层面的讲授，实现理论与实践教学同步，使学徒真正领悟知识。推进老带新的工匠精神在高新技术产业的传承，可以使工匠精神通过师傅的讲授，根植于学徒的内心。促使学徒在工作中保持敬畏和执着的工作态度，在实践中不断提高自身技能，踏实钻研，在所处行业精耕细作，同时有利于传承爱岗敬业等优良传统。只有发挥老带新的工匠精神传承的作用，才更加符合企业对现代人才的要求，才能使工匠精神代代相传，产品质量才能得以保障。

（二）完善技能实践平台

高新技术产业还应为学徒完善技能实践平台，实践是检验教学质量的重要标准，也是提高教学效果的关键方式，工匠师傅在实践中传递知识，其自身技能也在实践中得以增强。坚持理论与实践相结合，将理论运用到实践中，在实践中加强技能训练，又继续深化理论成果，形成闭环，互相促进，共同提高。实践是弘扬工匠精神的关键环节，工匠精神的养成不

能仅通过口头传授，更重要的是实践。要重视开展实践教学，优化实践基地，拓宽社会实践的领域与空间。

（三）提高工匠待遇保障

为更好地弘扬工匠精神，要采用多重激励措施，提高工匠待遇保障是行之有效的重要方式。目前我国工匠待遇保障存在不完善的问题，根据相关资料显示，虽然我国现代化、工业化进程的不断推进，但工匠待遇却未得到很大幅度提高，因此工匠精神缺乏一定的物质保障。工匠待遇有了保障，有利于传承工匠精神，促进职业精神的培养，是有效的激励措施。待遇上有保障，人才的素质与数量也会大大提高，工匠社会地位也会进一步提高，形成工匠精神传承的马太效应，吸引更多人立志成为一名大国工匠。

四、总结

在当前我国经济高质量发展的背景下，提升高新技术产业自主创新能力，提高生产品质与强化品牌培育能力，亟须培育和弘扬工匠精神，通过革新传统观念、优化经济环境和构建政策机制，发挥工匠精神在高新技术产业顺向演进中的驱动效应，实现高新技术产业高质量发展。

【评语】本文从世界劳动技能大赛引起，以三段论的方式论述了何为工匠精神，为什么需要工匠精神，以及如何培育和运用工匠精神。论述结构规整，逻辑严谨，论述语言有力量。结合我国"2025中国制造"的国策，宏观上提出了高新技术企业以工匠精神作为员工心理基础，以助力企业生产能力和社会经济发展目标，是较好的一篇工匠精神论文。

打造新时代的科技银行工匠团队
——从人力资源视角看工匠精神

高　峰[1]

【摘要】本文试以人力资源管理的视角分析工匠精神在中关村银行团队建设中的重要意义和作用，探讨新时代银行业转型升级、特色化差异化发展背景下，人才队伍建设存在的问题以及发展规律和趋势。

【关键词】科技创新，银行，工匠精神，人力资源

前　言

建成具有全球影响力的科技创新中心，重点在原始技术创新，核心在体制机制创新，关键在金融服务创新。北京中关村银行正是在这样的大背景下应运而生的，中关村银行生在中关村、长在科学城，承载了一代代中关村人的梦想和使命，促进科技与金融的深度融合，真心真意、全心全意为创业者和科创企业服务，而科技金融创新，关键在于能否打造一支敢想敢干、敢打敢拼、信念坚定、追求卓越的铁军团队。

一、在科技银行人才队伍建设中弘扬工匠精神的重要现实意义

（一）工匠信念成就科创事业

精华在笔端，咫尺匠心难。解决科创企业的信贷融资难题知易行难，必须要有这样一支工匠团队：他们潜心钻研行业规律、专业研究企业特点、一心服务科创企业、安心立足本职岗位；他们不受金钱利益所诱，他们不为各类难题所惧，他们不被各种质疑所扰，他们夜以继日地钻研着前沿领域的技术难题，将大数据、云计算、区块链等前沿技术与科创企业的融资方案进行深度融合，他们秉持"功成不必在我，功成一定有我"的工匠信念，享受着每一次技术进步带来的满足和喜悦，他们不忘初心、聚焦主业，专注科创、深耕行业，追求极致、淡泊名利。只有有了这样一大群有着工匠信念和匠人胸怀的"技术宅"、"扫地僧"，科创企业才真正有可能获

1　作者为北京中关村银行办公室主任、人力资源部总经理。

得银行业金融机构的贴身式、综合化服务，融资难、融资贵的问题才有可能真正得到破解。

（二）工匠文化铸造优秀团队

十年磨一剑，霜刃未曾试。优秀的团队不光要靠招聘最优秀的人，更需要长期的磨合、及时的优化、正确的引导、合理的机制以及耐心的呵护。尤其是将培育耐心资本、潜心修炼内功的理念传递到每一位团队成员，对于专注服务于科技创新的银行来说尤为重要。如果缺乏了工匠文化的宣传和传导，会导致团队心浮气躁，赚快钱思维盛行，实行高息揽储无心打磨产品，资金在同业间空转无法服务实体经济，资产集中投放到收益超高的消费信贷领域而小微企业却申贷无门，热衷于购买同业资产或投放联合贷款而放弃核心风控能力的提升，最终会导致系统性风险的叠加。因此，商业银行尤其是初创银行要处理好短期市场化生存和远期特色化发展的关系，必须增强战略规划和战略定力，在解决好"吃饱饭"（实现盈利，完成股东下达的合理业绩指标）的基础上，更要使工匠文化与企业文化高度融合，着力培育耐心资本，打造践行工匠精神的团队，实现"吃好饭"（实现差异化特色化发展），"吃久饭"（构建以自身资源禀赋为基础的竞争优势和核心竞争力，实现可持续化发展）。对于中关村银行这样的服务科技创新的初创银行来说，大数据风控能力、数字运营能力、行业研究能力、敏捷开发能力、开放共享能力是实现"吃久饭"的核心能力，而这其中的每一项能力都需要长年累月打磨和迭代，都是工匠精神的集中体现。

（三）工匠精神助力良性发展

玉经琢磨多成器，剑拔沉埋便倚天。工匠精神的深刻内涵之一即培育耐心资本，这对于专注服务科创的金融机构来讲尤为重要。对在金融科技方面领军的民营银行和特色化发展比较鲜明的银行进行分析，我们发现在成立的初期，基本都经历了至少三年左右的蛰伏期，在这段时期内，银行主要的任务就是精心打造团队，聚焦风控能力、科技能力、运营能力、获客能力、商务能力等方面能力建设，把基础打牢。

二、人力资源管理中培育工匠精神的工作重点

（一）以匠心守初心

考核是人力资源管理需要关注的首要问题。尤其对银行的业务人员来说，考核既是强力的指挥棒，又是明确的指南针，同时具有强烈的约束和激励作用。传统银行多以成本收入比、权益、净利润、资产收益率（ROA）、资本收益率（ROE）、存贷款规模、风险资产等作为考核的核心指标，辅以资金转移定价、经营成本（资本）分摊、经济增加值（EVA）、KPI或OKR指标等方面的考核[2]，前台业务人员经常疲于应付各种诸如开户数量、存款规模、办

卡数量、新产品营销量等上级机构派发的任务，很难有时间和精力研究产业趋势和行业特征，特别是科创企业发展规律，经常使用传统企业的尽职调查方法和财务分析手段去分析代表新经济发展方向的科创企业，集中导致的结果就是"看不懂""不敢投""风险大"。为此，科技银行应当首先建立服务于科创企业的专营团队，用完全区别于传统对公、零售团队的考核方式进行差异化考核，摒弃纯以利润为中心的考核理念，转而以科创企业客户基础、行业研究能力、投贷联动成果、产品研发进度和客户成长等新型指标来组成新的考核体系，短期内不再只看赚钱多少，重点看基础工作做得是否扎实有效，让科创专营团队真正沉下心来研究科创企业客户需求和痛点，让业务人员不再疲于应付开户数量、存款时点等"腐朽"的考核指标，使客户经理逐渐成长为综合化的产品经理，成为能够为客户提供综合解决方案的"银行工匠"。

（二）招良工揽巧匠

广泛延揽各方人才是科技金融团队建设的关键，人力资源部门作为招聘人才的第一道关口，首先要有独具慧眼的匠心、精雕细琢的耐心、为事业选人的公心，才能招到真正的工匠型员工，打造精益求精的工匠团队。

（三）育匠人为巨匠

要加大投入为各个业务条线的工匠型员工提供各类深造和提升机会，通过系统化培训培育更多的领军人物，充分发挥领军型人才的重要带动作用。一是通过传帮带机制形成工匠梯队。充分发挥工匠带工匠的重要作用，利用工匠型员工的言传身教，让身边的员工特别是刚毕业的大学生员工时刻感受工匠精神的深刻内涵，从而内化于心外化于行。二是给工匠型员工提供各类内外部培训机会，帮助他们提升业务技能、知识储备、综合素质，并设立专项基金或经费，对特定群体给予重点投入。三是为工匠型员工精确规划职业发展路径。要拓宽和疏通工匠型员工的职业发展通道，对于综合素质高、专业技术能力强，管理能力突出的员工，要及时选拔到重点岗位。对于一心钻研专业，对管理没有兴趣的技术型员工，要专门设计专业序列或职务与职级并行的相应机制，给予这类群体以足够的发展空间。"试错成本不高，错过了成本才高"，对于有可能在细分领域取得引领性成果的员工，人力资源部门要有天使和创投的思维，在早期即给予相应的投入和资源支持，为他们搭建平台，对接资源，帮助他们获得成功，真正培育出科技金融、金融科技和创业服务业的巨匠。

（四）求精益铸匠魂

一个不崇拜工匠和工匠精神的企业是无法培训出真正的工匠团队的，因此必须大力营造与工匠精神相一致的企业文化，这是一个企业长期稳健发展的"神"和"魂"。要大力提倡精益求精的工作标准，敬业乐群的工作状态，一丝不苟的专注态度，追求卓越的创新精神。

特别要注意的是，要注意摒弃和避免劣质的企业文化影响工匠精神的培育，比如有的企业奉行关系文化，有关系、有背景的人才能获得晋升，"老黄牛"累死也活该；有的企业推崇拉帮结派，日常主要工作就是钩心斗角、尔虞我诈；有的企业流行阿谀奉承，能干的不如能说的，掏心的不如掏钱的。在这样的企业文化下，领导被油嘴滑舌的一群人包围，是无法发现、也培育不出真正的工匠的，即使有，也是伪工匠、假工匠。

孔子曰："志于道，据于德，依于仁，游于艺""君子欲讷于言而敏于行"，要培育良好的企业文化，对人力资源部门和企业领导都提出了更高的要求，要善于用心倾听，而不是只用耳朵听；要保护好敢于担当、敢于较真、敢于碰硬、敢于仗义执言的"直肠子"员工，让"弯弯绕"、"双面人"没有市场；要敢于善于拆穿和纠正自吹自擂的不正之风，而不是一味地搞一团和气，树立大家不服气又不敢说的伪典型；要及时发现真正潜心钻研业务、与世无争的工匠苗子，将他们树立成真正的正面典型，不让老实人吃亏，不让投机钻营者得利。

三、未来展望

工匠精神和工匠型员工是企业长期稳健发展最可宝贵的财富，是企业软实力的集中体现，更是企业在市场竞争环境下始终立于不败之地的核心竞争力。在当今社会大力弘扬工匠精神的大背景下，我们更应该头脑冷静、沉下心来对待工匠精神的培育和工匠人才的培养，这不是一朝一夕的事情，是要长年累月、日日夜夜去坚持和深耕的工作，我们不应以"批发"工匠为荣，不应以伪工匠精神为荣，而是要沉下心来切实构建有利于工匠精神培育的环境和土壤，为那些工匠们排忧解难，不光要让他们吃饱穿暖，还要让他们吃好穿好，生活得有尊严；要为他们提供舞台，尽情施展才华；要大力倡导崇拜工匠精神、崇拜工匠的社会氛围和企业文化，让大国工匠成为全民偶像。

总之，要将工匠精神发扬光大，必须构建这样一种机制和文化：匠人可以默默无闻但不可碌碌无为，匠心可以百转千回但不可伤痕累累，巨匠可以千锤百炼但不可无处用武。

北京中关村银行是服务创新创业的银行，在促进科技与金融深度融合，助力建设具有全球影响力的科创中心核心区的道路上，工匠精神是我们战胜一切困难的最有力武器。同时，我们将吸引和聚集一批顶尖的金融科技和科技金融人才，把他们培养成为服务科创的工匠和巨匠。在投贷联动、场景智慧金融等人才稀缺的领域，我们也将以银行为平台，积极为行业发现、培养和输送优秀人才，构建以中关村银行为核心的创新人才生态体系，体现新型科技银行的责任与担当。

参考文献

［1］《民银智库研究》：破解民营企业融资难融资贵的整体进展及战略前瞻，2018年第32期。

［2］潘光伟：《银行业公司治理、绩效薪酬管理及人力资源开发》，中国金融出版社2019年版，第270页。

【评语】本文从金融行业角度提出创新工匠精神的塑造，并结合科技银行业在人才选用和培养上如何塑造和奖励工匠精神。作者以科技银行的生长发展趋势入手，阐释了工匠精神对于科技银行企业的重要意义。随后在人才选用和培养上，从人力资源管理的角度提出了自己的见解。最后在未来展望中，点出了因行业工匠培养不能速成，而应当是具有创新性的工匠甚至巨匠。文章体例完整，论述要点突出，引人深思，是一篇较好的工匠精神论文。

工匠精神是能力与品质的综合体

赵海龙[1]

【摘要】当前科学技术发展日新月异，科技改变生活，科技改变世界，科技改变未来。科学技术的飞速发展也给我们带来了新的能源、智慧的生活、AI的工业体系。同时，在各行各业中也涌现出了许多能工巧匠、学术专家，在他们的身上有着不同的特质，这种"特质"就是所谓的工匠精神。工匠精神的形成并非是先天的，也并非是朝夕之间便可形成的，它是经过长期的积累与时间的沉淀后，经过不断地磨炼而形成的一种能力，是经过长期心性修炼而形成的一种品质，是在各行业领域中能力与品质的综合体。

【关键词】匠人，匠心，匠品，能力，态度

社会在不断发展，各行各业中涌现出不同形式的"工匠"，工匠精神也在不同的行业领域中有着不同的表现形式。匠品，出自匠人之手，源于匠人之心，体现出每一位匠人的精神与品质，而在我们的技术行业里，成为一名匠人，又该如何才能够打造出"匠品"呢？

一、"匠人"之工欲善其事必先利其器

"工欲善其事必先利其器"，意思是如果想做好工作，先要使自己的工具锋利，对于技术领域的人来说，技术能力就是最锋利的"工具"，要想成为行业领域中的"匠人"，首先需要具备匠人的能力。

厚积薄发对于做技术的人来说是能力成长的必经之路，只有我们不断地去积累，积累工作经验，积累理论知识，不断地在理论和实践中增长见识，才能够不断地提高自己的能力。通过不断的学习，积累与我们工作有关的理论基础，通过不断地实际操作，将技艺水平提升更高的层次。如今的网络如此的发达，通过网络学习也是非常方便，不论是学习别人的经验，或是学习基础理论都是捷径。积累的方法有很多种，最终的目的就是让我们自己的能力得到提升，可以让我们在工作中"善其事"，而我们不断学习的过程就是我们在"利其器"的过程。

---

1 作者单位：北京滨松光子技术股份有限公司。

从事技术性行业永远不能停止的一件事就是"学习"。因为如果在技术领域走得太慢就会被社会淘汰，而只有不断学习，才能够提高自身的技术水平，才能丰富我们的见识，才能将能力转化成为成果。

例如在我们设备维护领域中，工作范围非常广，对于初入这个行业的人来说，技术的积累可以是以点带面，可以通过不断的碎片式学习，然后连接成知识网络，但随着工作水平的提升，最大的感悟就是一定要返回到基础理论，然后进行系统地学习，这才是真正使自己具备一把工作利器的过程。

在日积月累的反复磨炼中，当将能力逐渐转化为成果的时候，就会发现其中的乐趣所在，做技术就是这样，需要不断学习，不断提升我们的工作能力，否则你将会与更大的乐趣失之交臂，所以说学习做技术有人会上瘾，有人会着迷，有人可以为它废寝忘食，只有经历过了才能够体会到其中的乐趣。

二、"匠心"之诚于中者，形于外；慧于心者，秀于言

心，是指态度，态度第一，这是因为只有改变生活的态度，人生才能够有高度，只有改变工作态度，事业才会有发展。如果给"态度"下一个定义，我是这样理解的，繁体字的"態"上面一个能力的"能"，下面一个心情的"心"，意思是说要从心从能。从心，就是说做事情要发自内心，诚于中才能形于外，慧于心才能秀于言。做事情一定要走心，用心做好每一个细节，追求一种精益求精的精神，这样才能有好的行为成果，可以说，我们的工作成果的外在形态，其实是我们内在心态的映射。从能，就是要把自己的能力发挥出来，把能力发自内心地表现出来，但不能够随心所欲，一定要有规矩，有标准。所以，态度的"度"就是规矩，就是标准。《论语》中讲：见义不为非勇也。意思是告诫我们要去做和适宜的事，不仅要从心从能，还要行有尺度。定位好自己的位置，发挥出自己的职能，做到"从心从能，行有尺度"。

大事看担当，小事看态度，从一项重要的工作任务能够看出一个人对工作担当的能力，可以判断一个人的技术水平，从一件小事上可以看出一个人对工作的认真程度，人们有时候往往看重了大的方向却忽略了小的细节。

工匠精神，它是炉火纯青、登峰造极的工匠技艺；它是一丝不苟、精益求精的求知态度；它是孜孜不倦、精雕细琢的钻研精神，所谓"匠人"必有匠心。

三、"匠品"之唯有匠心方成匠品

打造"匠品"是一种提升自己能力的过程，是对一种境界的追求。这个过程是艰难的，它给我们的不仅是乐趣，更大的是压力。但有一天看着自己的付出终于开花结果的时候，当有一天压力转变成乐趣的时候，更会有"忆苦思甜"的感觉，就像"弱水三千只取一瓢"，在你无限的付出中，也许这一瓢足以甘之如饴。所以，希望所有在技术行业中执着的人永远都不要放弃自己的选择。

打造"匠品"也是一种自我修炼的过程。有人会抱怨工作压力大，有人在埋怨领导分工不公平，有人觉得自己得不到重视，有人总感觉付出得不到回报，长此以往，那么接踵而来的将是负面情绪，正是负面的情绪将会腐蚀掉你的利刃。古语讲"行有不得反求诸己"，我们应该从自身上找找原因，与其想方设法改变别人，不如好好修炼自己，放下自己的抱怨，不要让负能量包围了自己，经常掸去覆盖心灵的尘埃，我们的工作会越来越顺利，擦拭心灵的过程也是我们不断去追求品质的过程。

打造"匠品"的过程，归根结底就是我们要不断提升思想，提升技术的过程，只有我们每个人的思想到位了，技术水平提高了，将思想融入于设计，将品质融入于产品，方显大国工匠。在打造"匠品"的过程中，才能够体会到其中的乐趣与动力。

对于"匠品"的不断追求，面对工作放下所谓的抱怨，做好我们该做的，准备好我们该准备的，见识一些我们没见识过的，把握好我们该把握的，机会总有一天会来，而我们的努力也终将开花结果。

四、结语

总体来说，工匠精神是我们在平时工作中拥有的特长技艺，是我们在探索未知道路上的求知态度，是我们在日常生活中的钻研精神。"匠人"必具备"匠心"，唯有"匠心"成就"匠品"。工匠精神是每一位匠人的能力与品质的综合体。

【评语】本文作者从匠人、匠心、匠品三个角度论述了对工匠精神的把握。从维修这一本职工作出发，论述了工作职责中对工匠精神的追求。说文解字，从我国汉字文化层面去剖析工匠精神的内涵，别具新意。文章论述的结构完整，言简意赅，具有逻辑性；体例上较为完整，需要增加文献参考部分。如果能将工作中的事例具体展开，则更有说服力和身临其境之感。本文是一篇较好的工匠精神论文。

工匠精神对个人和企业的意义

赵 平[1]

【摘要】工匠精神贯穿整个中华文明，其潜移默化地影响着各行各业，历经传承，历久弥新。从古代说，万里长城的雄伟壮阔，秦始皇兵马俑的栩栩如生，京杭大运河的源远流长，坎儿井的目营心匠，古代建筑的精美绝伦，瓷器的巧夺天工；从现代说，载人航天的伟大壮举，高速铁路的星罗棋布，三峡大坝的波澜壮阔，南水北调的可歌可泣。太多奇迹般的工程，背后是一个又一个秉持工匠精神的人努力得来的。这使中华文明成为唯一一个没有消失的古代文明，使中华民族无论遭受何种屈辱与灾难都能重新站起来，使今天的我们无论面对何种国际形势都可以从容应对。工匠精神是一种严谨认真、精益求精、追求完美、勇于创新的精神。在新时代大力弘扬工匠精神，对于推动经济高质量发展、实现"两个一百年"奋斗目标具有重要意义。

【关键词】工匠精神，中华文明，高质量发展

引言

中国古代文化中，工匠精神无处不在。贾岛写诗为"推""敲"二字苦恼，卢延让"吟安一个字，捻断数茎须"，鲁班造出了最早的锯子等等。但近代的中国，由于科学水平的落后，遭受了太多的苦难。经济落后，人民生活水平低下，新的国家体制尚在摸索中前进……各种原因使得我们的社会缺乏为工匠精神提供激励机制，缺乏为从事研发、生产和制造的企业提供良好的法律和制度环境。企业无论是生存还是研发，都在艰难中前行。今天，我们呼吁工匠精神，系统传承和发扬工匠精神，在我看来，既需要我们为工匠精神的回归创造条件，更应该对一些坚持工匠精神的企业给予足够的重视和激励。在新的科技革命时代，要发挥我们的产业优势，牢牢抓住第四次工业革命的机会，工匠精神无疑是重要的保证。

1　作者单位：北京旋极信息技术股份有限公司。

一、缺乏工匠精神的影响

（一）个人缺乏的影响

在如今这个变化万千的年代，很少有人能够做到安静下来，持之以恒地做一件小事。急于跳槽加薪，急于买房买车，好高骛远，急功近利，这是这个时代年轻人的普遍态度。这就导致了个人工匠精神的稀缺。

乔布斯曾说："工作将占据你生命中相当大的一部分，从事你认为具有非凡意义的工作，方能给你带来真正的满足感。而从事一份伟大工作的唯一方法，就是去热爱这份工作"。然而，现如今很多人并不热爱自己的工作。

我所从事的是硬件开发工作，接触过的很多同事都对自己所从事的工作缺乏热情。这样的态度对项目的资源造成了极大的浪费，拖慢了项目进度。

（二）企业缺乏的影响

中国自古不缺工匠精神，可惜到了今天，我们谈工匠精神，却要到日本、德国、美国去寻找案例。产品粗制滥造，缺乏精致的体验，"中国制造"在很长的一段时间成为"山寨"的代名词，有一些企业好不容易研发出好的产品，但很快就被其他企业剽窃。中国的制造业在这种环境下，能成为全球第一，已经算奇迹。

20世纪80年代的时候，我国的家电行业刚刚起步，根本不敢望日本同行的项背。今天，中国的家电企业在家电市场份额上牢牢占据领先地位。具有工匠精神的企业令人敬重！不可否认，中国的很多家电企业正在主动担起企业责任，迎接来自行业的挑战。

中国工信部前部长苗圩说，在全球制造业的四级阶梯中，中国处于第三梯队，成为制造强国尚需时日。第一梯队是以美国为主导的全球科技创新中心；第二梯队是高端制造领域，包括欧盟、日本；第三梯队是中低端制造领域，主要是一些新兴国家；第四梯队主要是资源输出国，包括OPEC（石油输出国组织）、非洲、拉美等国。第三梯队中，大量新兴经济体通过要素成本优势，积极参与国际分工，将逐步纳入到全球制造业体系。中国现在处于第三梯队，目前这种格局"在短时间内难有根本性改变"。

正是由于企业普遍缺乏的工匠精神，使得中国在精密机床、高端制造、高端设计领域长期处于落后地位。"落后就要挨打"这句话是斯大林在加速实现工业化的大辩论中针对俄罗斯说的。反观现在，发达国家制造业回流与新兴市场国家争夺中低端制造转移，对中国形成了"双向挤压"。

面对当前的困境，我们的企业更应该秉持工匠精神，努力突破高端技术，严把质量关，使企业的产品更具竞争力，只有这样，才能在这个飞速发展的时代取得话语权。

二、"重拾"工匠精神

（一）个人

工匠精神落在个人层面，就是一种认真精神、敬业精神。其核心是：不仅仅把工作当作赚钱养家糊口的工具，还要树立起对职业敬畏、对工作执着、对产品负责的态度，极度注重细节，不断追求完美和极致，给客户无可挑剔的体验。将一丝不苟、精益求精的工匠精神融入每一个环节，做出打动人心的一流产品。

工作是一种修行，将毕生岁月奉献给一门手艺、一项事业、一种信仰，这个世界上有多少人可以做到呢？这需要一种什么精神支撑呢？"一旦你决定好职业，你必须全心投入工作中，你必须爱自己的工作，千万不要有怨言，你必须穷尽一生磨炼技能，这就是成功的秘诀，也是让人敬重的关键"。而这就是工匠精神最纯真的呈现。

先成为一个优秀杰出的"工"。每个岗位都是公司整体运行中重要的一环，要保证自己在岗位上的工作无差错无拖延，需要耐心、细心和决心。耐心完成自己分内的事情，多坚持，多努力，对待工作和同事不骄不躁，始终如一；细心了解工作中的每一个细节，流程中的各个环节，多发问，多求知，做到胸有成竹，心中有底；决心克服工作中遇到的难题，多取经，多探索，勇敢尝试，相信办法总比困难多。

后成为一个自我升华能力的"匠"。如何才能在人力有限的条件下有效地提升工作效率？如何才能在本职工作完成后额外完成力所能及的细节使工作流程更顺畅？如何才能针对自身岗位的优劣现状提出具有可操作性的建议？只有深层次的思考延伸才能让个人能力得到充分的发挥并与工作相辅相成，真正实现从"工"到"匠"的价值升华。

企业作为员工发展共同体的同时，也是员工价值体现的重要载体，两者一荣俱荣，一损俱损。长久以来，日本老字号企业的前瞻性令世界感到不可思议，他们怎么能从一瓶小小的酱油，看到一个巨大生态链的延展？因为背后的素直之心，对自己事业的执着精诚之心，对自己职业的高度认同感和归属感，纯洁无瑕，不受名利的侵染。工作已经不再是赖以生存的手段，而是人生的根本意义和最高追求，这，才是工匠精神的人格基石和灵魂所在。

（二）企业

一个品质至上的时代即将来临，中国企业到了需要放慢脚步、俯下身体、静心沉潜、着力提升供给质量的时候了，需要通过研发与技术创新、质量管理等不断提升产品品质，更好地满足客户需求，打造品牌影响力，而这一切需要工匠精神的引领。

工匠精神是支撑"中国制造"从"合格制造"走向"优质制造"、"精品制造"的精神动力，是中国进行供给侧改革的支撑。时代呼唤工匠精神，让工匠精神助力企业。发展工匠精神不单代表着一种新的生产理念，也是中国制造业的转型方向，从低端制造的泥沼中走出，淘汰落后重复产能，加强技术创新，提升中国企业的整体水平与形象。但是，工匠精神并不只是喊喊口号就够了，更关键的是，企业将工匠精神付诸实践，"知行合一"，让工匠精神真正助力企业发展。

要将工匠精神融入企业文化建设，大力宣扬企业文化是基业长青的基石，能够传承上百年的工匠精神，其承载这一精神的就是企业文化。在那些具有工匠精神的企业，员工一进来就沐浴在做事严谨、精益求精的氛围中，做每一件事都是力求做到最好，实际上就是一种企业文化。在这种文化的熏陶下，追求完美、拒绝平庸是自然而然的，不需要刻意要求。

以工匠精神引领研发与创新。创新是工匠精神的重要内涵，对原有技术的创新与新技术的应用，将更好地满足客户需求、提升用户体验，为客户带来更高的价值。工匠精神不仅体现精工制作的理念与追求，更要积极吸收前沿技术，通过新技术的应用做出更好的产品，推动企业不断进取。

以工匠精神引领质量管理。质量管理需要质量文化引领与质量管理制度保障，需要进行思想建设与制度建设。质量文化要让企业上下形成共同的品质理念，在全员中形成追求极致品质的精神。质量制度以硬性要求，要强化提升产品质量标准，推动质量理念在各个环节的落地。

以工匠精神引领品牌建设。企业的发展需要品牌的推动，品牌的好坏决定企业能否在市场立足。品牌的竞争是产品品质的竞争，而工匠精神是品牌的内在价值。工匠精神就意味着品牌对客户在质量、体验、服务等方面做出的一个长期而持续的承诺。良好的品牌打造时基于对新技术的不断突破、创新和对产品品质的细致研究、提升，这是品牌工匠精神的集中体现。

结　语

有人说，过去的十年是商人的时代，而未来的十年，将是匠人的时代。未来的中国企业，最核心的问题不再是追求业务扩张，而是如何将自己打造成一个对产品和服务一直追求极致完美的"匠人"。每位工人、每名生产者、每个企业都将秉持这样的精神：摒弃那些投机取巧的思维和浮躁的心态，生产出"工匠产品"，打造响亮的中国品牌，实实在在地助力经济转型、产业升级，将那些看似空泛的精神口号落到实处，既做好产品，也赚到钱。

【评语】本文是作者对我国经济转型过程中，工匠精神于社会和民族意义的反思。文章认为工匠精神是中华文化中固有的内容，应当重振工匠精神对社会的引领地位，于个体而言先做能工，再求巧匠，以主人翁的精神去主动积极地对待工作。企业也应当以工匠精神为基础升级产品制造，为第四次科技革命下中国的崛起贡献力量。文章行文大气流畅，驰骋古今；文章结构完整，首尾呼应。在文章体例上需要增加参考文献，对于工匠精神的理论挖掘尚可继续深入。特别是如果能增加本企业正面的实例，则能使文章的现实影响力大增。

浅谈工匠精神

胡鹏飞[1]

【摘要】工匠精神是一种工作态度，态度决定了工作的高度和职业发展的前途。工匠精神也是一种执着的工作精神，精益求精、追求卓越。工匠精神更是工匠对产品的意识，源自于内心的自我。对我国而言，工匠精神更应为一种社会体制，可以改变我国产业转型和消费结构。工匠精神最终应当是一种文明，使中国制造作为匠造之作留给社会和时代。

【关键词】工匠精神，意识，体制，文明

《诗经》有云："有匪君子，如切如磋，如磨如琢"，古人如是描述工匠精益求精的做事态度。何为工匠精神？工匠精神是一个人的积极的意识形态的总结。它既是一种平凡的体现，亦是一种伟大的升华。它不是教条式的灌输，而是真诚的心的交流，它不是路人皆知的道理的堆砌，而是充满佛性、修身养性的禅宗智慧。工匠精神 是一种精雕细琢、追求完美的理念，是一种以追求卓越作为永恒目标的生活态度和理念。

一、工匠精神是一种心态

它是一种心态，一种干一行，爱一行，精一行的态度，它是工匠精神的灵魂。工匠精神，神神秘秘，似乎很少人能够体会到它的真正内涵。工匠精神要有精益求精的态度，更要有一种心态，而这种心态，决定着你的命运。

有这么一个故事：一天，一位大学教授去一家建筑公司调研，在工地恰巧遇到几个砌墙的工人，这位大学教授问第一个正在砌墙的人："你在干什么？""难道你看不见吗？我在砌墙。"那位工人没好气地回答道。他又走到另一位砌墙工人身边问道："你在干什么？"那人用手指着已经具有一定规模的大楼说："我在盖一座高楼。"教授笑了笑，然后走到第三个砌墙工人身边问道："你在干什么？""我在建设一座美丽的城市。"这个人爽快地回答道。十年之后，这位教授因再次来到了这个工地进行调研，他访问了十年前的那三个人。第一个还在工地上砌墙，第二个成为图纸设计师，而第三个成了他们的老板。由此来看，所谓的工匠

1　作者单位：北京旋极信息技术股份有限公司。

精神并不是只有精益求精，而更需要一种心态，他决定了你以后能否干出一番大事业。

二、工匠精神是一种执着

工匠精神就是指工匠对自己的产品精雕细琢，精益求精、追求完美的执着理念。工匠们喜欢对自己的产品不停地雕琢，不断提升自己的工艺水平，享受着产品在双手中升华的过程。工匠精神的目标是打造本行业最优质的产品，同行无法比拟的精品。荣宝斋的王玉良大师一生追求完美，他所做的《夜宴图》木板复刻至今无人再做第二份。整个板刻由1667块木板组成，经过反复打板、打印、修改，历时一年半才完成，其坚守细致完美的工匠精神令人叹服。而正因这追求完美的精神，让如此艺术精品问世，也让那些粗制滥造的产品没了存在的空间。

工匠精神就是对追求卓越的执着、精益求精的执着、用户至上的执着。工匠们可能没有耀眼的文凭，却在默默坚守着自己的岗位，在平凡的岗位上做着不平凡的事。马荣，我国钞票凹版雕刻师，第五版人民币毛泽东主席肖像就出自她的手。我们很多人关注的只是人民币面额，却从未想过这上面的每一个点、每一条线都是工匠们用汗水和心血换来的。有人认为工匠所从事的工作，是重复性的，没有任何创造性。然而工匠在整个企业的生产流程中却扮演着关键角色，一切有关生产的设计、蓝图和标准，都离不开工匠的执着。他们的精益求精的执着，追求完美与极致的执着，和不惜花费精力和时间不断精进的执着，是我们所欠缺的。

三、工匠精神是一种意识

国外曾流传这样的趣谈：一位母亲问孩子："上帝住在哪里？"孩子答道："既然上帝创造了万物，他一定住在中国。因为所有东西都是'中国制造'。"

工匠精神是工匠对自己的产品精雕细琢的主观意识。其内涵就是精益求精，严谨专注，精致专一。我国论文数量排名世界第一，但论文水平却不高；曹雪芹一生就写了一本《红楼梦》，却千古传诵，值得我们深思；隋朝匠师李春设计建造的赵州桥，是当今世界上现存最早、保存最完整的古代单孔敞肩石拱桥。经过漫长的岁月洗礼却安然无恙，巍然挺立在清水河上；我国古代出色的建筑家、土木工匠们的祖师鲁班发明的手工工具至今仍广为使用。现代社会，工匠精神对现实社会的作用依然不容小觑。它能唤醒民众意识，注重从小事做起，踏石有印、抓铁有痕，形成讲实效、务实不浮夸的社会氛围。只要有工匠精神的存在，即使在平凡的岗位上，也一样可以成就一番事业。

曾经的好莱坞巨星娜塔莉波特曼和她的丈夫去一家著名寿司店吃寿司，她很好奇，这里的寿司非常美味，店面却非常小。朋友向她解释：这里最棒的饭店都这么小，而且只专注一种料理，这与他们做事追求至善至美的意识是分不开的。工匠精神的内涵是一种精工制作的意识，每道工序、每个环节都需要精心打磨，精益求精，追求卓越。用财经学者吴晓波的话来讲，工匠精神就是：做电饭煲的，能让煮出来的米饭粒粒晶莹不粘锅；做吹风机的，能让头发吹得干爽柔滑；做保温杯的，能让每一个出行者在雪地中喝到一口热水；做马桶盖的，能让所有的屁股都洁净似玉，如沐春风。在当今这样一个追求速度与效率的时代，这种完全不惜时间与精力，也一定要把工作做好做专做到极致的意识，实为难得，应予弘扬。

四、工匠精神是一种体制

随着中国经济的崛起，人们物质生活水平的提高，以及庞大中产阶层的出现，中国人的消费结构、消费习惯发生了根本性的变化。30年前，人们只需要能够满足基本需求，物美价廉即可；而30年后的今天，人们更在乎的是产品的附加值：创意、技术含金量、用户体验。竞争加剧、外需萎缩、内需不足，使得中国制造业面临着严峻的生死挑战。显然，工匠精神是转型的必备条件。

在一个企业格局不断变化的时代，无论企业家的经营理念、管理方式如何改变，他们的工匠精神却始终不变——对产品质量的不懈追求。老干妈董事长陶华碧，钻研数十年只为做最好的辣酱；格力总裁董明珠，降低广告投入，大力改善产品质量，做最好的品牌。对于不同行业的人，工匠精神有不同的意义，但归根结底，都是承担起了社会责任，对自己负责、对社会负责。

工匠精神不单代表着一种新的生产理念，它也是中国制造业的转型方向。从低端制造的泥淖中走出，淘汰落后产能，加强技术创新，最终实现"提品质、增品种、创品牌"，提升中国制造业的整体水平。培育工匠精神，离不开政府的高效作为：完善崇尚实业、崇尚工匠精神的机制、法律法规，并花大力气构建现代制造文明的体系。让有工匠精神的企业拥有健康的市场竞争环境，让工匠精神成为一种社会共识与社会心理。在如此土壤中，工匠精神自会生根发芽。

五、工匠精神是一种文明

工匠精神既是一种技能，也是一种品质，但更关乎一个国家的工业文明。国家、社会该如何看待工业生产？对工业生产该提出怎么样的标准？知名品牌、百年老店、匠人、企业文化以及一整套相关的体制机制，乃至社会心理、共识和氛围的缺失，值得整个社会深思。一个国家工匠精神的匮乏背后，其实是工业文明的匮乏。

　　每个中国人面对世界，最自豪的是"中国制造"四个字。made in china已遍布世界的每一个角落，而把享誉全球的中国制造变成中国创造，成为每个国人心中的梦想。从"中国制造"到"中国创造"，是一个量变到质变的过程，不仅需要尖端技术和超前创意，更需要一种精益求精的大国工匠文化氛围。当代社会，许多企业也都在为优秀的技工而烦恼。一流工匠的短缺严重影响着产品与企业的前途，成为制约中国制造业发展的瓶颈。由于缺乏工匠精神，在很多领域，我们仍然是"中国制造"。我国作为一个制造业大国，将"中国制造"升级为"中国创造"一直是一个中国梦。

　　工匠精神不是一句口号，而是存在于每一个人身上。长久以来，正是由于缺乏对精品的坚持追求与积累，才让我们每个人成长道路崎岖坎坷，组织发展前途充满荆棘。所以我们要传承工匠精神，重塑工匠精神，这是生存、发展的必经之路。我们努力成为领导者、音乐家或是哲学家等，但更多的人成为一名普通的工作者。每个人的成功不仅仅在于进入名牌大学，更多的是对精湛的职业技能的执着追求，期待每个行业的标兵不断涌现，不断成长为大国工匠，为实现伟大的中国梦而奋斗。

　　【评语】本文是论述工匠精神较好的一篇文章。作者层次分明地提出了对工匠精神论述的五个维度，分别是工作态度、职业精神、工匠意识、社会体制和人类文明。从论述的角度而言，从微观到宏观，从个体到社会，思路清晰，逻辑明显。在论述过程中，基本上围绕社会上较为熟知的事例展开，做到了个体-企业-社会/国家多种例证，较具有论证力量。但在个别论述中，也采用了类似心灵鸡汤式的隐喻，对自身企业的展示稍显泛泛。如果能在这些细节上再做修改，则相信本文会更为完善。

论工匠精神

朱培龙[1]

【摘要】在新的时代弘扬和践行工匠精神，须深入把握其基本内涵与当代价值。工匠精神的基本内涵包括敬业、耐心、精益求精、淡泊名利等方面的内容。工匠精神作为一种优秀的职业道德文化，它的传承和发展契合了时代发展的需要，具有重要的时代价值与广泛的社会意义。工匠精神是社会文明的尺度，应当在中国企业发展的必要阶段中占据指导地位。

【关键词】工匠精神，基本内涵，现代价值

工匠精神，是指工匠对自己的产品精雕细琢、精益求精，使其更完美的精神理念。工匠们喜欢不断雕琢自己的产品，不断改善自己的工艺，享受着产品在双手中升华的过程。工匠精神的目标是打造本行业最优质的产品，其他同行无法匹敌的卓越产品。在新的时代弘扬和践行工匠精神，须深入把握其基本内涵与当代价值。

一、工匠精神的基本内涵

工匠精神的基本内涵包括敬业、耐心、精益求精、淡泊名利等方面的内容。

其一，敬业。敬业是一个道德的范畴，是一个人对自己所从事的工作负责的态度。中华民族历来有"敬业乐群"、"忠于职守"的传统，敬业是中国人的传统美德，也是当今社会主义核心价值观的基本要求之一。早在三国时期，诸葛亮治蜀国鞠躬尽瘁留美名的典故就是敬业的典范。东汉末，刘备三顾茅庐，从襄阳隆中请出诸葛亮为其军师。当时，魏、蜀、吴三国鼎立，三国之中蜀国国小人少，实力较弱，诸葛亮从长远利益着手，建立吴蜀联盟，使蜀国得以全力对付魏国。对内，诸葛亮充实国家力量，安定人民生活；注重选拔人才，任人唯贤；赏罚分明；虚心征求各方面的意见；严格要求各级官吏，惩办贪污不法行为，以树立官员廉洁奉公的风气。诸葛亮一生不辞辛苦，兢兢业业，为国为民，呕心沥血，实现了他《后出师表》中所说的："鞠躬尽瘁，死而后已。"宋代大思想家朱熹将敬业解释为"专心致志，以事其业"。工匠精神的目标是打造本行业最优质的产品，其他同行无法匹敌的卓越产品。

1　作者单位：北京滨松光子技术股份有限公司。

专业和敬业才是实现这一目标的基础。

其二，耐心。耐心属于意志品质的一方面，所谓耐心即耐力，但在这里更是一种耐得住寂寞的专注、执着和坚持。耐心是不断提升产品和服务的基础，因为真正的工匠在专业领域上绝对不会停止追求进步，无论是使用的材料、设计还是生产流程，都在不断完善。柏拉图曾说过："耐心是一切聪明才智的基础。"年轻时候的齐白石就特别喜爱篆刻，但他总是对自己的篆刻技术不满意。他向一位老篆刻艺人虚心求教，老篆刻家对他说："你去挑一担础石回家，要刻了磨，磨了刻，等到这一担石头都变成了泥浆，那时你的印就刻好了。"于是，齐白石就按照老篆刻师的意思做了。他挑了一担础石来，一边刻，一边磨，一边拿古代篆刻艺术品来对照琢磨，就这样一直夜以继日地刻着。刻了磨平，磨平了再刻。手上不知起了多少个血泡，日复一日，年复一年，础石越来越少，而地上淤积的泥浆却越来越厚。最后，一担础石终于统统都被"化石为泥"了。这坚硬的础石不仅磨砺了齐白石的意志，而且使他的篆刻艺术也在磨炼中不断长进，他刻的印雄健、洗练，独树一帜。渐渐地，他的篆刻艺术达到了炉火纯青的境界。其实，在中国早就有"艺痴者技必良"的说法。古代工匠大多穷其一生只专注于做一件事，或几件内容相近的事情。《庄子》中记载的游刃有余的"庖丁解牛"、《卖油翁》中记载的"惟手熟尔"的卖油翁等大抵如此。耐心与专注是一名"大匠"的必备品质。

其三，精益求精。所谓精益求精，是指已经做得很好了，还要求做得更好，工匠们喜欢不断雕琢自己的产品，不断改善自己的工艺，享受着产品在双手中升华的过程。工匠们对细节有很高的要求，追求完美和极致，对精品有着执着的坚持和追求，把品质从99%提高到99.99%，其利虽微，却长久造福于世。正如老子所说，"天下大事，必作于细"。显微镜的创始人从前仅仅是一个磨镜片的工人。他磨了大半辈子的镜片，因此技艺精湛。一次，他闲来无事，将镜片放在了眼前，顿时他看见了一个神奇的世界，那就是微生物的世界。这个世界通过镜片第一次展示在了世人的眼前，从那以后，科学家们便开始了关于这个世界的研究，并从研究中取得了数不胜数造福全人类的科技成果。他的名字虽然并没有做到家喻户晓，但他的事迹却永远铭刻在了我的心中。他也没有想到自己曾经的一次异想天开竟然有了如此成就，这仅仅是因为他磨镜片总追求精益求精。精益求精是在一定基础上通往更高殿堂的阶梯。

其四，淡泊名利。淡泊名利就是超脱世俗的诱惑和困扰，实实在在地对待一切，豁达客观地看待一切的生活，轻视在外的名声与利益，不追求名利。早在春秋时期，孔子就曾说过"不义而富且贵，于我如浮云。"三国时期的诸葛孔明也曾表示"夫君子之行，静以修身，俭以养德，非淡泊无以明志，非宁静无以致远。"在中华悠悠五千年的历史中，有着太多淡泊名利的典故。古有陶渊明"不为五斗米折腰"，当代有钱钟书先生谢绝采访和美国邀请。中国航天科技集团一院火箭总装厂高级技师高凤林，是发动机焊接的第一人，为此，很多企业试图用高薪聘请他，甚至有人开出几倍工资加两套北京住房的诱人条件。高凤林却不为所动，都一一拒绝。理由很简单，用高凤林的话说，就是每每看到自己生产的发动机把卫星送到太空，就有一种成功后的自豪感，这种自豪感用金钱买不到。《论语》中"知之者不如乐之者，乐之者不如好之者"就为我们解释了但凡"国之大匠"都淡泊名利的原因。因为淡泊名利就是工匠精神的一种外在体现。

二、工匠精神的当代价值

当今社会心浮气躁，追求"短、平、快"（投资少、周期短、见效快）带来的即时利益，从而忽略了产品的品质灵魂。因此企业更需要工匠精神，才能在长期的竞争中获得成功。坚持工匠精神的企业无论成功与否，这个过程，他们的精神是完完全全的享受，是脱俗的，也是正面积极的。更为重要的是，工匠精神作为一种优秀的职业道德文化，它的传承和发展契合了时代发展的需要，具有重要的时代价值与广泛的社会意义。

工匠精神体现了社会文明的进化尺度。国家的强大可以丰富人民的物质生活，但中国是一个有着五千年悠久历史的国家，我们的文化和底蕴体现了我们丰富的精神财富。我们要实现中华民族的伟大复兴，除了改善全国人民的物质生活，还要增强全国人民的精神世界。工匠精神不仅和物质文明建设息息相关，还是精神文明建设不可或缺的一部分。工匠精神在物质的改善方面和品质的提升方面，有着极其重要的指导作用，支撑着技术的提高与创新。在精神文明建设方面，工匠精神与社会主义核心价值观中的"敬业"、"诚信"等高度契合，弘扬工匠精神是遵循社会主义核心价值观个人层面的价值准则的重要体现，践行社会主义核心价值观需要在平凡的工作中弘扬工匠精神，弘扬工匠精神与践行社会主义核心价值观在中国特色社会主义建设中相契合。

工匠精神在中国企业发展的必要阶段中占据指导地位。我国是一个制造大国，曾几何时，"中国制造"被贴上了"山寨"、"便宜"和"泛滥"等一系列的标签。我们的产品很多，被人称赞质量好的却很少，我们的工人很多，但能被称为工匠的却屈指可数。这一切的根源就是因为工匠精神的缺失。这些年，工匠精神出现在我们视野的频率越来越高，这是因为我们真正意识到，我们想要谋求发展，就不能再粗制滥造，而是要转变思路，对于技术精益求精，用产品的质量来提高自我竞争力。为实现中国从全球制造大国到制造强国的跨越，2015年5月8日国务院正式印发《中国制造2025》，提出了中国政府实施制造强国战略第一个十年的行动纲领。中国要迎头赶上世界制造强国，成功实现中国制造2025战略目标，就必须在全社会大力弘扬以工匠精神为核心的职业精神。中国企业不再只"重量"而是更"重质",这将是中国迈向未来的重要一步。企业的发展也不会原地踏步,而是会因为一个良好的竞争环境稳步发展,逐步向着品牌经济跨越。

宽泛地讲,工匠精神适用于各行各业职业者的自我提升。对于企业来说,培养员工的工匠精神能够促进公司品牌力量的提升,提高产品的质量,加快公司发展的速度;对于员工自身来说,工匠精神能够实现员工自身的价值,启迪员工的智慧,提升员工的发展空间。事实上,企业员工所具有的高尚职业操守和强烈工匠精神,同拥有较高专业知识技能一样,是其自身立足职场的重要条件和在未来职业生涯中脱颖而出的制胜法宝。

"中国制造"熟能生巧了,就可以过渡到"中国精造"。"中国精造"稳定了,不怕没有"中国创造"。要有工匠精神,从"匠心"到"匠魂"。相信随着国家产业战略和教育战略的调整,人们的求学观念、就业观念以及单位的用人观念都会随之转变,工匠精神将成为普遍追求,除了"匠士",还会有更多的"士"脱颖而出。

【评语】本文是一篇较好的工匠精神论文。作者首先论述了工匠精神的四方面内涵,包括敬业、精益求精、耐心和淡泊名利。随后作者针对当前我国的社会现实,提出了工匠精神在当代中国的现实意义,应当为我国企业的指导精神,升级中国制造,并实现中国精造。本文语言清晰,逻辑条理,虽然在文章构架上稍显单薄,仅表现为两大部分。如果能在完善文章构架的同时,将工匠精神的论述拉近自身工作中的现实世界,可以增强论文的亲切感。同时,在文章体例上还需要进一步规范。

以工匠之心助力企业长远发展

雷　恩[1]

【摘要】企业在确定了发展战略后，需要的是全员的力量。一家企业，不论你是一名默默无闻的普通员工，还是大权在握的领导者，都应具有工匠精神、匠人心态——凡事尽心尽力而为，以主人翁的身份和态度积极投身到企业建设中去，以匠人之心助推企业的战略发展。点滴之水必定汇成波涛江河，全员匠心必定成就企业宏伟目标。

【关键词】匠人，匠心，责任心，战略发展

企业发展战略是一定时期内对企业发展方向、发展速度与质量、发展点及发展能力的重大选择、规划及策略。这些看似宏观远大的事情，其实与我们每个员工息息相关，企业的发展和员工个人成长是相辅相成的，也是一种相互依存的关系，没有企业的发展，就不会给员工提供好的发展环境。一个企业给我们提供了资源，提供了方针政策，我们个人就应在企业方针政策的带领下发挥自己的能力。同时，企业要更好的发展，也离不开个人的发展，因为我们个人做得越好，企业也会做得越强越大。所以企业在确定了发展战略后，需要的是全员的力量，我们在各自的工作岗位上须以匠人的精神、匠人的心态，做好各自每一项本职工作，全员形成合力，才能支撑助力企业的战略目标以及未来发展。

旋极信息在发展的过程中，为实现未来的可持续发展，增强企业凝聚力，通过对企业战略发展目标的逐步确立，为企业和员工树立共同发展目标和愿景，指引企业和员工朝着共同的方向和目标迈进。

公司在国家的战略方向和科技发展的指引下，早期提出的"坚持走中国特色新型工业化、信息化、城镇化、农业现代化道路，推动信息化和工业化深度融合"，"建设下一代信息基础设施，发展现代信息技术产业体系，健全信息安全保障体系，推进信息网络技术广泛运用"的重要论述，提出旋极"军民信息化提供者"的战略定位和发展愿景，使企业发展和国家战略同频共振、紧密融合。

党的十九大召开后，公司组织全员和企业高层及时学习领会报告中提出的"深化国防科

1　作者单位：北京旋极信息技术股份有限公司战略发展部。

技工业改革，形成军民融合深度发展格局，构建一体化的国家战略体系和能力"，"加快军事智能化发展，提高基于网络信息体系的联合作战能力"等重要论述。通过慎重思考和热烈讨论，将公司发展愿景由"军民信息化提供者"调整为"全球领先的军民融合的智能服务构建者，为行业提供智能"，为企业的下一步发展指明了方向。

按照新的战略发展愿景，公司融合业务板块，创新技术产品，合理划分资源配置，调整优化组织结构，公司如此调整优化，就是为了全员价值最大化，能人尽其才、物尽其用，使得每个部门、每个岗位、每名员工都能助力企业的战略发展。

我们员工如何在企业的战略发展过程中诠释及演绎工匠之心呢？首先，工匠精神是一种道德观，意味着从心底里认为自己要把最好的作品、产品、工作内容带给受众。工匠精神是一种责任心，意味着把工作做到极致。工匠之心，是种状态、一种精神，是一种具有责任心的匠人心态。所以，我认为我们每一名员工在工作的过程中都应具有匠人责任心。爱岗敬业、无私奉献、开拓创新、敢为人先、精益求精、追求极致，是对当代工匠精神的理解与诠释。在我们企业中的每一位员工，他们身上都有对工匠精神的演绎和展现，而对于一个岗位而言，最朴实无华的精神即是责任心。我相信每个人对工匠精神的理解都不尽相同，我认为，在自己的工作领域做到爱岗敬业、心怀责任、勇于担当、努力奋斗，也将会体现出一位普通员工的工匠之心。

责任心对于一个人来说是极其重要的。所谓责任心是指个人对自己和他人、对家庭和集体、对国家和社会所负责任的认识、情感和信念，以及与之相应的遵守规范、承担责任和履行义务的自觉态度。它是一个人应该具备的基本素养，是健全人格的基础，是家庭和睦，社会安定的保障。具有责任心的员工，会认识到自己的工作在组织中的重要性，把实现组织的目标当成是自己的目标。梁启超曾经说过："凡属我应该做的事，而且力量能够做到的，我对于这件事便有了责任，凡属于我自己打主意要做的一件事，便是现在的自己和将来的自己立了一种契约，便是自己给自己加一层责任。"我们每一位员工都应该具有这样的责任心，在岗爱岗，对于我们的分内之事，就必须做好，我们在自己的岗位敬业劳作，与同事们共同努力实现公司战略目标，同时，实现个人目标。尽管我们并非人人都是"工匠"，但是我们都有着责任、担当、敬业的工匠精神。

每一位员工都应具有较强的责任心以及对工作的热爱，以一名企业主人翁的姿态来面对他们的工作和客户。对于责任心，我们可以理解为做事良好的动机和愿望，认真、规范、正确地做事，并且积极努力行动，追求完美结果。而敬业精神就是一个人对自己所从事的职业的忠诚和热爱，包括工作热情，工作作风，工作方法等。培养责任心以及对工作的热诚，是发展培养一种良好的性格基础，是敬业精神的前提保障。华为在核心价值观中有所阐述，华为的追求是在电子信息领域实现顾客的梦想，并依靠点点滴滴、锲而不舍的艰苦追求，使企业成为世界级领先企业。如果我们从点滴开始，对工作、家庭和身边的一切都有一种强烈的责任感和锲而不舍的追求，那么我们实现的不仅仅是客户的梦想，而且我们个人的生活也会幸福。当一个人不想做好一件事情的时候，他就会有一百个借口，可是当一个人想要把一件事做好时，他就会有一百种解决方案。一个人的责任心如何，决定着他在工作中的态度，决定着其工作的好坏和成败。如果一个人没有责任心，即使他有再大的能耐，也不一定能做出好的成绩来。有了责任心，才会认真地思考，勤奋地工作，细致踏实，实事求是；才会按时、按质、按量完成任务，圆满解决问题；才能主动处理好分内与分外的相关工作，从事业出发，以工作为重，有人监督与无人监督都能主动承担责任而不推卸责任。就一家企业来说，不论你是一名默默无闻的一般员工，还是大权在握的领导者，都应有责任心，凡事尽心尽力而为，以主人翁的身份和态度积极投身到企业建设中去，以匠人之心助推企业的战略发展。

旋极信息经过二十多年的风雨历程，其道路的坎坷，经历的辛酸，成长的不易，靠的就是全体员工的一种精神，一股干劲，一份责任、一份担当、一种企业文化。盘旋而上，激（极）流勇进，诠释的正是旋极企业的这种向上精神。信、善、利的旋极文化，表现的更是全员的文化。我们将旋极工匠精神定义为"敬业、精技、创新、执着"，我们在践行公司战略发展愿景构建行业智能，在此过程中，员工爱岗敬业、企业做好服务，就是我们企业精神的最好体现。

公司在发展的过程中，更需要有核心的产品，高效的项目，优质的服务，而完成这些产品、项目、服务，靠的就是旋极这些人、这些团队，他们努力、执着、敬业、勤奋，为了满足市场及客户需求，他们日夜奋战，克服重重难关，目的就是最终按照计划与承诺，保证顺利完成产品上线、项目交付、服务到位。也正是这些旋极团队，将企业文化"信、善、利"在公司的发展及成长的过程中表现得淋漓尽致。当我们在与客户、合作伙伴交流、沟通的过程中，此时代表的不是我们个人，而是我们的公司。我们要把公司的文化、精神、服务态度表现出来，要让他们知道，旋极一直是本着客户需求为出发点，帮助客户解决问题的，让客户满意，正因如此，与旋极合作过的企业、客户，无不表现出对旋极公司的赞许，对旋极文化精神的认可。我以我们这个顽强的团队而感到无比自豪，更以我是旋极公司的一员而感到无比荣幸。有了责任心，再危险的工作也能减少风险；没有责任心，再安全的岗位也会出现险情。点滴之水必定汇成波涛江河，全员匠心必定成就企业宏伟目标。

我认为，只要企业坚持正确的战略思想，紧跟科技发展的步伐，坚持创新思路的开拓，在未来更多的行业应用中，我们旋极定能披荆斩棘，实现突破。对于这份工作我非常热爱，从加入旋极至今，我学到了很多，感悟到了很多，成长了很多，旋极的核心价值观：信、善、利，以人为本，也让我真切地体会到应该爱自己的行业，专注于自己的行业。

在抢抓新机遇、实现企业战略发展的同时，我们也面临国内外严峻的经济形势，我相信只要大家在工作的过程中敢于面对困难与挑战，怀着一颗工匠之心，定能助力企业实现战略发展之愿景。

【评语】本文是从企业文化和企业战略角度论述工匠精神的一篇文章。作者从企业文化中的"信、善、利"出发，论及工匠之心的责任心与个人人格和团队的意义，以小见大，得出本企业的工匠精神定位——敬业、精技、创新、执着。文章视角新颖，将工匠精神在企业和劳动者双方提炼出结合点，有利于企业工匠文化的培养。文章抒情浓厚，说理排比气势强劲，如果能结合具体的事例予以论证则更有力量。

让工匠精神发扬光大

彭秋然[1]

【摘要】新时代工匠精神的基础内涵，主要包涵爱岗敬业的工作精神、追求完美的品质精神、团结协作的团队精神、追求极致的创新精神。其中，爱岗敬业的工作精神是基础，追求完美的品质精神是核心，团结协作的团队精神是要领，追求极致的创新精神是信念。

【关键词】工匠精神基本内涵，创新，团队精神

随着社会经济的发展，以飞鸽传信连接情感的时代不见了，迎来的是蓬勃发展下的工业和高科技信息时代。我国在实现中国人民伟大复兴的同时，却也因为社会经济的不断发展、科学技术的不断创新，大有各行各业生成浮躁的工作态度且有不断蔓延的趋势。在这样的大环境下，追求完美的工匠精神的重要性就不言而喻。

任何公司产业都需要具备各种综合生产要素才能持续发展，产业的发展离不开场地和人力的支持，更离不开资本、专业技术和社会管理的改革创新。而随着高新技术产业的蓬勃发展，劳动力与资本起着非常重要的关键性作用。在测试工程师的工作中，只有以工匠精神为信念，才能将每个人的工作价值发挥到极致，才能使得高新技术产业成为推动社会经济发展的强大动力。

工匠精神不仅仅是一种工作态度，还是一种生活态度，代表着一种时代的精神状态：坚定、踏踏实实、细心、专注、坚持、爱岗、追求完美等。若每个测试工程师都能将这样的工匠品质作为自身生活的基本信条，积极发现产品的问题，将产品的优良度提升到最高，有热爱测试工作、钻研工作产品的韧劲，有对工作勤恳付出不求回报的奉献精神，那就一定能在平凡的测试岗位上书写出每个人不平凡的人生。

工匠精神是工作者在长期工作过程中养成的良好职业素养。这种素养品质是职业精神的精华，是优质文化的凝练，是成就工匠的深层次的逻辑因由，是一种形式引领又使人们追求梦想出彩的精神资源。正是在这个意义上，工匠精神更应当成为测试工程师工作的价值标准，成为测试工作教育人才"质检"的衡量标尺，成为引领人才培养方向的新规范、新目标。

1　作者单位：北京旋极信息技术股份有限公司。

匠心，也为能工巧匠之心，特指精巧、精妙的处事心思，本质即为创新之心。成语中的匠心独运或独具匠心，意指这样的灵明独到之心。匠心是工匠精神的首位要素，是工匠精神的核心价值和灵魂。因为心是精神之住宅、智慧之府邸、载体之根本。古人强调："运用之妙，存乎一心。"由此可见，心是人的精神神明，心是自我的主宰。反之来看，失去匠心，工匠就为庸匠，精神便也随之贬值，变为低阶的、不足为道的存在。换而言之，具有工匠精神的测试工程师如果抽掉了匠心的内在，只剩下形式上的测试操作，恐怕离匠气也就不远了。因此培育测试工作者心怀匠心，生成匠义、匠思、匠智，也就是培养测试工作者的创新精神和创新品格，是工匠精神培养的第一任务。

匠情即情怀之意，是人们对事物怀持的或投射在事物之上的积极、崇高、富有正能量的情感与态度的总和。守护匠情，就是怀持和坚守工匠情怀，这种情怀内在地包涵了人们的价值取向和工作态度，是工匠精神的重要组成成分。工匠情怀包括热爱情怀、敬畏情怀、家国情怀、担当情怀、卓越情怀等等。这些情怀在大国之工匠、非物质遗产大师的身上都有突出体现。例如，测试工程师的工匠精神，就是要培养工作者的崇高的大局情怀、测试职业的敬畏情怀、负责的担当情怀、精益的卓越情怀，学习大国之工匠身上的这些优良品质，树立正确的价值观和职业态度。这样才能真正得大师真传、汲取精神滋养，将自己磨砺锻造成大国工匠，才能在测试工作中精益求精，使得手中的产品更加完美，使得我们的工产业更加的优秀。

什么是工匠魂？是人的品德、品、品质。德是工匠精神的支撑。古人说："才者，德之资也；德者，才之帅也。"可见，工匠之才是由工匠之德带领的。有学者强调："人因德而立，德因魂而高。"德，就是工匠精神的领袖与根本，是工匠精神的内涵和灵魂。因此培养工匠精神必须铸匠魂、立匠德。人有了德之魂，才能立世生存、行之长远。反之，人如果失却德魂，就只能算为空有躯壳和皮囊。所以，测试工作者必须践行立德树人的"育人铸魂"工程，与劳动精神和工匠精神相结合，培养自身的职业道德、职业精神、职业素养。要搜集和整理具有育人效应的大国工匠、大师劳模们的成长案例，融入自己的日常工作中，让大家能在职业学习过程中，眼中有标杆、心中有榜样、效学有依托，真正成为追寻大师、德技双修的人。

匠行即工匠们做事的行为和行动。培养工匠精神不是因为它是热点和时尚，为了蹭热点、追求时尚、张贴标签才随之起舞。它是需要真抓实做、大力践行的。践匠行需要明了匠行基于深厚的历史和文化内涵生成的独到的行为特征：认真、精技、崇德、创新等等。例如日本寿司之王——小野二郎，历经七十多年，高龄之年仍然执着于寿司旅程；高凤林的火箭发动机焊接精确控制到头发丝精度的五十分之一；大飞机首席钳工胡双钱生活窘迫，蜗居在三十平方米斗室三十年，却创造了加工数十万个飞机零件无残次品的奇迹——这就是匠行的真谛。按照这样的准则和标准，去培养测试工程师脚踏实地专注做事的精神，培养其追求完美、追求卓越的境界，培养其遵道守德、无私敬业的品格，这样才是深受欢迎的人才。

由于技艺的复杂程度经常为当前一些传统手工艺品价格的重要衡量标准，因此难免出现了一类无视功能用途，一味追求繁复、炫耀技术的工艺品。从思维角度来看，即便是对于历史文物，人们也常给予精致美丽的器物更多关注，更容易被一些华丽繁复的技艺吸引，这也就导致了有人将工匠精神与技艺本身混为一谈。在中国传统匠作文化的记载中，的确可以看到对于技艺的孜孜追求，但我们需要做到更加注重他们对"技近乎道"、"道技合一"的境界追求。中国古代完整的工艺体系，反映出的自然观、审美观、精神及价值都是传统工匠通过技艺的游刃有余传达出来，但归根结底工匠造物制器的主要目的还为功能使用以及价值表达，技术始终是为了目的实现服务。"以器载道"的实现，在经济由高速增长阶段转为高质量发展阶段的当下具有极大的现实意义。高质量的产品生产，尤其是民用产品的设计与生产，更需要回归到从人们的根本需要和体验出发的人文关怀。

近年来，我国的科技成果呈现"井喷"之势。当自主创新走入普通百姓的生活中，当技术改革推进工业快速发展，中国人的科技创新与技术改革叩开了新时代的大门。人们敢于创新的大无畏精神和甘于奉献的爱岗精神使得各个科技领域不断在突破。在冷冽的寒风中露宿考察，在人迹罕见的沙漠中食不果腹，科学工作者为科技突破而奉献青春，不畏科研环境的艰难，爱岗敬业、严于律己的意志从未发生改变，他们坚信付出终会有回报。测试工作者在工作中，应当学习工匠领袖者们追求完美的工作精神，将每一项工作都落实，将工作中的每一个细小的问题都及时发现并解决。如今的中国，在各领域科研人员的不懈努力下，取得了各个顶尖科技领域的较好成绩。面对竞争日益复杂的国际科技发展新局态，即使我国在很多领域已成为佼佼者，仍然需要科研工作者不断开拓进取，孜孜以求。

我们要明白，任何事物发展的核心动力都为"创新"。而创新为工匠精神的表现形式之一，企业通过技术创新、组织结构创新和市场销售创新等形式，开创新局面，从新形式中寻找机遇。我们坚信一个企业能成功的秘诀在于"执着"。一个企业不可能发展得一帆风顺，不受任何艰难或瓶颈，它总会受到外界因素或自身因素的影响，从而无法经营，当遇到这种情况时，我们不能逃避，只有坚持不懈，坚定信念，沉着面对才能使企业闯过难关，甚至不断拓宽企业发展之路。所以，在测试工作者的工作中，遇到无法解决的瓶颈时，应当坚信自己的目标，努力加油，坚持将工作做到极致。

追求完美的品质精神，即追求完美。是指一种工作，比如测试工程师，本来已经做得很好了，但还不满足现状，还要做得更精致，达到完美。"追求完美的品质精神"是工匠精神的核心所在，一个人之所以能成为"工匠"，就在于他对自己产品品质的追求，只有进行时，没有完成时，永远在行动的路上。他不惜花费大量的时间和精力，反复改进产品，努力将产品的品质从99%提升到99.9%、再精进至99.99%。对于具有工匠精神的测试工程师来说，产品的品质只有更好，没有最好一说。追求极致、追求完美，是获得各类"工匠"荣誉称号的工作者的共同特点，这也是他们能身怀绝技、在国际、全国或省或市的各种技能大赛中斩获佳绩的重要原因。

【评语】本文作者从测试工程师的视角，论述了工匠精神的内涵。首先提出"何谓工匠"？继而到"何为工匠精神"？提出工匠精神的匠心、匠情、匠德、匠行的四位一体论，颇具新意。文章遣词造句讲究，论述具有层次性，插入了工作中的理解，语言气势磅礴。如果能在论述中稍抑抒情，凸显事例，则更有助于加强文章的说服力。

工艺技术研究的指路明灯——工匠精神

彭 博[1]

【摘要】工匠精神在当今社会有着重要的学习价值，特别是在抗击疫情和经济自强的大背景下，国家需要工匠精神才能实现飞速发展，企业需要工匠精神才能在长期的竞争中获得成功，个人需要工匠精神才能让自己脱颖而出。本论文首先对工匠精神的基本含义和基本理论进行了说明，之后系统地阐述了工匠精神中"精益、专注、创新"在工艺技术研究工作中的指导意义，并在此基础上扩展出了传承在工匠精神中的独特价值。阐述的过程中，充分利用了工艺技术工作中的典型事迹，并且结合了四方公司的企业文化，有效地论证了工匠精神在工艺技术研究中的指路明灯般的作用。

【关键词】工匠精神，精益，专注，创新，传承

工匠精神，最早出自于聂圣哲，英文是Craftsman's spirit，是一种严谨认真、精益求精、追求完美、勇于创新的职业精神，是职业道德、职业能力、职业品质的体现，是从业者的一种职业价值取向和行为表现。工匠精神的内涵主要包括敬业、精益、专注、创新等方面的内容。

工匠精神在每一个行业、每一个企业、每一个岗位都有它独有的表现，它是每一个人在追求卓越的道路上的加速器。而其中的精益、专注和创新精神更是对技术领域产生了深远的影响，四方公司工艺技术的发展也深深得益于此，下面就分别从精益、专注、创新、传承四个方面进行详细的阐述。

一、精益

精益就是精益求精，是指已经做得很好了，还要求做得更好，出自春秋时期孔子的《论语·学而》。在现代企业，它包含了"精益思想"、"精益企业"、"精益生产"三个方面。具体是指从业者对每件产品、每道工序都凝神聚力、追求极致的职业品质。

四方公司一直秉持的"问题不过夜"、"多跑20米"的传统，正是精益求精的思想和价值体现，而这也是四方公司在行业领先的秘诀。老子曰"天下大事，必作于细"。能基业长青

1　工作单位：北京四方继保自动化股份有限公司。

的企业，无不是精益求精才获得成功的。

工艺技术团队对于质量的要求正是基于此，为了满足客户对质量日益增长的需求，同时也为了让公司的产品质量成为行业标杆，满足现场产品失效率低于800ppm的目标，工艺技术团队扛起了生产质量提升的大旗，深挖生产质量隐患，分析隐患原因，过程中积极使用5W法和头脑风暴等分析方法，不放过任何一个细节，共排查出几百个整改项并全部闭环，闭环率100%。同时不拘泥于生产本身的质量改进，更是从产品设计前端到供应商内部管控等多个维度共同推进质量提升，将质量隐患从源头上掐断。为了保证改善成果的可持续性，共输出文档几十篇，包含了从标准、规范到操作说明、分析方法等多个维度，基本涵盖了生产的所有环节，补充完善并规范了生产中的流程、操作、巡查、保养等工作内容，完成了生产工艺体系的建设，也顺利实现了质量提升目标。

虽然目标已实现，但精益的思想要求我们不能止步于此。如何在生产质量达标的基础上坚持"问题不过夜"、"多跑20米"才是真正的匠人精神，对需要长期跟踪的内容列入入日常巡检表，监控生产质量数据并每周定期发布分析报告，并且经常对顽疾环节"杀回马枪"，保证了整改的有效性和持续性。品质提高虽微却可长久获益，改善日积月累即可水滴石穿。经过以上措施实现了生产质量改进的常态化，使生产质量百尺竿头更进一步，经过近3年的努力，生产失效率降低了80%以上。

二、专注

专注，是一种执着，指专心注意，集中全部精力去完成一件事，全神贯注；是内心笃定而着眼于细节的耐心、执着、坚持的精神，即一种几十年如一日的坚持与韧性。

工艺是一个非常大的技术领域，从大类来分就有DFM设计、仿真装配、生产制造、试制焊接四个大方向，每一个大方向又包含了很多小分类，例如DFM设计就是由布局、布线、封装库、网板、工艺路线等多个维度组成的，每一个方向都需要深入学习研究才能有所成就。所谓"书痴者文必工，艺痴者技必良"[1]，要想在技术上达到卓越，必须倾注大量的心血，而人的精力和时间毕竟是有限的，如果每一个工艺人员都同时兼顾所有的方向，只会"贪多嚼不烂"，好像"样样通"，其实"样样松"。

为了让大家都"术业有专攻"，工艺技术团队采用精细分工的方式，结合个人特点和自身意愿，让每一位同事都有自己负责专精的领域，一旦选定方向，就一门心思沉淀下去，全情投入，心无旁骛，在一个专业上不断累积优势，在各自领域成为专家和领头羊。"心心在一艺，其艺必工；心心在一职，其职必举"[2]，通过多年的执行，工艺团队培养出了一批真正的工艺专家，为国家、为企业创新技术发展输送了人才力量。

三、创新

创新是指以现有的思维模式提出有别于常规或常人思路的见解为导向，利用现有的知识和物质，在特定的环境中，本着理想化需要或为满足社会需求，而改进或创造新的事物、方法、元素、路径、环境，并能获得一定有益效果的行为。古语云："玉不琢，不成器"[3]。工匠精神就包含着创意进取、追求突破的创新内蕴。纵观世界的发展史，热衷于创新和发明的工匠们一直是世界科技进步的重要推动力量。不管是新中国成立初期我国涌现出的一大批优秀的工匠，还是现阶段从事高铁研制、特高压智能电网研究和5G技术突破的匠人都是工匠精神的优秀传承者，他们都让中国创新重新影响了世界，让世界重新认识了中国。

四方工艺技术研究团队一直对创新充满热情，不仅体现了对产品精心打造、精工制作的理念和追求，更是不断吸收最前沿的技术，创造出新成果。时刻关注工艺领域的新技术、新思路，每年工艺团队都有专项的工艺研究项目，保证四方的工艺技术始终走在业界前沿。这种创新精神在新冠疫情的特殊环境下发挥了特殊的作用。

受新冠肺炎疫情影响，2020年春节过后，全国大部分行业都停产停业了。四方公司保定生产中心也响应国家号召在疫情期间延期复工。但电力系统是国家的重要支柱，是国民经济的重要基础，一旦复工就需要立刻投入生产，一秒的延迟交付可能就会带来成百上千的损失，疫情无情人有情，四方既要保证电力设备的及时交付，更要保证员工的身心健康。然而，因保定生产车间的特殊性，并不适合使用常规的化学试剂进行消毒，行业内也没有相关的先例，在还有三天就要复工却没有合适的消毒方案的情况下，工艺技术团队临危受命，积极调研并寻找合适的消毒方法，结合自身情况，只用了一天时间就整理出了《疫情时期保定厂区消毒管理办法》，不仅提供了针对性的消毒指导意见，同时也为保定生产最大限度地预留出了准备时间，给保定生产按时复工提供了强有力的支撑和保障。这套方案不仅仅解决了疫情期间的问题，也创新性地填补了公司在特殊情况下的紧急应对措施，是工艺技术的延伸，也是创新思维的成果。

四、传承

传承是指对学问、技艺、教义等传授和继承的过程。传承虽然并没有在工匠精神中直观地体现出来，但它却是工匠精神中非常重要的环节，没有传承，不管是知识、技术还是精益求精和创新的思想都无法得以传递，传承是保证工匠精神能代代相传的基础，可以说，没有传承就没有工匠精神。

不同的时代、不同的领域对传承有不同的理解，在古代传承更多的是师徒之间的传艺，在现代社会则范围更加广泛，只要是继承了前者的知识、精神都可以说是一种传承。如何让无形的经验和技术转化为可以传承的知识呢？工艺技术团队采取最多的是标准化、工作配合和培训学习的方法。

如前文所言，因为工艺团队每个同事都有专精的领域，将这部分整理归档成可视的规范文件，既便于技术的积累，也易于知识的传承，同时也保证了成果的及时推广和应用。

同时长期的专研势必会带来经验上的积累，并有独到的见解和看法，一个项目让不同领域的同事配合工作，必然能碰撞出思想的火花。

"一切手工技艺，皆由口传心授"，最直接的传承方式必然是学习，通过定期开展培训讲座，实现"老带新"、"以点带面"，全面进步的目标。

同样是疫情期间，在很多日常工作无法有效开展的情况下，工艺团队利用这个时间组织了内部的相关培训，采用了钉钉线上培训的方式，员工们分别使用手机或电脑积极主动地参与到培训中，大家对培训内容给予了极高的认可，培训既提高了同事们的工作热情，又增加了同事们的知识储备。

结语

四方公司的核心价值观"顾客至上、品质优先、以人为本、创新发展"十六字方针在一定程度上和"爱岗敬业、无私奉献、开拓创新、敢为人先、精益求精、追求极致"的工匠精神不谋而合，也印证了工匠精神在四方公司早已深入人心，一个国家和企业想要发展和进步，工匠精神是必不可少的。

四方公司的工艺技术团队在工作中也始终牢记工匠精神，时刻激励鞭策自己，并以工匠精神作为日常工作中的指引——从抗击疫情到复产复工，坚持不懈地发扬创新理念、工匠精神。勇担责任，尽锐出战。在创新理念和工匠精神的指引下，专注于自己的工作领域深耕细作、做到极致，为企业、为核心区新一轮科技创新驱动发展激发出最大的力量。

参考资料

[1]《聊斋志异·阿宝》
[2]《阅微草堂笔记槐西杂志二》
[3]《礼记·学记》

［4］盘点总理作报告有哪些新词：分享经济 工匠精神·腾讯[引用日期：2020-7-3]

【评语】本文结合本企业实践，特别是疫情期间的特殊工作，论述了工匠精神的内涵——精益、专注、创新。在行文中列举了企业在实践工匠精神方面的若干具体案例，非常生动鲜活地展示了工匠精神在该企业的实际场景。论述有血有肉，层层递进，给读者较强的现场感，是一篇较好的工匠论文。

以工匠精神助力高新技术产业发展

王 茵 张 通 李 鑫 任冠卿[1]

【摘要】通过深入分析工匠精神的内涵，结合疫情背景下的高新技术产业践行现状，提出"态度、细节、创新"的高新技术产业工匠精神。

【关键词】态度，细节，创新

引　言

冬去春来，世间万物都在不断变化着，即使岁月催人老，它仍始终如一，永远保持着本质的特征——工匠精神。

工匠精神，是对于完美的不懈追求，是一种吹毛求疵。但事实上，正是这种精神，造就了多少人的伟业，影响了多少代人：如瑞典的手表，德国的制造业，日本的丰田汽车等。也许有人会对此不屑一顾，念叨着所谓的成大事者不拘小节，却不知一屋不扫何以扫天下。它是一种心态，一种干一行，爱一行，精一行的态度，它是工匠精神的灵魂。细节是工匠精神的四肢，创新是工匠精神的心脏，而态度则是工匠精神的灵魂。师说有云：不积跬步，无以至千里，不积小流，无以成江海。让我们从小事做起，一点点的积淀，造就平地而起的万丈高楼。

一、态度，工匠精神的灵魂

态度是工匠精神的灵魂，对于工作始终保持几十年如一日的态度是十分令人敬佩的精神，也被称为工匠精神。工作是享受生活的过程，是充实自我的过程。始终保持敬畏、严谨、认真的态度去做好自己的每一项工作是我们每个人都应具备的工作精神。在四方这个大家庭内，我们的领导和师傅们在我们刚进入这个大家庭的时候就用言行告诉我们：对于自己接收到的每一件事、每一个任务都要像做自己家事情的态度去对待，始终精神饱满地去工作，精益求精、创造价值。

1　作者单位：北京四方继保工程技术有限公司保定分公司。

精益求精，注重细节追求完美与极致的态度是工匠精神的完美体现，不惜花费时间精力的去把工作做得极致与完美，力争零误差是我们做事的态度。在我们日常工作中要认真学习与弘扬工匠精神的严谨，一丝不苟，不投机取巧，必须保证每个零部件的质量，小到一个小插针也不允许有一丝问题，对产品采用严格的调试标准，不达标准绝不交货。

耐心、专注也是一个很重要的决定性态度，真正的工匠肯定是干一行，爱一行，精一行，在自己的专业领域内孜孜不倦、追求进步，不断完善部件的完整性和生产流程的高效便捷性。在这里就要时刻反省自身，追求工匠精神，继承和弘扬伟大楷模给我们留下的巨大财富，在日常调试工作中恪尽职守，专业、严谨、耐心地做好每一件事，把控好产品的最后一道关卡，做到零失误，以严谨精益求精的态度继续发扬工匠精神。

二、细节，是工匠精神的四肢

2020年春节期间暴发的新冠疫情，给我国经济发展带来了一定影响。但是，在以人工智能、大数据、云计算、物联网等为代表的信息通信技术支撑下，远程办公、远程教育、在线医疗、在线游戏、无人配送等过去概念性的技术应用和服务模式，却在重大疫情的倒逼下，以意想不到的速度崛起。

从广州现有科技资源和产业基础看，广州及时、迅速地把握住发展红利期。自2015年广州市委、市政府做出加快实施创新驱动发展战略的决定以来，广州一直在人工智能、生物医药、健康医疗、移动互联网+、网络游戏等产业领域谋划布局。

《广州市战略性新兴产业第十三个五年发展规划》明确提出要重点发展新一代信息技术、生物与健康等6大战略性新兴产业，并加速发展精准医疗、高端智能机器人、云计算与大数据等5大前沿产业；2017年广州市委市政府又提出了"IAB"（新一代信息技术、人工智能、生物医药）产业发展计划，提出了2022年将IAB产业规模提升到万亿水平的宏大计划。

随着智能化、场景化、体验式零售和内容电商、社交电商等新业态、新模式的飞速发展，广州的产业结构、消费结构也在快速升级。2019年广州现代服务业已占到服务业比重的68%；还围绕"人工智能+"的技术布局，加快发展智慧医疗、智能汽车、智慧海洋、智能家居、智慧城市等重点领域，使得广州人工智能产业综合影响力已位居我国大城市前列。

由此可见，此次新冠疫情最有可能推动发展的产业领域，与广州近年来正在重点发展的战略性新兴产业领域相吻合。如果广州能够抓住此次新冠肺炎疫情倒逼出来的市场机遇，顺势而为化危机为转机，那么，广州在IAB产业、健康医疗产业、"互联网+"现代服务业、网络游戏产业方面将有可能实现跨越式增长，迈上发展新平台，真正实现高新技术产业的高质量发展。化疫情之危为创新之机，推进广州高新技术产业高质量发展，尽量降低新冠肺炎疫情对经济社会造成的不利影响，广州在全力抓好疫情防控工作的同时，要科学利用疫情倒逼效应，及时抓住疫情催生出来的新技术应用、新消费需求、新市场空间和新经济业态；政府相关部门及行业应早预判、早谋划、早应对、早施策，抢占先机加快推进相关产业科技化、生产智能化、消费在线化的发展进程。

三、创新，是工匠精神的心脏

创新是工匠精神非常重要的一个环节，没有创新就没有动力，是时代发展的永动机，真正的工匠是在自己的领域不断进步不断创新来赢取巨大的收益，提高工作的便捷性，高效性，科技性。我公司就在不断探索，不断创新，走在时代的前沿。

智慧变电站是变电站未来的发展方向，定县110kV变电站是国网首批7个智慧变电站试点之一。四方公司作为该站二次总包商，负责全站保护自动化、辅控、机器人、火灾报警等系统集成实施。项目首次采用了冗余测控装置、采集执行单元等新设备，首次实现了全站统一建模、刀闸智能识别、自动调试验证、远程运维、机器人联合巡检、图像智能识别等多种新技术，大幅减少现场调试和运行维护工作，提高了变电站的智能化水平。项目实施过程正值疫情期间，公司研发、设计、生产、服务等各部门攻坚克难，保证了项目的顺利投运。

周密策划，勇于创新。研发和设计人员与用户密切沟通，充分讨论新技术需求和应用场景，并顺利完成多项新技术开发，保证项目于2019年12月按时发货到现场。

克服疫情，多方协作。突如其来的疫情，导致项目延期进行现场调试，公司多名业务骨干奔赴现场调试。工程服务中心张若腾，发电及用电业务单元郭生聪、田康恩、李鲲鹏和程凯，研发中心李琨、刘晓明和杨威，设计院张云霞等在一次土建未完工期间，与用户紧密配合，攻坚克难，顺利完成现场调试施工。

定县110kV变电站的顺利投运展示了四方公司在智慧变电站领域的技术优势。公司将继续在智能电网领域开拓进取，为用户持续提供高品质产品和服务。

企业是创新的主体，工匠精神首先要解决的就是企业创新能力不足的问题。这就要求将精益求精的工匠精神融入生产每一个环节，不断吸纳最前沿技术，创造出经得起时间检验的产品。愿"社会少一些浮躁，多一些沉淀"，愿工匠精神发扬。"天下大事必作于细，天下难事必作于易。"

灼灼璞玉，雕琢若不乐此不疲，精益求精，则终难称其为美玉；唯有匠心独运，静心沉淀，才能成其"和氏之整"，绽放其芳华。树立工匠精神，坚守寂寞，个人便能实现其人生价值，企业便能铸造卓越品质。

结　语

工匠精神，其实就是由态度、细节和创新糅合的产物。

工匠精神更像是一种对于职业本身的要求，是一种追求完美，追求创新的责任感。我们要做的是叩问自己，是否可以时时刻刻地保持这种不断追求完美，追求创新的精神，凭此去完成每一件事，并且热爱它。

是的，工匠精神不是管理方法，不是一种工具，不是一种神秘的知识，它是一种心态，是一种干一行，爱一行，精一行的态度，是工匠精神的灵魂。细节是工匠精神的四肢，创新是工匠精神的心脏。只有透过现象看到问题的本质，只有务实推进工匠精神培养之路，才能在高新技术产业更好地践行工匠精神。

【评语】本文通过讲述抗击疫情期间，四方在定县的职能变电项目，论述了在作者眼中的工匠精神——是一种心态，是一种干一行、爱一行、精一行的态度，它是工匠精神的灵魂。同时，作者将工匠精神的内涵体系比拟为人的构造，提出"细节是工匠精神的四肢，创新是工匠精神的心脏，而态度则是工匠精神的灵魂"，有血有肉地论述了其对工匠精神的理解。确实，在此次疫情抗击过程中，急切地呼唤了新技术新科技对社会公共卫生危机的应对。在此环境下，工匠精神作为科技创新的促进剂，应当为我国全社会所大力弘扬。

当代中关村科学城核心区的工匠精神及其价值

赵曼琪[1]

【摘要】工匠精神，原指手工作业者精益求精、孜孜不倦，对品质追求完美的心态。在当前我国产业结构优化升级的背景下，工匠精神的回归有其必然性。工匠精神不仅得以发扬光大，同时被赋予了新的时代意义。本文结合作者自身工作经历，从内核和外延两个方向探究了工匠精神在当代中关村科学城核心区下的重要价值。

【关键词】工匠精神，中关村科学城核心区，价值

工匠精神这一概念，在中国古已有之——《辞海·工部》中提到："工，匠也。凡执艺事成器物以利用者"；在《考工典》中也有论述："以其精巧工于制器，故谓之工"[1]。在古代文献中工匠也被称为"工"、"匠"、"工巧"、"巧匠"，以表明他们是古代社会中一些心灵手巧以成器物的人[2]。而他们在辉煌的中华文明中留下的众多物质与精神遗产，是我们当代中国人的宝库，也是工匠精神的来源与最佳体现。

几年前，提起工匠精神，可能民众最先想到的并不是上述古籍中记载的巧匠，而是彼时工匠精神最具代表性的国家——德国、日本。它们拥有很多做工一流、享誉世界的品牌，是高质量精做工的代名词。但仅仅把这些归功于民族品性或只从精神内涵上解读是不全面的，因为德日也经历过工业品品质低劣的历史阶段。这就要求我们以一种发展和辩证的思维去看待和理解工匠精神。

其实我国自古就有尊崇工匠精神的优良传统，《诗经》中"如切如磋，如琢如磨"，赞美的就是精益求精、反复钻研的美好品德。《周礼·考工记》有云："知者创物，巧者述之守之，世谓之工。百工之事，皆圣人之作也。"人们认为工匠是智者、巧者，将工匠和圣人相提并论，说工匠的精神、传承、技术都是圣人之道。更称工匠是"国有六职"之一，地位仅次于王公和士大夫之后，不可或缺。这些都无不体现了古时我国对匠人的赞赏和推崇，以及工匠精神在社会氛围中的重要性和不可或缺性。

然而进入工业时代后，机械化的现代工厂，在成本和效率方面，以压倒性的优势迅速取

---

1 作者单位：北京旋极信息技术股份有限公司政府事务部。

代了旧时传统工匠，从根本上改变了社会的生产方式。鸦片战争后，我国的近代工业布局受到战时经济环境的极大影响，在反复的时局波折中，保障工业生产是稳定战时经济的基本策略，以机器大生产为主的新式工业迅速成为主流，以手工业作为语言、以手工业工人为主体的中华工匠精神开始走向低谷。[3]工匠精神也在那个以追求效率和产量为首要目标的发展阶段里被逐渐淡忘。

虽暂时隐没，但从未丢失。党的十九大报告提出"弘扬劳模精神和工匠精神"。党的十九届四中全会《决定》提出"弘扬科学精神和工匠精神"。工匠精神的强势回归，其根本动因是要实现我国产业结构的优化升级。一方面，由廉价劳动力、原料等低成本要素带来的国际贸易比较优势正慢慢被环境污染、量大低质、资源浪费等负面影响消耗殆尽，产业的转型升级和制造业的创新发展是我国当下经济发展阶段的客观要求。另一方面，改革开放以来，人民的生活水平得到极大改善和提升，由过去满足于"吃饱穿暖"的基本目标也逐步提升为对生活品质的追求，需求结构正在由低层向高层迅速转变。

加快推进信息化与工业化深度融合，着力培育战略性新兴产业对于推动经济高质量发展具有重要意义。而培养高素质、技能型产业人才是实现这一目标的重中之重。工匠精神因紧密地吻合和对应着当前中国供给侧结构性改革的要求，成为中国发展语境中的重要概念。[4]"中国制造2025"的提出，也再次呼唤和倡导了工匠精神的回归。

我们发现，能够在自身岗位有所作为的人，根本上都具备认真负责、乐于钻研、勇于突破、敢于创新的品质，其实这种在工作中持之以恒，面对激流险滩，却迎难而上的行动派和实干家精神就是新时代下，人人都需要工匠精神。

当代的工匠精神，根本上对传统匠心精神内核的承接，表现为从业者对自身工作精益求精、孜孜进取、勇于创新、追求极致的一种职业精神。旋极集团自成立以来，一直秉承"以人为本、创新先行"的原则，按照"信·善·利"的核心价值观，建立了独特的、具有强大凝聚力和生命力的旋极文化体系。其中"信"是信念——坚守信念，不忘初心，是诚信——言必行，信必果；"利"是利国利民、利人利己——戒骄戒躁、坚持学习，敢为人先、追求卓越。这与工匠精神探求的内涵和本质是不谋而合的。《庄子》中讲，庖丁解牛，技术纯熟神妙，文惠君看后惊叹，问他技艺为何能如此高超？庖丁回答说："我追求的，是道，已经超过一般的技术了。"工作中，有的人碌碌无为半辈子，到头来一无所获，而有的人，经过时间的沉淀，成为行业的专家人物，单位的中流砥柱，最终实现了社会价值和自我价值的统一。区别在于前者缺乏遇问题刨根探底、钻研探究的工匠精神。

而作为战略性新兴产业的策源地、高端要素的聚集区，当代中关村科学城核心区下的工匠精神，除了向内探求其传统意义上的概念，更多地应该强调"自主创新"。所谓创新，在企业中指的是新的或有显著改进的产品或工艺的实现，或新的组织管理方式或营销方法的采用。

如果说工匠精神向内挖掘追求的是个体自觉，那么向外延伸，另一属性即是传承。应届生初入职场，往往工作积极性高、充满热情，但同时存在缺乏实操经验、业务水平不精专等问题。这时就需要团队成员以老带新，发挥工匠精神的传承理念。在当今以创新发展为基本原则的时代下，传承也应被赋予全新的意义。言传身教，教的是什么？教的是方法，是心得。以部门助理这个工作为例，岗位职责看似基本，但绝不简单。如何统筹安排部门内的大小会议、与公司间各业务部进行日常对接，如何对外接待、针对客户反馈的问题及时沟通协调并跟进反馈。这里面涉及了很多时间管理、团队合作和交流表达的技巧。如果只是单纯地告诉他会议室怎么预订、发票怎么报销，那这位员工恐怕是一段时间里都无法高效出色地完成领导指派的任务了。所以老带新，与其说是手把手地教，不如说是老员工引导新员工去理解工作内容本质，熟悉工作流程，避开工作雷区。只有掌握了工作原理，才能少走弯路，迅速融入，甚或结合自身经历，在前辈建立的工作体系上不断完善，有所突破。登高望远，新时代下工匠精神的传承，除了承继，还意味着迭代和升级。

综上所述，我认为工匠精神其实是具有普遍性和通用性的，它始于个体的职业自觉，也是衡量一个企业的基本道德标杆，当其演变为一种默认遵循的社会准则时，便是可以驱动社会前进的强大动力。如果把企业比作大树，那么阳光、空气和水是孕育树苗的先决条件，缺一不可。这便如同社会的政治、经济和文化体系，共同构建了适合企业生存的营商环境，不可或缺。而工匠精神好似沃土，在时间的推移下，徐徐为树苗提供补给，使之苗壮成长、生根发芽、枝繁叶茂。我们当下所追求的认真、严谨、专注、创新等职业美德，正如同沃土中的肥料，助力企业乃至产业高质量、可持续发展。所以，工匠精神适用于讨论存在之上的问题，它立足于基本面，解决的是更高阶的矛盾。我们的企业如何保持活力、长久存续，如何突破瓶颈、创造增长，这是工匠精神在当代中关村科学城核心区下的重要价值。

参考文献

［1］余同元.中国传统工匠现代转型问题研究.上海复旦大学，2005：33.

［2］曹焕旭.中国古代的工匠.商务印书馆，1996：1.

［3］朱春艳，赖诗奇.工匠精神的历史流变与当代价值.长白学刊，2020年第三期：144.

［4］刘志彪.工匠精神、工匠制度和工匠文化.青年记者，2016年6月上：9.

【评语】本文以中关村科学城的时代使命为背景，提出了作者对创新工匠精神的理解。作者认为，当代中关村科学城核心区下的工匠精神，除了向内探求其传统意义上的概念，更多地应该强调"自主创新"。作者从所在企业文化中的"信·善·利"出发，提出创新精神应当不仅是个人的追求，更是企业文化的延伸。对于企业的每一个员工，都应把工匠精神当成其工作的内在素养。工匠精神始于劳动者个人的职业自觉，也应该成为企业道德的基本标杆。文章循序渐进，提出了管理上对应于工匠精神的变革需要。如果能结合本企业的实例展开论述，则更能增强读者的带入感。

论工匠精神于高新技术企业的价值

刘晨霏[1]

【摘要】随着时代发展、科技不断进步，我国科技的整体水平大幅提升，在一些领域及行业里已跻身世界先进行列，有的领域也正在由"陪跑选手"向"领跑选手"转变，这才有了享誉全球的"中国速度"、"中国制造"等等代名词。但是在科技迅猛发展的同时，产生的问题也浮出水面。随着技术的发展，工作节奏不断加快，人心也逐渐变得浮躁，这时就需要将工匠精神印在每个人的心中。一个企业只有将品质放在第一要位，才会有广阔的发展空间。因此大力弘扬工匠精神，传播工匠文化是我国企业转型升级、提升企业品牌和价值的关键所在。

【关键词】工匠精神，企业，重要性

一、工匠精神的内涵

工匠精神，字面意思毋庸置疑的是一种职业精神，它是职业道德、职业能力、职业品质的体现。于我个人的理解，就是无论是技术员还是操作员，抑或工程师，他们对自己的产品，精雕细琢，精益求精，意图使其近乎完美的精神理念。可以说这是一种信念、一种情怀，归根到底是心底里对工作的执着、对产品精益求精、是把一件工作、一项事情、一门技术当作信仰做到极致，做到他人无可替代。说到底，就是一种追求完美的极致精神。

北京四方继保自动化股份有限公司（下文简称四方公司）是主要从事电力系统自动化及继电保护装置的研究、开发、生产和销售，是为电力系统及相关行业服务的高新技术企业。近期，四方公司积极响应上级精神，开展了工匠精神研讨系列活动，主题即是"敬业、精益、专注、创新"。

（一）工匠精神之敬业

在工匠精神的内涵中，我认为敬业是最本质、最重要的一点。我们每个人都应该视工作为自己的生命，做好属于自己工作范畴的工作，这是天职。在完成本职工作的基础上刻苦学

---

1 作者单位：北京四方继保工程技术有限公司保定分公司；联系地址：保定市竞秀区北三环 5999 号。

习、奋进钻研，以求取得更大的突破。在2020年2月疫情无情肆虐全国的时候，四方公司全体员工秉持着"顾客至上、品质优先"的精神，在严抓疫情防控工作的同时，尽可能地坚守在各自的工作岗位，最大限度地满足用户需求，确保实现对用户的承诺，全心全意为用户做好支持与服务，这彰显了我们全体四方人爱岗敬业的好品质。

（二）工匠精神之精益

在四方公司，其实有这么一群人：他们工作中追求卓越、精益求精，他们是高品质产品的制造者，并且各个做事严肃认真，从不拖拉怠慢。他们在生产过程的各个环节中，始终保持精益求精甚至是吹毛求疵的精神，永不懈怠；在他们工作的身影中，一直呈现着一幅幅忘我工作的画面。每天各个工序的班组长对员工进行早会宣导，质量是重中之重。他们结合实际情况，对生产中出现的问题进行彻底分析，从中总结经验、吸取教训。强调在生产过程中要严格按照工艺要求加工。由于本人作为四方公司生产技术部的一员，工作目的就是要提升产品的质量和工艺技术的完善改进，日常工作中我也是对工作有一定偏执的追求，每一处细节都绝不放过，做到精益求精。

（三）工匠精神之专注

四方公司作为高新技术产业以及所在行业里的领跑者，拥有的高精尖技术很多，当然这些技术研发起来难度也非比寻常，但一旦研发成功，就会具有可观的经济效益和社会效益。独有的关键技术对一个高新技术企业至关重要，因此需要大量的科研攻关人员不断的探索和尝试。这时就需要我们大力弘扬工匠精神，在公司内部深耕"工匠文化"，使科研人员能够潜心搞科研，达到一种专注忘我的境界，内心笃定而执着，保持着始终如一的强度与韧性，不为外界所扰，不达目标誓不罢休的专注精神。作为员工，工作时只有内心秉持着工匠精神，才能把事情做得更为出色，才能为企业做出更大贡献。

（四）工匠精神之创新

2020年六月中旬，国网河北定县变电站投入运行。定县110kV变电站是国网首批7个智慧变电站试点之一。四方公司负责全站保护自动化、辅控、机器人、火灾报警等系统集成实施。项目颇具创新性地首次采用了冗余测控装置、采集执行单元等新设备，首次实现了全站统一建模、刀闸智能识别、自动调试验证、远程运维、机器人联合巡检、图像智能识别等多种新技术，大幅减少现场调试和运行维护工作，提高了变电站的智能化水平。公司研发、设计、生产、服务等各部门攻坚克难，保证了项目的顺利投运。四方人一直坚信"创新铸就四方，梦想点亮未来！"

二、工匠精神的当代价值

随着以信息技术、生物技术、新材料技术为基础，以知识密集、技术密集为特征的高新技术产业蓬勃发展，传统工匠逐渐从历史舞台中退出，有观点便认为，工匠精神已经过时了，事实并非如此。反而工匠精神在高新技术产业中扮演了非常关键的角色。在全球经济一体化发展的今天，企业的竞争日益激烈，尤其高新技术企业要想在市场竞争中立于不败之地，实现持续发展，就要在产品的研发、设计、技术、生产和服务等各个环节，培育和发扬工匠精神。在高新技术主导工业生产的今天，工匠精神显得尤为宝贵，科技水平越是发达，工匠精神越发重要。

尽管传统的小作坊形式基本上被现代化的工业制造所取代，但是在人类历史中沉淀下来的工匠精神和文化传统，却依旧贯穿于现代化的工业制造之中，甚至成为现代工业制造的灵魂所在。历史经验表明，当今世界工业制造强国的形成与对他们对工匠精神的重视密切相关。众所周知，苹果的创始人乔布斯就是工匠精神的坚守者，被誉为当代最伟大的工匠之一。他对工作精益求精的追求接近苛刻的程度，被称为"残酷的完美主义者。"在iPhone4的整个设计过程中，他不断反复雕琢，始终在致力于追求完美与极致，甚至不惜付出高昂的成本。比如，他要求电脑内部的所有螺丝要用昂贵的镀层；为了清理手机后壳留下的细纹，而直接飞往加工厂要求铸模工人重做。将本来已经接近完美的iPhone的设计方案，不断否定、不断修改。正是因为对细节的这种"锱铢必较"贯穿于整个苹果设计团队之中，造就了"再一次改变一切"的一代神机。正如有人这样评价："苹果就像一间艺术家的工作室，而乔布斯则是一名熟练的工匠。"

当今社会心浮气躁，追求投资少、周期短、见效快带来的即时利益，从而忽略了产品的品质灵魂。因此企业更需要工匠精神，才能在长期的竞争中获得成功。中国很多企业的产品质量为什么搞不好？原因虽然很多，但最终可以归结到一个方面上来，就是做事缺乏严谨的工匠精神。中国的产品质量不如日本，重要原因之一就是人家做事比我们更严谨，更具有工匠精神。当然企业不能盲目学习和引进日本式管理。日式管理最值得学习的是一种精神，而不是具体做法。这种精神就是工匠精神。在日本人的概念里，你把它从60%提高到99%，和从99%提高到99.99%是一个概念。他们不跟别人较劲，跟自己较劲。

三、工匠精神在高新技术产业发展中的地位

身为"四方人"，我们的愿景就是以后人们讨论起工匠精神的代名词时，首先想到四方

公司。大力弘扬工匠精神不是空喊口号的事情，旨在培植内在修养。我们每个人都要用工匠精神武装自己，乐于奉献、敢于拼搏；拒绝追风、坚守内在；避免盲从、坚守独立。在技术方面默默坚守，让工匠精神得以在公司内部传承，进而推动国内高新技术企业的水平不断提升。企业需要工匠精神、时代需要工匠精神，只有将工匠精神融入企业文化，企业才会持久蓬勃发展。

总之，高新技术企业的持续发展离不开工匠精神。工匠精神作为高新技术企业不断创新的原动力，弘扬、践行工匠精神应当成为高新技术产业的共同理念和行为准则，产品追求高质量，服务追求高品质，企业追求创品牌。在公司上下营造出一种崇尚专业、精益求精的浓厚的工匠精神氛围，让工匠精神对高新技术产业产生积极的作用和巨大的影响，从而助推高新技术产业可持续发展。

【评语】本文从本企业的工匠精神践行出发，论述了四方公司作为高科技公司，对工匠精神的理解、实际运用和阶段性成果。作为工匠精神的定位，作者从敬业、精益、专注、创新四个角度列举了本企业的实践，特别是在创新方面展示了河北定县变电站项目的智能化突破。在论述工匠精神的当代价值和在高新技术企业中的地位，援引了国外高科技企业的事例，例证有力。通篇而言，文字条理清晰，论述有层次。在布局上略显头重脚轻，在后半部的论述如果能以本企业的实际操作方式或者制度规划予以介绍，面向未来的部分会更加清晰。

抗疫前线的工匠们

冯　倩[1]

【摘要】工匠精神原本指传统手工匠人专注、精益求精的理念，随着科技进步，弘扬工匠精神具有重要的时代价值和广泛的社会意义。本文结合时代发展与抗击疫情的国情，从"敬业、精益、专注、创新"这四项精神内涵方面，开展讨论抗疫前线的工匠们所展现的工匠精神，及其表现形式与作用，确定工匠精神应该成为职业指引理念，引领个人发展和企业管理。

【关键词】工匠精神，工匠，抗击疫情

早在战国时期，庄周所著《庄子·养生主》中就有庖丁解牛的典故："庖丁为文惠君解牛，手之所触，肩之所倚，足之所履，膝之所踦，砉然向然，奏刀騞然，莫不中音。合于桑林之舞，乃中经首之会。"厨师在日积月累中对牛骨骼结构了然于心，不断打磨自己的技艺，以至于宰牛时的声音像奏乐一样有节奏，令人叹服。改革开放以来，"汉字激光照排系统之父"王选、"中国第一、全球第二的充电电池制造商"王传福、从事高铁研制生产的铁路工人和从事特高压、智能电网研究运行的电力工人等也都是工匠精神的优秀传承者。现代社会更需要我们结合国情继承与发扬工匠精神。

2020年的春天注定是不平静的，一场突如其来的新冠肺炎疫情，使各行各业都被迫进入了"冷静期"。没有春节兴高采烈的采购，没有开春热火朝天的复工，疫情态势的发展，牵动着每个人的心弦，在抗击疫情的特殊时期，更需要牢牢把握工匠精神，融会贯通"敬业、精益、专注、创新"的精神内涵。

敬业是从业者基于对职业的敬畏与热爱而产生的一种全身心投入的认真尽责的职业精神状态。中华民族自古以来就有"主一无适便是敬"、"敬业乐群"的传统，宋代理学家朱熹说过，"敬业者，专心致志，以事其业也。"即敬业的人专心致志、严肃认真、勤奋努力地对待自己的事业，敬业是一种优秀的职业道德品质，传承至今更是当今社会主义核心价值观的基本要求之一。在抗击疫情这场没有硝烟的战争中涌现无数"最美逆行者"，他们勇往直前的

1　作者单位：北京四方继保自动化股份有限公司。

敬业精神带领着更多的人披荆斩棘。耄耋之年的钟南山院士在疫情尚不明朗、人人自危时临危受命，告诫全国人民不必要不要前往武汉的同时，义无反顾地登上前往武汉的高铁，带领医护队伍与病毒搏斗。武汉金银潭医院的院长张定宇，他坚守在抗疫一线，拼尽全力挽救了无数重症患者和家庭。"我必须跑得更快，才能跑赢时间，才能从病毒手里抢回更多病人。"面对采访张院长说出这样一句话。他本人身患渐冻症，双腿逐渐萎缩，却依然虔诚地保持着敬业的工匠精神。不仅是这些优秀的白衣天使，还有我司南方电网重点项目经理朱勇，在疫情高峰时毅然返回广东，为了南方电网的万家灯火，在工作岗位上连续奋战140余天，攻坚克难，秉承其爱岗敬业的职业操守，助力南网公司复工复产，确保了禄高肇、昆柳龙等重点工程的按期投产。还有海外的国际项目经理，在国外疫情肆虐时不仅出色地完成工作，同时还积极帮助用户运输防疫物资。"最美逆行者"们日夜坚守岗位，做疫情联防联控一线的"工匠"，他们的付出与奉献，是出于对生命的责任，也是对职业的敬畏与坚守。

精益是从业者对每个产品、每项工作都精益求精、追求极致的优秀品质。《诗经》有云："如切如磋，如琢如磨。"如此才能精益求精。这也是中国制造所需要的理念。疫情期间，口罩作为"第一道防线"需求量倍增，广西汽车集团立即决定生产口罩机、口罩，首席专家郑志明和以他名字命名的国家级技能大师工作室成员立刻加入跨界生产的战"疫"中，改造生产线、调试生产工艺、反复调整样品，精益化生产，不断提升口罩品质。过去中国制造的形象更多的是"量"的体现，如今更着重强调的是追求卓越的品质，精益求精的工匠精神将成为推动中国制造品质的重要动力。

专注是从业者内心笃定而着眼于细节的耐心、执着、坚持的精神。只关注眼前利益，盲目追求市场终将是昙花一现，必须沉淀下来，保持一颗专注的纯粹之心，将每一件平凡的工作做到极致。"大国工匠"无一例外都拥有这样一份纯粹。疫情期间，病毒的快速传播与不可控给防疫工作造成诸多困难，陈聪作为常州市疾控中心急性传染病防治所的副所长，专注于流行病学调查十余年，每次接到疑似病例报告，就立刻带领团队赶赴医院开展流调工作，对每个患者活动轨迹中的时间点进行抽丝剥茧的调查，寻找关联的蛛丝马迹，将错综复杂的流行病轨迹梳理清晰，最大限度遏制病毒扩散范围。在中国早就有"艺痴者技必良"的说法，像陈聪这样的人还有很多，所谓术业有专攻，他们专注于某个领域、某个行业、某个产品，心无旁骛，几十年如一日的坚持，在每一个细节上反复推敲，打磨自己的技艺，必然会成就不凡的作品。在科技迅速发展的当今社会，中国正在实现由"中国制造"向"中国精造"，乃至"中国创造"的过渡转换，不仅需要高精技术人才，也需要更多的能工巧匠。

现代企业管理与个人发展践行工匠精神，也同样需要创新与突破。疫情以超乎想象的速度发展，影响了社会生活的方方面面，为了让学生能够正常开展学习生活，几乎全部学校都采取线上的方式教学，所有老师都在努力快速学习、积极主动创新，摸索出新的教学方法来组织学生居家学习。各行各业的企业同样为复工复产探索新的管理与经营模式，在疫情期间，我司工程服务人员无法奔赴各个现场正常工作，但是大家没有停下脚步，积极开展内部培训充实自我，同时主动探索在特殊时期与用户共克时艰的方法，一方面由资深专家推出一系列专业知识的直播课程，涵盖电力行业的典型经验与创新知识分享，另一方面，寻求为用户远程处理问题的途径，在困境中创新，在创新中奋力前进，切实将创新与实践融入抗击疫情与协助用户复工复产中，获得用户高度认可。工匠精神引领"工匠"们慎终如始，以不懈的创新精神，从抗击疫情到复工复产，都专注于每一份职责，坚守自己的担当。

工匠精神是职业道德、能力、品质的体现，敬业是从业者发自内心热爱职业，尽心全力的职业精神状态，精益是从业者追求卓越质量的品质，专注是着眼于细节的耐心、执着与坚持，创新是不断追求突破与进步的理念。工匠精神不仅体现在传统手工匠人对作品的坚守，而且已经渗透到各行各业，方方面面。疫情期间的"工匠"们显得尤为珍贵，他们来自不同的领域、行业，每一个人都在自己的岗位上兢兢业业，不断提升自我，富有创新精神，追求每一个完美的交付，就是对工匠精神最朴实无华的诠释。

传统工艺也许会在时代的长河中慢慢沉淀，但是工匠精神恰恰相反，它应该属于每一个人。这也正是我们四方人应该时刻铭记的，摒弃浮躁，脚踏实地地雕琢每一个产品，追求卓越的品质。

【评语】本文以疫情抗击作为时代主线，描绘了在抗击疫情期间的英雄人物像，用以论证这些时代的楷模无一不是敬业、专注、精益的时代代表。这其中有一线的医务工作者、更有四方南电集团的代表——这些与我们活在同一时代的先进劳动者，以自己的行为诠释了工匠精神的内涵——这可能是本文的主题思想。文章论述得较为生动，有一定的说服力。如果能在文章构架上更注意逻辑层次，增加企业实际案例，则可能更佳。

简论新时代的工匠精神

顾嘉伟[1]

【摘要】随着人类文明的不断进步和当今社会的不断发展，我们对于工匠精神的理解也不仅仅局限于工匠本身所具备的价值取向，而是上升到对于任何人的一种行为追求。现阶段是国家经济转型的重要发展阶段，在"中国制造"向"中国创造"转变的背景下，工匠精神也被赋予了更多新的含义及意义。同样，我们作为新时代的工匠，也肩负起了新的历史使命和重要责任。弘扬中国新时代的工匠精神，对于企业改革创新，高新技术产业的发展，提高产品的品质，提高企业的自身竞争力，有着重要而又深远的意义。

【关键词】新时代工匠精神，精益求精，爱岗敬业，创新

我国是一个具有五千年历史文化底蕴的国家，从古至今，能工巧匠人才辈出，比如鲁班就是古代其中一位极具工匠精神的代表人物。据说在当今时代木工师傅们使用的如锯、铲子、曲尺等手工工具都是鲁班在不断探索实践中制作出来的，他在后世也被称为"工匠始祖"。但是在古代，更多的还是体现在手工艺人这个行业。传统的工匠精神更多在于专注，我认为他们对于一件事情的研究能够做到心无旁骛的境界，并且善于利用大自然得天独厚的优势，善于发现观察与思考，这也正是成就传统工匠们"巧夺天工"，"心灵手巧"的重要因素之一。当然，"巧"字也体现了他们所具有的创造性思维。这种创造性思维对于高新技术产业的发展具有重要的指导意义。对于我们来说，这种心无旁骛，不以名利为目的，只求将事情做到精益求精，做到极致的工匠精神仍然是我们今天要学习的重要内容。

随着人类社会的不断发展，我们对于工匠精神的理解也不仅仅局限于工匠本身这个职业所具有的价值取向，而是我们每个人应该具备的一种精神追求。在新时代下，工匠精神的提出对企业在今后的改革创新中具有重要的指导意义，也对国家经济转型具有重要的意义。在当今社会，我们不能只拘泥于做一个"会制造"的工匠，而是应该做一个"会创造，精制造"的时代引领者，应该培养自身一种对于任何事情精益求精、爱岗敬业、脚踏实地、专注、勇于创新的新时代大国工匠精神，并且要将其发扬光大，为企业的改革创新，行业的发

1　作者单位：北京滨松光子技术股份有限公司。

展进步贡献重要的力量。

一、爱岗敬业是新时代工匠精神的重要前提条件

我们无论身处各行各业，还是做任何一件事儿，都要有一颗热爱自己所在岗位的心，只有拥有了饱满的热情和热忱的心，我们才会对工作，对每件事情有坚定的心，才能专注做好每一件事情，否则是谈不上工匠精神的。我认为真正的爱岗敬业并不只是将工作当成一种谋生的手段，而是人们对所从事的工作一种认真负责，执着细致，追求完美的一种敬业的工作态度。当今社会，大部分企业的员工缺乏的正是这种工匠精神，尤其对于高新技术产业，如果员工对自己的职位、岗位没有一颗敬畏之心，没有一种持之以恒的工作态度，那么企业的创新发展之路也会遥遥无期。就像我所从事的维修行业，传统维修行业就是"哪里坏了修哪里"，而这样等到设备坏了再去修，不仅影响设备的使用年限，而且会影响生产。为此我们制定了一系列设备保养计划、大修计划、巡视制度，正如古语所言"冰冻三尺非一日之寒"，在设备发生故障之前，对设备进行维护保养，将故障消灭于萌芽之中，降低设备故障率，保障公司正常生产秩序。

我认为企业在满足员工基本需求的同时，要将工匠精神与企业文化切实结合起来，大家在这种文化的熏陶之下，自然而然就会形成一种认真负责，追求完美的工作态度，这也是做好一切工作的出发点。如果一个企业想要发展成为一个明星企业，就需要每一位员工都具备爱岗敬业的工匠精神。工匠精神是对爱岗敬业的完美诠释，对于提升企业自身竞争力，提高企业的效率有着重要的作用。

二、精益求精是新时代工匠精神的基本原则

我们在"干一行，爱一行"的前提条件下，还需要"精一行"。工匠精神的基本原则就是精益求精。精益求精是我们对于工作或者某件事情来说严谨细致，追求极致，尽善尽美的一种态度。在我们身边，有许多人都在自己平凡的岗位上因为其一丝不苟，精益求精的精神而做出不平凡的事迹。俗话说：三百六十行，行行出状元。把平凡的事情做到精益求精就是不平凡。从我国制造业方面来看，大部分都是"差不多精神"，即差不多就行了，只满足于90%，而不是满足于100%，存在大而不强、产品档次整体不高等现象，这多少与工匠精神稀缺，只讲求"差不多精神"有关。

古语云：玉不琢，不成器。而精益求精就是一个精雕细琢的过程，结合现代企业的发展，就是产品不断改进，不断完善，以最高的标准时时刻刻要求自己的一个过程。我们众所周知的

明星企业华为公司，之所以成为领军企业，是因为他们精益的管理，随着行业的不断发展，他们对产品的要求质量也在不断完善，这种通过高标准历练之后的产品，成为众多用户以及国人的骄傲。自己严谨，追求完美的这个过程也正是我们需要学习的匠人精神。

随着现代社会的不断发展，我们企业要如同匠人一样，琢磨自己的产品，精益求精，这样才能经得起市场的考验，行业的推敲。

三、专注是新时代工匠精神的底色

所谓专注，就是内心笃定而着眼于细节的耐心、执着、坚持的精神，这是一切"大国工匠"所必须具备的精神特质。结合历史实践经验来看，工匠精神都意味着一种执着，即一种几十年如一日的坚持与韧性。在我们身边，有些人倾心一件事儿，一干就是一辈子。敦煌研究院原副所长李云鹤就是代表人物之一。已经八十多岁高龄的李老前辈，仍坚守在文物修复保护第一线，六十二载潜心修复，八十六岁耕耘不歇。正是因为这份执着与专注，让我们重新看到历史的光辉，历史的文明得以绚烂重生。在《大国工匠》中提到的火箭"心脏"焊接人高凤林就是用专注和坚守的匠心精神创造了不可能。他在焊接时得紧盯着微小的焊缝，为了避免失误，他练习十分钟不眨眼的功夫，这一干就是35年，他说每次看到生产的发动机把卫星送到太空，就有一种成功后的自豪感。正是这份自豪感，让高凤林一直以来都坚守在这里。35年，130多枚长征系列运载火箭在他焊接的发动机的助推下，成功飞向太空。这个数字，占到我国发射长征系列火箭总数的一半。高凤林向我们完美诠释了一个航天匠人对理想信念的执着追求。不仅是个人需要专注的精神，企业更需要专注的精神，才能在市场上有立足之地。当今社会，企业需要戒除浮躁之气，用执着的态度做好产品，提升产品品质，一旦选定行业，就应一门心思扎根下去，心无旁骛，在一个细分产品上不断积累优势，在各自领域成为"领头羊"。

四、创新是新时代工匠精神的核心

在今天，企业的发展，社会的进步都不能离开创新，只有具备创新能力，企业才能拥有"应万变"的能力。新时代工匠精神的核心是要追求科技创新，技术进步，这样才能适应互联网时代下新的市场发展，新的商业环境，才能推动企业的改革创新。以百度为代表的一批高科技企业就是在竞争环境中不断创新，形成了具有企业特色的竞争力产品，百度的创新首先体现在企业文化上的创新，上司与下属之间可以平等讨论问题，这也让企业有了更多创新的点子，也是更多企业借鉴学习的地方。企业只有不断创新，才能适应时代的发展，我们耳熟能详的柯达公司曾为消费者带来第一部简单的相机，公司市值最高一度达310亿美元，这正是靠创新取得的财富，但是市场是瞬息万变的，一成不变的柯达公司很快就被同行业具有竞争力的新产品占据了市场，不再追求创新的柯达公司最终也只能落寞退场。

优秀的企业会不断创新产品，创新技术，从创新中寻找新的商业机会。如果说企业是国家的经济命脉所在，那么一个以科技创新，技术进步为主体的企业，就是民族振兴的动力源泉。

结束语

顺应时代的发展，就需要企业不断弘扬和发展新时代工匠精神，需要企业培养具有匠人精神的"大国工匠"。对于高新技术产业的发展，更是需要精益求精、专注、具有创造力的精神。从企业再落实到每一个员工自身，这是一个漫长的过程，但是只有时刻都以工匠精神要求自己，我们才能做好产品，创好产品，才能成就明星企业。这也对推动我国从"中国制造"转型到"中国创造"有着重要的意义。新时代工匠精神对于企业改革，市场发展，以及我国经济转型有着重要的现实意义。

【评语】本文阐述了作者对新时代工匠精神的理解。在"鼓励企业开展个性化定制，柔性化生产，培育精益求精的工匠精神"的时代背景下，作者认为工匠精神的前提条件是爱岗敬业，基本原则是精益求精，时代底色是专注，而核心在于创新。如果能将四个表述的层次和逻辑关系进一步区分，相信会使观点更为鲜明。总体而言文章条理清晰，表述流畅，具有一定的深度。稍加以实例论证，血肉会更为丰满。

传承工匠精神，筑就"中国智造"

金羽西[1]

【摘要】"工匠"一词，在古代特指有工艺专长的匠人，即手艺人，像鞋匠、木匠、铁匠等。这些手艺人毕其一生专注于某一领域，并针对这一领域的产品研发或加工过程全身心投入，精益求精、一丝不苟地完成整个工序的每一个环节。现代社会人们对于工匠精神提出更高的要求，并且赋予了其新的时代内涵，包含敬业、精益、专注和创新等方面的内容。制造业是国家的根基所在，各国正将发展制造业上升为国家战略。而工匠精神作为制造业文化的重要组成部分，是其实力的核心。然而作为国家经济命脉的企业，我国的制造业现在存在着诸多隐患。很多企业都追求"投资少，见效快"的理念，而忽略了重要的工匠精神。为此，国家提高了对工匠精神的重视程度，多次公开强调弘扬和培育工匠精神的重要性。于个人而言，不管是科技研究、手工制造、养殖种植，还是行医执教、著书立说，行业千万种，从业者都应至少都应该有一颗基本的"匠心"，以工匠精神引领的一个追求精益求精、创新发展的新时代。

【关键词】中国智造，工匠精神，匠心

一、何为工匠精神

"工匠"一词，在古代特指有工艺专长的匠人，即手艺人，像鞋匠、木匠、铁匠等。这些手艺人毕其一生专注于某一领域，并针对这一领域的产品研发或加工过程全身心投入，精益求精、一丝不苟地完成整个工序的每一个环节。在我国历史上，这些手艺人在饮食、服装、艺术、建筑等工艺制造方面都有着让世界惊叹的智慧与高超技艺。随着现代科技的飞速发展，人们的生产生活方式发生了巨大的改变，他们对物质的追求开始朝向快速化、模式化、标准化的方向发展，在以结果为导向的趋势下，短平快成为人们生活的基本常态，精雕细琢似乎跟不上当下制造业更新换代的节奏，因而一些手艺人、老工匠在我们的日常生活中也慢慢淡出。尽管如此，匠人们具有的精神却始终作为一种优秀的品质，为人们所铭记。

1　作者单位：北京旋极信息技术有限公司第一事业部国际商务部。

很多人认为工匠是一种机械重复的工作者，其实工匠有着更深远的意思。他代表着一个时代的气质，坚定、踏实、精益求精。工匠不一定都能成为企业家。但大多数成功的企业家身上都有这种工匠精神。《诗经》有言："如切如磋，如琢如磨。"一个能够叫得响、传得开、留得住的经典作品，离不开切磋琢磨的细功夫。古往今来，精品无不是厚积薄发、千锤百炼的捷径。工匠精神意味着吃苦的决心、刻苦的努力、艰苦的付出和不苦尽不甘来的赤诚。"凡作传世之文者，必先有可以传世之心。"为什么经典总是被人流连忘返，殊不知世人是在怀念那份做事的匠心和不极致不罢休的赤诚。作为科学城的一员，我们身边又何尝没有这样的例子。他们用静心、细心、耐心日复一日地打磨作品。让人们透过产品看到其蕴含的工匠精神，所守护的文化观念。为什么我们会被这种赤诚深深打动？是被匠人们的那种专注倾心，对细节的执着追求，和对技艺的不断考究而被动容和感染着。所谓的工匠精神不仅呈现了一种工作态度，也体现了一个人的人生态度，它代表着一个民族的优良气质：坚定、踏实、严谨、专注、精益求精。

由此可以看出，工匠精神是建立在对专业技术的本质认识及对时代特征的把握基础之上，能够正确指明专业技术的前进方向，其核心是技术和人文精神，灵魂是对专业技术理想至高的追求，追求技术极致和造福人类。从哲学的角度讲，它是对人类社会的终极关怀和追求人类幸福的价值所在。

二、工匠精神的时代内涵

在现代社会，人们对工匠精神提出更高的要求，并且赋予了其新的时代内涵。当代工匠精神的基本内涵主要包含敬业、精益、专注和创新等方面的内容。

工匠精神首先倡导匠人们要爱岗敬业，对每件产品、每道工序凝神聚力，精益求精、追求极致。在我国古代就有"艺痴者技必良"这一说法，这也是对工匠精神的完美诠释，如《庄子》中记载的游刃有余的"庖丁解牛"，又如《核舟记》中记载的奇巧人王叔远。

工匠精神的另一个重要内涵就是追求突破和革新的创新精神。热衷于创新和发明的工匠们一直都是世界科技进步的重要推动力量。

三、我国当前面临的困局

我们都知道，制造业是国家的根基所在，所谓"无工不强"，没有独立且强大的制造业，经济的繁荣、国家的安全和国际的地位就无法获得保障，信息化也将失去物质基础，成为无源之水，无根之木。制造业成为世界各国参与全球产业分工、争夺产业链、价值链高端的角力场。2008年的那场国际金融危机，使得美、日、德等传统工业强国痛定思痛，开始重新反思制造业在国民经济中的战略作用，力图重振制造业，抢占高端制造市场并不断扩大竞争优势，新兴国家也纷纷把发展制造业上升为国家战略。一时间，美国"再工业化"、德国"工业4.0"、英国"工业2050战略"、欧盟"未来工厂计划"、印度"印度制造"等应接不暇。

而工匠精神作为制造业文化的重要组成部分，对其的繁荣发挥着重要的作用。因此，如果说企业是国家经济命脉之所在，那么科技创新，技术进步即为民族振兴的动力源泉。

随着时代的飞速发展，我国开始从"车马很慢，书信很慢"的时代逐渐步入机械化工业时代，中国式制造业大国正在崛起。特别是改革开放以后，我国制造业粗放型发展模式带来了较长时期的高速增长。借着政策的东风，享受着人口的红利，一些企业尝到了甜头，便开始盲目追求规模效应，摊大求全、率性扩张，还有一些企业习惯了走捷径、赚快钱，产品粗制滥造、山寨抄袭，根本无暇潜心提高质量，专心塑造品牌。与此同时，流水线上的工人们也宛如上了发条的永动机一般，保持着高强度高密度作业，但又很快从一个工厂流向另一工厂，越来越少的人肯花时间和精力去琢磨技术，钻研工艺。于是，精雕细琢、追求完美、耐得住寂寞等工匠精神的精髓要义，在"收入"、"利润"、"效率"、"扩张"等现实面前，被很多人束之高阁、抛诸脑后了。

久而久之，很多产业都存在严重的产能过剩的问题，很多企业核心零部件和核心技术长期依赖进口，没有打造出让顾客信赖的品牌，以致我们的消费者在全球其他地方疯狂地扫空货架。越来越多普普通通的企业老板、打工者开始感受到阵阵的寒意，发现生意不好做了，钱不好赚了，工作不好找了，焦虑在蔓延，中国制造已然走到了攸关未来的十字路口。归根到底，这些困境正是因为缺乏工匠精神所导致的。一个民族没有工匠精神是没有希望的，因为很难将一些事情做到极致，很难去突破，一个品牌同样如此。

四、我国对工匠精神的重视

古语云"玉不琢，不成器"。工匠精神不仅体现了对产品精心打造、精工制作的理念和追求，更是要不断吸收最前沿的技术，创造出新成果。近些年来充斥媒体的"中国智造"、"中国创造"、"中国精造"、工匠精神，如今成为决策层的共识，这显得尤为难得和宝贵。中国制造2025、"互联网+"、创新驱动发展战略等先后进入国家政策体系，为改变我国制造业大而不强的现状提供了强有力的政策支撑，也诠释了我国对工匠精神的重视程度。

五、我们应该怎么办

不管是科技研究、手工制造、养殖种植，还是行医执教、著书立说，行业千万种，从业者至少都应该有一颗基本的"匠心"。这颗匠心，不仅是对规律的尊重，对创造的敬畏，更是一种一丝不苟、追求卓越的精神。养此匠心，则会耐得住寂寞，坐得住冷板凳，下得了苦功夫，生出一种宁静致远、潜心于事的定力。

当然，培育工匠精神非一朝一夕之事，不可能一蹴而就，需要几代人坚持不懈地努力，才能使之融入每一位中国劳动者的血液之中，成为中国制造共通的精神理念。我们期盼中国制造在经历了一段躁动的岁月之后，以工匠精神引领的一个追求精益求精、创新发展的新时代尽早来临。

【评语】作者正面论述了工匠精神的内涵，以及对中国社会的意义所在。文章在宏大的新一轮技术革命的历史场景中，提出了工匠精神的概念，认为它应当是技术与人类精神（追求幸福）的有机结合。技术至善已经成为当代的社会热点问题，作者的思考富有哲理深度。随后在大国工匠的展示中，提出了国际社会科技竞争背景下，中国的出路所在。结尾自然归结到匠心培养，并提出了自己对未来的美好期待。整个文章的笔墨挥洒奔放，在写作思路上跃进得较快。语言充满了真挚的情感，能带动读者思考。如果可以结合更为具体的实例，加以笔墨论述，文章会更为精彩。

屹立不倒的工匠精神

郭　晓[1]

【摘要】工匠精神在高新技术产业与"创新理念"有机结合，在抗击疫情和经济自强的大背景下，有着更为深刻的现实意义。本文结合四方公司的企业文化精髓与实例，从"品质优先"、"问题不过夜"、"创新发展"等方面，讨论高新科技企业中的工匠们所展现的工匠精神及其表现形式，确定新老传承、推陈出新而屹立不倒的工匠精神成为企业文化底蕴，推动企业稳健发展。

【关键词】工匠精神，创新理念，企业文化

在抗击疫情和经济自强的大背景下，研究工匠精神在高新技术产业的表现形式与作用，有着更为深刻的现实意义。而这和四方公司的发展历程也是息息相关的。作为一家高新科技企业，如何在新形势下稳健发展，开拓新局面，如何更好地在企业中发挥工匠精神、"创新理念"，如何将工匠精神、"创新理念"融入企业文化，是不断提升企业管理水平的关键抓手。

"顾客至上，品质优先，以人为本，创新发展"，是四方公司的核心价值观，根植于每个四方人的心中。品质是一个公司产品的基石，只有扎扎实实做好产品，品质优先，才能从竞争激烈的市场中脱颖而出，才能得到用户的认可。"问题不过夜"则体现出对产品质量的态度，有问题以最快的速度解决，当天事当天毕，也是对用户对产品的一种负责。四方公司的使命是让电力更安全、更智能、更高效、更清洁，我们的愿景是成为永葆活力和永远值得信赖的企业。为了完成使命，实现愿景，"问题不过夜"成为每个四方人心中的坚守，这亦是四方工匠精神的传承。

天下大事、必作于细，艰难困苦、玉汝于成，不积跬步无以至千里。成功的背后必然有着艰苦奋斗的经历，不论时间早晚，不论假期与否，"问题不过夜"的工匠精神是我们在为公司前进的道路上增砖添瓦所能坚守的一种态度。一代又一代的四方人通过点点滴滴的努力与坚持，潜移默化地增强公司在用户心目中的信任感。

公司的稳控项目均为定制，策略方案根据电网情况和用户要求千差万别，时间紧、任务重

1　作者单位：北京四方继保自动化股份有限公司。

已成常态。电网运行情况亦是变化无常，让每一次告警或故障在最短的时间内消除就是四方电网控制事业部工匠们的宗旨。为了进一步提高稳控软件出厂质量，事业部成立了稳控测试组，进一步严格把控软件质量。为了保证软件测试质量，测试组成立之初，对稳控的测试用例进行了集中梳理和评审，保证测试的全面、细致，不留盲点；而且对所有的稳控实验装置进行全面整理，提高了搭建测试环境的效率，对稳控产品的出厂质量提供有力的保障。

贵州松桃区域稳控系统，在疫情仍然肆虐的2020年三月，突然收到南网总调客户通知，要求在四月初就进行出厂验收，直接将原计划的时间节点提前了将近一个月，并因疫情原因采用稳控业务史无前例的"云"验收方式。为了保证本次验收工作的顺利进行，稳控测试组和研发紧密配合。稳控研发领导和同事按验收时间倒排工作计划，主研人员在下班时间返回公司，克服疫情带来的困难，挑灯夜战，加班加点地开发程序。如何合理分工并高效地完成验收任务成了重中之重，虽然验收方式发生了变化，但稳控团队始终坚持标准不降、环节不减、程序不少的原则，研发、测试、工程三部一体，同心协力，精心准备，从验收环境的搭建到验收汇报材料的整理，从验收大纲的准备到试验内容的逐条验证，各项工作丝毫不敢懈怠，在验收工作准备期间，测试组和研发人员经常加班到晚上十一二点，坚决贯彻"问题不过夜"精神，每天发现的问题不论多晚都要解决并通过测试，最终顺利地通过了用户验收，并得到了一致好评。

在集成测试阶段还发生了一个小故事。又是一个挑灯夜战的夜晚，编写软件、文档和程序测试同步进行着，测试测出来的问题在修改程序的时间，负责测试的同事可以小憩一会儿，等负责程序开发的同事改好程序，再继续测试。一次负责程序开发的同事修改好程序后，对测试的同事说："先把这版程序下进去，测一下，有一个问题还没想好怎么处理，先测着，我再想想"，不知道什么时候，负责程序开发的同事已经靠在椅子背儿上睡着了，手里的姿势竟然是一个"赞"；同事看见那酷酷的睡姿调侃说："这家伙做梦估计是在夸我们吧！"大约20分钟，开发同事猛地睁开双眼，没有缓冲，直接开始伏案编写代码，过了一会儿又给了测试的同事一版程序，说"都改好了"；后来开发同事说他睡着的时候，做了一个梦，梦到了问题的解决思路。这位可爱同事的举动，体现了他锐意进取的敬业精神，又何尝不是一位"精益求精、追求极致"的工匠呢？

类似场景还有很多，2016年的"卧龙之战"，2017年的"榆横-潍坊1000kV特高压稳控系统"，2018年的"扎鲁特-青州（鲁固）特高压直流稳控系统"等等，还有每一次现场突发问题的支持与解决，24小时在线支持是身边每一位同事所坚持的"问题不过夜"精神，是四方稳控工匠们的职业操守。让每一位用户满意也是我们的唯一宗旨。作为四方稳控工匠，深知稳控系统的重要性，不管外部环境如何变化，都不会有丝毫松懈，一定会严把质量关，努力为电网的安全稳定运行保驾护航。

再来说说"创新理念"。新冠疫情突如其来，给工作和生活带来了不少挑战的同时，也让应对这场疫情的四方人们的工作思路和方法发生了变化。面对疫情，不但要维持好日常工作的尽量正常进行，更要用新思路、新方式去调整工作模式，去共同面对经营上的压力，化危为机。

危机危机，危中有机。没有疫情危机的影响，之前也不会想到原来七八成的会议都可以不见面，公司要求所有员工转为居家办公，用钉钉、腾讯会议等线上办公模式来处理工作任务。经过快速贯彻，钉钉会议、腾讯会议蔚然成风，不单单是公司内各业务单元、部门的工作会议，与用户的技术交流，也转为在线进行，随时预约上线，省却了路途奔波，还节约了差旅费用；项目验收，也改为在线进行了，开视频，投影文档，通过视觉化会议，效率反而有所提高。

工程部的日常工作记录，经过这几年的磨合，有工程服务调度系统ESP作为扎实的基础，在线安排工作任务，提交工单中的异常问题，推动相关技术问题的闭环处理。现在又有了新花样：钉钉群里文件分享，在线编辑，随时随地，便捷透明，改变过去通过邮件来层层分配、编辑文档之后再来汇总的工作模式。

技术手段和管理方法相辅相成，相得益彰。有了这些在线的工作模式，相应也提出了很多新的要求，比如输变电业务单元在疫情最严重的三个月，每天提交居家办公工作任务和成果，统计大家的工时，部门形成周报在业务单元汇报；按照公司健康打卡的要求，每天在钉钉群更新健康状态。新的工作习惯逐渐养成，现在疫情防控已经转为新常态，在线协作的工作习惯也深入人心。

四方的工匠们是耐得住性子的，任凭风云变幻，初心不改，坚守"问题不过夜"的工匠精神，几十年如一日，新老传承，创造出一代又一代优质的产品，只为让电力更安全、更智能、更高效、更清洁。

四方的工匠们又是锐意进取的，乘风破浪，敢为天下先，坚持技术创新，为顾客创造更大价值，因为我们的愿景是成为永葆活力和永远值得信赖的企业。

【评语】作者从本企业在疫情下工作方式转变和研发投入的事例出发，论述了自我对工匠精神的理解。结合本企业文化，将工匠精神的论述融入实务一线，增加了读者的认同感。

同时，在疫情背景下，工作方式的转变使得化危为机，体现出勇于创新的智慧，也收获了生产效率的提高。文章展现了作者对企业和同事的歌颂，充满了自豪感。文字优美，布局得当，文字精练且具有力量。

谈谈工匠精神的几点认识

姚　陈[1]

【摘要】工匠精神，主语虽是精神，来源却是人。人们今天能够感受到的工匠精神，是无数具有这样精神的人，一代又一代传承下来的。工匠精神并不复杂，就是在喧闹的世界能够保持住自己，坚定不移地做好手上的工作，并持续为之努力下去，把平凡的事情做到最好，从而变得不平凡——至臻则不凡。

【关键词】工匠精神，平凡至臻则不凡，传承

一、工匠精神的由来

工匠精神一词，最早出自聂圣哲，他是匠士学位的创始人，他曾说："我不认为一个平庸的博士比一个优秀的木工对社会的贡献更大。"如今中国社会不缺高学历的工人，缺的是敬畏劳动的工匠、匠心、匠魂。

可能是那些"万般皆下品，唯有读书高"，"学而优则仕"的理念，使得中国在高速发展的阶段，大众逐渐功利化，一些需要踏踏实实沉淀的行业逐渐走向了没落。

而就是这时，聂圣哲站出来创立了德胜—鲁班（休宁）木工学校。在第一届学生毕业时，学校授予他们中国匠士学位。木匠被授予匠士学位，不仅仅是给予了木工与其他职业一样的尊重，更是对职业教育的尊重。让真正的工匠能够被世人所看见，让工匠精神犹如星星之火一般可以燎原，能够改变当下中国的社会。

聂圣哲创办的木匠学校有着独特的理念："先育人，再教书"，对其学生有着独特的要求："读平民书，做平民事，过平民的生活"。这些理念与要求的背后透露出工匠精神的本质。

二、工匠精神的本质

工匠精神的本质可总结为"平凡至臻则不凡"。要获得工匠精神，需要经历三个阶段：一是甘心平凡，二是保持初心，三是持之以恒。

1　作者单位：北京四方继保自动化股份有限公司现场服务工程师。

（一）甘心平凡

为什么要甘心平凡，为什么不能够在有着不平凡成就的同时具有工匠精神？因为这是初始阶段。当今社会，大多数人会在取得了一点点的成就后，开始迎合世人，导致许多有才华的人走向平凡。就像破蛹成蝶的过程，有的人可能在破蛹时展露了一些才华，获得人们的欣赏，主动帮助他破了蛹，但这样出来的蝴蝶却是无力的。因为他还不具备靠自己的翅膀飞翔的力量，最终只能在大浪淘沙后泯于众人。

而甘心平凡是懂得隐藏自己，主动远离世俗的诱惑。进化总是痛苦的，没有人能确定自己可以抵抗一切诱惑，那就要在进化开始的时候主动远离诱惑，从而能够静下心来提高自己。

（二）保持初心

保持初心就是始终保持着最初的对事业的热爱。工匠原指手艺人，他们日复一日干着重复的活，如木匠用木头造用具，铁匠打铁、淬火等等。随着时间的流逝，有的人会渐渐感到枯燥，初心渐渐抹平，不再自我提升，只是将工作当作工作，做事仅仅是为了完成任务。做事不再有灵魂，充其量只是一台机器。但如果能够保持初心，能始终沉浸于事业当中，想方设法提高自己，把事业融入生活的方方面面，最终做出来的东西，将会打上自己独有的印记。

（三）持之以恒

有了环境和动力，不可缺少的还有日复一日的练习。例如梅兰芳是一位有名的表演艺术家，但他的先天条件并不是特别优越。梅兰芳年轻的时候，眼睛近视，双眼无神，嗓子也并不响亮，可他凭着对戏剧的喜爱，每天早上6点钟就起来吊嗓子，日复一日。为了锻炼自己的眼神，几个小时目不转睛地盯着一个物体，总是练得泪流不止。为了锻炼眼部肌肉，他用竹竿绑上布条拴住鸽子，眼睛始终盯着鸽子，这样一练就是几十年。他拥有了一双炯炯有神的眼睛，一副好嗓子，最终在戏曲上取得了巨大的成就。

梅兰芳练眼事例很好地诠释了"平凡至臻则不凡"。工匠精神提出后，已经不仅仅局限于工匠，各行各业都应该具有工匠精神。每个行业工匠精神的本质都是"平凡至臻则不凡"。

三、四方的工匠精神

四方以继电保护闻名，在电力行业各领域成就斐然。电力行业需要小心与谨慎，这与工匠的谨小慎微有着相通之处。因此，四方提出了十六字方针，包含着公司的经营宗旨、理念、信条和追求，也是工匠精神在四方的体现。

（一）顾客至上

四方始终将顾客的需求摆在第一位，能够实时精准地了解顾客需求，并相应做出改变。疫情期间，四方能够迅速响应用户需求，克服困难，第一时间为客户提供服务，解决现场问题，体现出顾客至上的宗旨。

（二）品质优先

电力行业极为重视安全，四方对于产品的质量尤为看重，每一个产品都会经历成百上千次模拟实验，经历各种极端条件考验，最终形成可交付的产品。四方的每一种产品都是四方人用工匠精神创造出来的。

（三）以人为本

工匠精神的基础是人，四方非常重视每一位员工的想法。众人拾柴火焰高，对于四方的产品，每一个四方人都能提出自己的观点和建议，只要是对产品有利的，都会被采纳。每一个成熟的产品，都需要更多的工匠对其不断地打磨，而四方对于员工相当重视，使其能够打造出更好的产品。

（四）创新发展

拥有工匠精神的工匠需要将自己的观点与时代的需求相结合。随着时代的飞速发展，四方人也在不断完善自己，不断优化现场处理问题的流程，不断采用新技术解决新老难题。从而让四方的产品始终能够跟随时代的脚步，站在行业前沿满足当下客户的需求。

四、我身边的工匠精神

从学生迈入职场，我最先感受到的不是工匠精神，而是身边具有工匠精神的活生生的例子。

还记得第一次去调试屏柜，我对于一切调试都还是一知半解，调试途中领导问调试得怎么样了，我的回答是："应该没有问题了"，他给我的回复让我记忆犹新。他说："我们调试要做到的不是应该没有问题，是保证没有问题，千里之堤，毁于蚁穴，可能一个小小的疏忽，会引起很大的麻烦，如果在厂内调试阶段出现疏漏，会给现场服务人员带去许多不必要的麻烦，做电力行业最重要的就是小心谨慎。"领导的话让我感触良多，这就是工匠精神的启蒙。正因为这番话，我由只懂理论的学生慢慢转化为职场当中的"工匠"。

【评语】本文以第一人称的视角论述了工匠精神的内涵和在本企业的意义。借用木匠学校的新匠人培养，作者提炼出对工匠精神的理解：甘于平凡、保持初心和持之以恒。以梅兰芳的事例论证工作细节的重要，并呼应了自身在工作中对工匠精神的体验和理解。作者提炼出本企业的工匠精神在于顾客至上、品质优先、以人为本和创新发展。语言流畅，条理清楚，能结合本企业实际。如果能在后半部分增加适当笔墨，展开本企业践行的实际案例，相信文章深度和影响力会大为增加。

在高新技术企业大力弘扬工匠精神

郭世平[1]

【摘要】工匠精神是一种历史传承，进而阐明"爱岗敬业、无私奉献"、"开拓创新、敢为人先"、"精益求精、追求极致"是工匠精神的本质要求。文章结合本人在高新技术企业的实际工作特别是在抗击新冠疫情和加快复工复产新常态下组织员工竭尽全力做好本职工作，持续坚持创新理念和工匠精神，开发并发布了拉卡拉移动金融产品开发框架，并且把工匠精神和企业复盘文化相结合，优化企业研发管理，促进高新技术企业的创新发展。

【关键词】工匠精神，高新技术，企业复盘文化

中华民族拥有五千年灿烂历史文明，自古就有尊崇和弘扬工匠精神的优良传统。敦煌莫高窟、秦皇古道、都江堰、万里长城无一不闪烁着中国劳动者精益求精的工匠精神。党在领导我们进行社会主义现代化建设过程中，始终坚持弘扬工匠精神，高铁、北斗全球导航、嫦娥工程的设计与制造，都是"开拓创新、敢为人先"、"精益求精、追求极致"这种工匠精神的最好诠释。

在抗击新冠疫情和加快复工复产新常态下，中关村科学城作为全国的创新城，要大力弘扬"爱岗敬业、无私奉献"、"开拓创新、敢为人先"、"精益求精、追求极致"的工匠精神。作为中关村科学城的高新技术企业，一定要在企业日常产品研发与业务运营工作中坚决贯彻落实创新理念和工匠精神，为把中关村科学城打造成为全球科技创新中心作出突出贡献。

"爱岗敬业、无私奉献"是工匠精神的本质要求。匠心筑梦，在企业的成功中收获自己的成功。企业是一个平台，每个员工的梦想都寄托于企业这个平台上，每个员工只有爱岗敬业，无私奉献，持续努力，在平凡的工作岗位上做出不平凡的业绩，才能成就平台的成功，也才能收获个人的成功。从疫情严峻到疫情防控常态化过程中，我们每天关注北京新冠肺炎疫情防控例行新闻发布的最新消息，积极按照政府和公司的要求加强疫情防控要求的宣贯和落实，落实办公场所每天的消毒工作，落实每个员工应对疫情防控的方案，做到一人一策，对于居家隔离员工采用远程办公方式，每天进行晨会和下午视频会，及时了解项目开发的进

---

1 作者单位：拉卡拉支付股份有限公司。

度，及时协调解决项目开发过程中遇到的问题，这样既保证了员工的身体健康，员工也可以尽职尽责做好本职工作，保证项目按计划实施，保障企业正常运营。

"开拓创新、敢为人先"是工匠精神的必然要求。新冠疫情成为全人类的公敌，对公共卫生、生命健康构成巨大的威胁和挑战。一方面我们要努力抗击新冠肺炎，保证生命和身体健康，另一方面我们要复工复产，保障企业运营，所以我们要不断创新工作方法，采用远程办公、视频会议等多种创新方式开展工作，进行产品研发与运营。

2019年拉卡拉进入工业互联网4.0阶段，提出多客户端APP战略，开发满足不同场景和市场需求的客户端APP。拉卡拉研发团队在疫情防控的艰难期间开发完善并发布了拉卡拉移动金融产品开发框架，包括移动开发框架、移动测试框架、移动发布框架和移动运营框架。移动开发框架采用移动客户端原生Native+WEEX架构，实现客户端跨平台开发，服务端采用微服务组件化开发，既有利于团队协同开发提高效率，也有利于应用快速部署和业务快速扩展。移动测试框架则集成了接口测试、业务测试、性能测试和客户端APP兼容性测试工具套件，测试方法和工具更加标准化，提高测试效率，做到产品生产上线零缺陷。移动发布框架是进行客户端APP管理和应用发布的。移动运营框架适用于业务运营的通用框架。这样移动金融产品开发框架形成了开发、测试、管理和运营分析的产品闭环。

"宝剑锋从磨砺出，梅花香自苦寒来"，严格自律是一种优秀的品质，在疫情防控从严峻到常态化的过程中，拉卡拉研发团队严格遵守政府关于疫情防控的管控要求，严格自律，做到零感染零密接，同时爱岗敬业，勇于开拓创新，敢为人先。也正是在疫情防控期间，基于移动金融产品框架的产品收款宝MAX客户端顺利通过互金协会组织的第一批移动金融安全报备。根据人民银行《关于发布金融行业标准加强移动金融客户端应用软件安全管理的通知》（银发〔2019〕237号文），不仅提出要加强移动金融APP的监管力度，更是明确了移动金融APP在保险、证券等泛金融行业的安全建设标准，强调要进行实名备案，堪称"史上最严"监管。对收款宝MAX客户端APP在疫情防控期间，拉卡拉研发团队勇于担当，加班加点，积极按照安全监管的要求进行"数据敏感性"、"数据通信"、"数据完整性"等方面进行方案设计与开发改造和测试，终于于2020年2月份通过银行卡检测中心（BCTC）安全检测，3月份通过银行卡检测中心（BCTC）隐私协议检测以及中金国盛的检测，收款宝MAX客户端4月份正式通过成为互金协会移动金融APP第一批报备产品，拉卡拉支付股份有限公司成为通过第一批移动金融安全备案的试点机构。

"开拓创新、敢为人先"也要求永葆持续创新激情。拉卡拉手环是2015年拉卡拉推出的国内第一款支付运动手环，曾冠名"跨界歌王"。新冠疫情发生后，公司积极研发高科技产品助力疫情群防群控和复工复产，依托现有手环研发资源，紧急启动测温手表创新研发项目，用户穿戴手表就可以实时监测自己的体温、运动心率等身体功能。

"精益求精、追求极致"是工匠精神的工作态度。《诗经》中的"如切如磋，如琢如磨"，反映的就是古代工匠在切割、打磨、雕刻玉器时精益求精、反复琢磨、追求极致的工作态度。拉卡拉新产品研发过程就是在工匠精神指引下不断精益求精、追求极致与卓越的过程。

拉卡拉新产品研发自始而终贯穿工匠精神，建立了一套严格的测试与品控流程，新产品只有开发环境、集成环境和UAT环境测试通过后，测试工程师提交测试报告，按照安排进行生产上线验证成功后，才可以进行投产。每次生产上线要进行复盘，及时总结生产上线发现的问题和并提出改进措施。

拉卡拉复盘文化正是这种精益求精、追求极致的工匠精神的体现。拉卡拉复盘方法主要分为4步：第一步，"目标与结果"，检查我们当初设定的目标是什么，到现在我们达成的结果是什么，目标与结果之间的差异是什么；第二步，"情景再现"，回顾过程是怎么走过来的，大致分为几个阶段，每一个阶段都发生了什么；第三步，"得失分析"，分析过程之中哪些方面我们做得好，哪些方面做得不好，具体原因是什么；第四步，"经验总结"，总结经验教训，如果我们再次做同类事情我们会怎么做得更好，避免犯相同的错误，并且归纳出对我们未来工作有指导性的规律、原则、方法论。复盘文化贯穿拉卡拉日常工作始终，每次生产上线后有上线复盘，每个项目结束时有项目复盘，每个月、季度都有月度与季度工作复盘。正是这种精益求精、追求极致的体现工匠精神的复盘文化，使得拉卡拉业绩持续保持增长。

参考文献

［1］李淑玲.工匠精神.北京：企业管理出版社，2016.

【评语】本文开明宗义地指出工匠精神是一种历史传承，进而阐释工匠精神的本质要求在于"爱岗敬业、无私奉献、开拓创新、敢为人先、精益求精、追求极致"。作者分别就上述维度进行了一定论述，继而通过展示本企业技术升级和复盘文化，论述了工匠精神内化为企业文化的实践。文章语言流畅，论述有一定层次；密切结合了自身工作和企业文化，具有一定的现实性。文章体例较为完整，文献上如果能更加充实，则更有益于理论上的深入讨论。本文是较好的一篇工匠精神论文。

弘扬工匠精神，立足岗位做工匠

付佳莹[1]

【摘要】本文主要阐述了何为工匠精神，工匠精神在当今时代的体现，工匠精神与企业发展的关系，弘扬工匠精神的意义，以及企业为什么需要工匠精神。从政府工作报告到党的十九大报告，工匠精神都被写入，说明新时代制造强国崛起，呼唤工匠精神。在企业里，如何在本职岗位中体现工匠精神？我认为，就是要用心做好本职工作，将它做到极致。干一行、爱一行才能专一行。立足岗位，做到因为专注所以专业，进而精益求精弘扬工匠精神立足岗位做工匠。

【关键词】工匠精神，制造业，专注

一、何为工匠精神

想要探究工匠精神不如先从理解工匠开始，传统工匠产生于手工业时期，那时称作匠人。如木匠、铁匠、皮匠等，泛指熟练掌握某项专业技能的手工业劳动者，一般是个体劳动或是规模较小的作坊等，然而伴随着机器大工业的发展，手工业的逐渐衰落，产品在生产线上的规模化生产，传统工匠便越来越少，渐渐地淡出了人们视野，工匠逐渐演变为可以熟练工作并有一技之长的技术工人。近几年来工匠精神这个词频繁出现于大家的视野中，提起工匠精神大家会想到什么呢？究竟什么又是工匠精神呢？工匠精神，英文是Craftsman's spirit，从本质来讲是一种职业精神，它是职业道德、职业能力、职业品质的体现，是从业者的一种职业价值取向和行为表现。工匠精神简而概之就是指爱岗敬业，精益求精，追求完美的精神理念。

二、工匠精神在当今时代的体现

现在科技时代的飞速发展，有人认为在工业化的今天已经不需要工匠了，不得不承认，高速发展的互联网时代机械化和自动化确实是取代了很多传统工匠，但是这些并不代表工匠

1　作者单位：北京旋极信息技术股份有限公司。

的消失，仍然有许多工作是机器无法取代的。很多人可能觉得工匠精神已经离我们远去，其实不然，工匠精神作为精神传承，是一种优秀的职业道德和行为表现，工匠爱岗敬业的职业操守，专注执着的工作态度，心无旁骛的精神境界和精益求精的职业追求，与当代的时代发展是契合的，具有鲜明的时代价值和社会意义。

当传统工艺遇上新技术，传承与创新相互碰撞又相互融合，这或许可以称之为"新工匠精神"。从古至今，中国从不缺少工匠精神。中国曾是世界上最大的原创之国、匠品出口国、匠人之国！不谦虚地讲，中国匠人造就了一部匠品辉煌史。今天的中国，不仅能在高尖端科技实现领先，华为、格力、海尔等中国企业也在其领域内位于世界前沿。Made In China的标签随处可见。这些成就的取得，同样是现代国人专注走心、追求极致工匠精神的体现。

三、工匠精神与企业发展的关系

很多人认为工匠精神意味着机械重复的工作模式，其实工匠精神更大意义上代表着一个工作态度，是否耐心，专注，严谨，一丝不苟，精益求精等。大多数成功的企业家身上或多或少都会有这种工匠精神。

工匠精神的核心内容其实就是企业自上而下，由里及外地对工作、对产品和服务追求精益求精、完美的精神。对于企业员工来说只要爱岗敬业，精益求精地做好自己的本职工作，都有可能成为"工匠"，尽自己最大努力去干好当下的工作，奉献着自己的光和热，和公司共同发展进步，这种兢兢业业的精神何尝不是我们所追求的工匠精神。

只有企业领导与员工之间都拥有工匠精神，形成一种思想上的统一，每个人都恪守职责、传承工匠精神才能够让企业更加蓬勃发展；只有员工人人具有爱岗敬业的精神，在工作的同时享受工作带来的快乐，做到干一行爱一行且敬业乐业，在自己的岗位不放松，才可以创造工作价值。有的人一生做了很多事儿却都一事无成，有的人一生只专心做一件事，却成为行业不可或缺的人才。所以应当培养员工专注的意识，因为专注才能专业。我们也可以从瑞士制表匠的例子中看出，工匠精神与企业发展的关系。瑞士制表商对制作过程中的每一个零件、每一道工序、每一块手表都精心打磨、专心雕琢、他们用心制造产品的态度就是工匠精神的思维和理念。在工匠们的眼里，只有对质量精益求精、对制造一丝不苟、对完美孜孜追求，才能成就好的产品。正是凭着这种凝神专一的工匠精神，瑞士手表得以誉满天下、畅销世界、成为经典。

但专注并不是要我们因循守旧，拘泥一格，而是要求我们不断地提升自己的职业素养，大胆突破，追求创新和探索。勤于动脑，积极思考，才可以为企业创造更多的价值。

四、弘扬工匠精神的意义

提起工匠精神不得不说一下工匠们传承下来的锲而不舍、坚韧不拔的工作态度。俗话说细节决定成败,工匠们为了追求作品的完美和极致,不惜花费大量的时间和精力,用孜孜不倦的态度反复改进产品,即使作品的质量达到了99%也不满足,这不正是企业员工所需要的工作态度吗?尤其是军工企业的科研人员,要研制出新的科研产品,更要有百折不挠的精神,持之以恒、反复试验的工作态度和决心。所以传承并弘扬工匠精神,打造精益求精的团队,是企业不断进发展步的方向。

一个真正的工匠,在创作产品的过程中,在自己专业的领域上,是不停地追求进步的。在工作中对自我要求不断完善,不断改进,工匠们更多的是要有耐心、专注于自己的工作。对于企业员工亦是如此,无论是基层岗位还是企业高管人员都要拥有工匠精神,在自己的岗位上精益求精,保持严谨的工作作风和一丝不苟的工作态度。员工如果只是做到日常工作的工作熟练无误,那仅仅是"工",而不能称之为"匠",精益求精才可以称为"工匠"。想要成为"工匠",最重要的就是要做到爱岗敬业,把自己最大的热情投入到工作当中,在工作中实现自己的人生价值,不断学习,不断进步。只有热爱本职工作并保持耐心、细心和决心,才能保证自己在岗位上无差池无延误,才能进而做到精益求精、精雕细琢、追求完美,所谓的工匠精神,不是一朝一夕的慷慨激情,而是长年累月的坚守。在平凡的岗位上,始终保持初心,心无旁骛,锲而不舍,这才是真正的工匠精神。

五、企业为什么需要工匠精神

工匠精神就是专注敬业,一丝不苟,精益求精,追求完美。但凡有工匠精神支撑的企业与产品,大多数都是有美誉度的,提到优质制造,人们首先想到的就是瑞士、德国、日本等发达国家的制造业,以及这些国家里控制误差不超毫秒的钟表匠,仅拧各种螺丝就要学习几个月的工人,和那些捏寿司都要捏成极致艺术品的手艺人。经这些工匠之手制造出来的产品,也无一例外地打上了隐形的高品质标签。

热播的《大国工匠》纪录片讲述了8个工匠"8双劳动的手"所缔造的神话。其中一位是给火箭焊"心脏"的高凤林,今年五十多岁,是中国航天科技集团公司第一研究院211厂发动机车间班组长,30多年来,他几乎每天都在做着同样一件事,就是为火箭焊"心脏"——发动机喷管焊接。有的实验,需要在高温下持续操作,焊件表面温度达几百摄氏度,高凤林却咬牙坚持,双手被烤得鼓起一串串水疱。他每天晚上离开厂房时,都要回眸看看,不只是担心安全，更多的是在欣赏，就像艺术家对待艺术品一样。

还有一位工匠大师胡双钱，最契合他的品质特征便是工匠精神："专注"、"耐心"，"精益求精"。一坚持便是37年，这些词语在他身上体现得淋漓尽致。至今，他都是一名工人身份的老师傅，但这并不妨碍他成为制造中国大飞机团队里必不可缺的一分子。他创造了零件百分之百合格的惊人纪录。在中国新一代大飞机C919的首架样机上，有很多胡老亲手打磨出来的"前无古人"的全新零部件。

"专注"、"耐心""精益求精"是我们要向胡双钱前辈学习的工作态度。在胡双钱前辈37年的工作生涯中，组装过数十万个飞机零件。平日工作中，如此机械化的工作却不厌其烦，坚持数十年如一日，在接受紧急任务的时候，迎难而上，测量、计算、打孔等工作如同往常一样进行，这种专注耐心的态度不正是我们工作中需要的吗？胡双钱前辈将自己的工作做得如此细致，不出一丝一毫的差错，因为失之毫厘便会差以千里。我们的工作也是一样的，不管在什么岗位，是复杂还是简单，都要做到尽我们最大的努力去完成，即使在平凡的岗位上也要干好每一件小事、琐事，当好一颗螺丝钉，也是一种平凡的价值，在平凡的岗位实现自我，为企业创造价值。

六、弘扬工匠精神，平凡的岗位上实现自我

在当今时代的我们更需要传承并弘扬工匠精神，无论做什么事都需要专注与认真，无论做什么工作都要做到爱岗敬业，精益求精，在平凡的岗位上实现自我，创造价值。工匠精神 是一种可贵的职业精神，它不仅是对劳动、知识和创造的敬畏，更是对人品的极大考验。老子曰，"天下大事，必作于细"，作为大千世界无数平凡人中的你我，也应弘扬和践行工匠精神，尊重所待之人和物，耐心细致地对待每件所行之事，把"匠心"融入每一个工作环节，做到弘扬工匠精神，立足岗位做工匠，为企业创造价值，为国家贡献力量。

【评语】本文是从平凡劳动者的自我出发，论述了工匠精神的由来、意义、与企业发展的关系等。作者在论述逻辑上稍有跳跃反复。以大国工匠故事为例，论述了自己对工匠精神的现代理解。认为我国制造业既不能妄自菲薄，又要继往开来，将工匠精神贯彻到制造发展的新局面中。特别是作者从自身的视角，联系到工作实际，将工匠将神作为职业精神、企业工作态度的论述，表达了自己在未来工作中的决心。如能调整文章构局，并增加企业内工匠精神的实例论证，可能会更增添文章的层次和深度。

关于发扬工匠精神的几点认识

马连宇[1]

【摘要】在理解什么是工匠，工匠精神的实质是什么的基础上，进一步论述工匠精神在国家各行各业所发挥的作用，工业上列举本公司的实例阐述工匠精神在企业发挥的重大作用；农业上使用身边的事例加以说明；文教、卫生方面结合当今全民抗疫的情况加以论述。进一步体会工匠精神在人们日常生活中所起到的作用，认为工匠精神就是对待工作精益求精一丝不苟，不断提高业务素养，提升职业操守。最后明确回答，工作中为什么要有工匠精神？工匠精神在各个领域发挥怎样的作用？号召全民都要发扬工匠精神，舍己奉公，无私奉献的精神把事情办好。

【关键词】工匠精神的作用，职业操守，业务素养，无私奉献

发扬工匠精神，做好本职工作，促进企事业发展，是当前所有领域的一个奋斗目标。作为北京亚细亚智业科技有限公司工会会员，我们时刻铭记："不忘初心，牢记使命"，如何在工作中充分发挥工匠精神，这是我们会员必须认真思考的问题。

一、理解工匠精神的实质，不断提升自己的职业操守

（一）工匠的界定

什么是"工匠"？提起工匠，人们自然而然地会联想到"三百六十行，行行出状元"这句话，也会想到它是所有踏实工作，精益求精，一丝不苟的人的代名词。追溯二十世纪五六十年代，我们会发现盖房建楼的是泥瓦匠，制作各种木制家具等各类木制器材的是木匠，雕刻各类精美艺术品的是雕塑匠，使用各类植物茎叶去编织各种手工制品、艺术品的叫篾匠，还有花匠、画匠等等，他们统称为"工匠"。总之，这类人在我们的生活中充分发挥着不可估量的作用，为我们的百姓生活作出了巨大的贡献。但现在，伴随时代的变迁，人们对"工匠"一词又有了新的认识：但凡涉及各个工作岗位工作的人们，只要他在自己的工作中具备高超的本领，严谨求实的工作作风，注重细节求完美不惜花费大气力而孜孜不倦努力

1　作者单位：北京亚细亚智业科技有限公司。

的人们都统称为"工匠"。

（二）工匠精神的意义

现在工作的人们，为什么要有工匠精神？伴随着科学技术的不断发展和进步，人们在工作中存在着心浮气躁、惰性较强，不思创新，工作总想走捷径，追求"短、平、快"获取即时带来的利益，没有从长远的利益做打算，对制造产品的品质灵魂熟视无睹。只有每一位工作人员发挥工匠精神，才能在长期的竞争中体现自己的真正价值。

例如我们亚细亚智业科技有限公司火星高科是中国数据存储灾备领域知名的软件开发商和设备制造商，也是数据安全领域重要的国产解决方案提供商。火星高科始终专注于自有存储软硬件产品的研发和推广。2002年企业创立之初，首先打造了以"火星Mars"为品牌的系列软件，以数据备份和存储迁移两大软件系列为主导产品，获得了在国内存储软件技术领域绝对领先的市场地位。2009年起，公司开始着手打造以"火星舱"为品牌的系列硬件设备，相继研发出"火星舱数据保护系统"和"火星舱智能存储系统"等设备。技术上，火星高科始终坚持软件基础架构与功能模块"松耦合"的设计理念，保持了软件与硬件平台的良好适应性，为应用定义存储和硬件平台灵活选型打下了坚实基础。

目前，火星舱已取得12项发明专利和50余项软件著作权，产品用户遍及政府、航天、军工、金融、教育、制造、科研、医疗、能源、交通等数十个领域。这一切一切的工作，都来自于上百名"工匠"不懈的努力。记得在2019年春，由于某个环节工作人员工作的不细心，造成了连环性的数据、操作失误，一夜之间大家半年努力可能毁于一旦，而且还可能造成几十个亿的资金损失。发现漏洞后，员工衣不解带，吃住在公司，奋战一周。细心从源头查找，重新研究每一步，最后终于找到了漏洞，弥补了不足。同时，通过这次补救措施，还使本项目得到了进一步的完善，使公司转危为安。

二、提高工匠的职业素养是弘扬工匠精神的前提

作为工匠，必须要有过硬的基本功，对待工作精益求精、一丝不苟；有吃苦耐劳的精神，有不断学习不断进步的思想理念，不断更新观念，不墨守成规，用自己的所学大胆创新，永不言败——这就是我们的工匠精神。

疫情期间，各行各业的工匠们，正在不断努力，为祖国建设事业发光发热。每个企业都有自己的研发项目团队，他们都在自己的岗位上刻苦钻研。上至党中央，下至老百姓并肩携手抗击病毒，以钟南山为首的科学家团队，夜以继日奋战在抗击病毒的第一线。没有他们就没有举国上下科学部署。隔离、封闭、杜绝传染和治疗，每一个步骤都是那样的井然有序，

十四亿人口的大国全民遵守疫情要求，这就是工匠精神。

大批的医护工匠奔赴抗疫第一线，奔赴这没有硝烟的战场，他们舍身往死救国救民体现了医护工匠舍小家顾大家的工匠精神。党中央一项项英明决策，无一不体现这些高级工匠们的爱民、惠民、亲民，一心为百姓着想。相较于其他国家有了鲜明的对比。疫情导致世界经济下滑，停工停产，但在中国为什么各行各业会如此之快地复工复产，这就是工匠精神应对疫情的成效。

在农业建设中，许许多多神农工匠科学选种、科学育苗、科学选地、科学养护，每一步都挥洒神农工匠的心血和汗水是党的惠民政策，让农民能够安居乐业，是神农工匠为农民铺就了致富的道路。

我认识的一位普普通通的农民，他一生热衷于绿色水稻的种植研究。在研究过程中，选择优质水稻品种，采用古法方式种植生产出安全优质稻米。他研究的水稻本叫鳅田稻花香——学名叫哈粳稻6号香米。顾名思义，在种植水稻的同时，在稻田里饲养泥鳅鱼，以泥鳅翻土养田，实施天然肥料再加上精心的田间管理，寒地黑土绝佳的原生态自然生长环境和气候条件，使哈粳稻6号在漫长的生长周期中汲取了充足的营养、阳光、雨露，成熟后稻田自然晾晒，采用原始的加工工艺，无须抛光和任何添加剂，最大限度保留了稻米的营养成分。所产稻米味美香甜，是一般大米无法企及的。同时他把握时机，参加各种交易会，把他的水稻、大米远销各个省市，均收到一致好评。在此之前，他带领本村村民研究西瓜种植栽培，不断学习，参加各类的培训，用自己所学指导农业生产，收到良好效果，给家庭带来了可观的经济效益。一位普通农民，没有过高的学历，没有过多的证书，就凭自己的实践经验，带动大家科学致富，为美丽乡村建设平添了浓墨重彩的一笔。工匠精神是国家工业经济腾飞的产物，对农业生产也同样起着不可估量的作用。

教师也是工匠，他们为了培育学生，付出了艰辛。他们为人师表，率先垂范，严格执行党的教育方针。在党的指引下孜孜不倦地钻研业务，全面提高业务素养，以适应新课程教育改革。他们研究课本、研究学生、研究国内外先进的教育方法，结合本校特点对学生全面实施素质教育，取得了良好的效果。特别是疫情下的学校，涉及千家万户，老师们改变了教学模式，采取网络授课、网络辅导、网络作业、网络测评，把家长、学校、教师、学生四体融为一体，充分体现了当代教师接受新事物能力的迅捷和他们背后所付出的艰辛。

所以说：真正的工匠，在他们自己的专业领域他们永远都不会停滞不前，永远都会追求进步、追求完美，无论你是做什么工作，在哪一个岗位，只要你怀有一颗工匠的心，对自己分管的工作不忘初心，牢记使命，精雕细琢，精益求精，同时要大胆创新，不断改革，有了工匠精神，你使用的材料、手段、各种过程设计都会不断完善，达到尽善尽美，你将不负"工匠"这一美誉。

三、工匠精神是舍己奉公，无私奉献的精神

一个国家、一座城市的发展，总是浸透了奋斗者的心血和汗水。奉献者伟大，劳动者光荣，敬业者可敬，这些道理在时间长河里成为亘古不变的传说。在这经济腾飞，物欲横流的年代，古老的"中国制造"产品正在悄然向"中国智造"的变革上迈进，我们所有人要研究工匠精神这一新的课题，让工匠精神为中国这条巨龙的腾飞，奠定坚实的基础。

有许许多多的工匠们在不同的岗位默默地奉献着。有人认为工匠的工作机械重复，单调乏味，智商高情商低，其实这是偏见，不是所有的工匠一定都能成为企业家、雕刻家、种田专家、养蜂专家——但大多数成功者身上都有这种工匠精神。比如"大国工匠"胡双钱，在自己的行业干了三十五年，"在车间里，他从不挑活，什么活都干，通过完成各种各样的急件、难件，他的技术能力也在慢慢积累和提高"；张孝超同志秉持工匠精神，全力攻坚克难，工作三十九个春秋，从入行时的迷茫，到长期的坚持，再到如今的热爱，他把病患和职工的疾苦，丝丝缕缕，都装进心里。成为百姓的贴心人。这样的事例还有许许多多，但有的时候也不乏反面的议论，如：在前一段聊天中就遇到了这样的问题，有人说："企业福利待遇上不去永远别指望啥工匠精神，现实这样谈什么大国工匠？再过几年人都招不到了。我们这边制造业，以前小伙子特多，还要学历要求啥的。现在找不到人了，老头子都要。我就是做机械加工这块的，工匠精神是体现在社会福利待遇地位的基础上，基础都不行还咋谈工匠精神！就拿挖掘机来说，中国的挖机只能用几年，国外淘汰的二手还能用好多年，这就是技术上的差距，不讲究工艺、不讲究板材和质量，只讲究产量跟数量，说白了就是依葫芦画瓢，最关键的核心部件都得进口"。

工匠精神的践行者张为功的先进事迹有力地回击了这一说法。他工作三十余年，摒弃浮躁、宁静致远。淡泊名利，不被室外喧嚣所吸引；不被灯红酒绿诱惑，坚守自己的"初心"。所以，工匠精神是舍己奉公，无私奉献的精神的统一体。

总之，工匠精神要求我们：夯实基础，勇于拼搏，不断进取，踏实前行。

【评语】本文从工业、农业、教育等领域举例，援引了大国工匠的感人事例，论述了工匠精神对航天工业发展的重要意义，提出工匠精神对我国建立中国智造品牌的重大意义。论述条理清晰，事例援引得当，如能结合自身企业具体案例则更具说服力。

智能制造时代如何发挥工匠精神
——以瑞萨半导体（北京）有限公司为例

王燕君[1]

【摘要】 随着工业4.0的提出，智能制造已经成为经济新脊梁，更是实现高端领域跨越式发展的新引擎。当前，兴起的新一轮科技革命和产业变革与我国加快转变经济发展方式形成了历史性交汇，国际产业布局正在重塑。文章在工业4.0战略背景下，以瑞萨半导体（北京）有限公司为例，说明在智能制造的探索研究中工匠精神的内涵，以及在此基础上阐明工匠精神在企业发展中的意义。

【关键词】 精益求精，求实创新，工业4.0，智能制造

我国目前的经济结构转型与新一轮产业变革形成了一个历史性的交汇点，产业布局正在重塑，全球主要经济体纷纷将制造业作为经济振兴的头等大事。在经济新常态的大背景下，智能制造即工业4.0时代正向我们迈来。无论是美国先进制造伙伴计划、德国工业4.0战略，还是欧盟的"2020增长战略"，我们均看到发达国家制造业发展战略，都将智能制造作为变革的重要方向。

2015年5月19日，国务院正式印发《中国制造2025》。战略规划坚持"创新驱动、质量为先、绿色发展、结构优化、人才为本"等方针。"中国制造2025"是一个复杂的系统工程，方针强调了对人才的培养。2016年3月5日，李克强总理在政府工作报告中提到要鼓励企业开展个性化定制、柔性化生产，培育精益求精的工匠精神，增品种、提品质、创品牌。瑞萨半导体（北京）有限公司作为传统集成电路制造工厂，为了实现制造工厂的转型升级，实现智能制造的远大目标，工匠精神更需贯穿始终。

一、工匠精神

（一）工匠精神的概念

工匠精神是一个多层次的概念，首先在组织层面工匠精神能够成为一种组织文化和行

1　作者单位：瑞萨半导体（北京）有限公司。

为惯例来影响组织发展的方方面面；其次，工匠精神是一种职业价值观，爱岗敬业、精益求精、求实创新、专注律己等，都是工匠精神的基本内容。

（二）工匠精神的发展

工匠精神的出现是在专业化分工以后。每个人把自己的环节做好，他就能够在整个社会的合作生产体系里面胜出。工业革命后，个体化的生产方式被现代化、工业化和标准化的生产所替代并逐渐消亡。但是随着我们个人生活水平的提高，每个人对个性化、品质化又有了新的需求。在新的时代，工匠精神的含义已经摆脱了微观个体匠心独运的局限，上升为宏观集体意义上的新时代工匠精神。这样的工匠精神是一种无私奉献的家国精神，是一种团结攻关的集体精神，是一种脚踏实地的实干精神。

二、智能工厂

（一）工业4.0是什么

工业4.0被认为是第四次工业革命，旨在通过信息通信技术和网络空间虚拟系统——信息物理系统（Cyber-Physical System）相结合的手段，将制造业向智能化转型。

（二）智能制造能干什么

通过传感器、RFID（电子标签）等物联网标识，使得生产设备与产品之间可以自动通信，将智能工厂（物理领域）的生产数据都采集汇总到信息系统（信息领域）之中。然后，利用信息技术进行制造虚拟，直接得出与生产车间完全一致的精度极高的数据信息，实现智能制造。

三、瑞萨智能制造探索研究中工匠精神的作用及意义

工匠精神在企业发展过程中具有重大作用和意义，可以说企业是锻造工匠精神的大熔炉。

首先，在企业内部通过组织层面加强员工工作热情培养员工的工匠精神，通过邀请专业人员举办业务相关主题的讲座或者企业内部开办以工匠精神为主题的交流会，对员工树立工匠意识，培养员工踏实肯干的工作态度，鼓励员工在自己的工作上精益求精、勇于创新是有极大帮助的。员工也可以通过更多的学习意识到新的制造时代也意味着巨大的挑战，在这个时期必须端正态度，严阵以待，踏实肯干，以追求极致的精神努力创新。

其次，通过智能制造的探索研究，深刻体会到工业4.0背景下的制造业对信息技术能力等复合型人才的需求极高。今后企业应该采取措施鼓励员工多学习专业以外的知识，拓宽自己的知识面。员工也应该主动涉猎专业以外的知识，多了解行业内的前沿信息，学习相关技

能，提高自身的竞争能力。

再次，企业在工作中强调员工的实践能力，因此制造业人才应该致力于提高自己在新的制造系统中的实践能力，员工也应该注重实践经验的积累。尤其是在新的制造系统中，生产与设备的界限将逐渐模糊，制造业人才不仅要精通设备运行原理，还要熟悉生产组织，当生产出现问题的时候，能够及时找到问题源并解决，这样的综合实践能力是需要在专业素质的基础上加上大量的实践经验才能成就，总结经验从而进一步提高自己的管理能力。

在知识经济时代，现代制造是智能型的，因而现代产品制造者必须不断接受教育，有文化、有知识、有智慧，不能单凭经验，精益求精的工匠精神必须要赋予科学知识的内涵。

结　论

工业4.0的实现必不可少工匠精神。继2016年政府工作报告第一次提出要"培育精益求精的工匠精神"后，2017年的政府工作报告中再提工匠精神："质量之魂，存于匠心。"只有大力弘扬工匠精神，厚植工匠文化，恪尽职守，崇尚精益求精，才能实现企业的产业升级，才能实现从制造大国到制造强国的跨越。

参考文献

［1］徐长山，陈辉：《工匠精神哲学论纲》，载《河北经贸大学学报》第20卷第2期。

［2］李超，李尽法：《工业4.0 时期制造业人才发展模式分析》1006-4311（2016）31-0068-04·68·DOI：10.14018/j.cnki.cn13-1085/n.2016.31.026。

【评语】本文是一篇论述工匠精神的佳作。作者结合本企业实际，论述了工匠精神的企业战略和企业文化中，如何切实组织本企业职工在工匠精神培育中的作为。结合中国工业4.0的宏伟蓝图，从智能制造对实际工作和劳动者新人才的需求角度，图文并茂地论述了本企业的有益实践和未来的展望，具有相当积极的现实意义。行文流畅，逻辑清晰，论述层层递进，是有血有肉的论述。

散文篇

一项事业，一种信仰

刘汉雄　曹顺风　刘　浩　张　南[1]

谈起工匠精神，大家可能想到的是袁隆平、邓稼先这些在各领域取得了很高成就的科学家，或者是历史上我们所悉知的能工巧匠。其实，随着时代的发展，工匠精神不仅拘泥于传统制造业，可以存在于"慈悲济世人"的医者，也可以是"汗滴禾下土"的农民；可以是"视死忽如归"的战士，也可以是"春蚕到死丝方尽"的老师。我们推崇工匠精神，意在发扬踏实认真、逢山开路、遇水架桥、刻苦钻研的精神，就像《士兵突击》里许三多说的"好好活就是有意义，有意义就是好好活"，认准一件事，把它做到极致，我想这就是工匠精神吧。工匠精神不仅存在于历史中，在书本里，更应该体现在我们生活中，注入血脉里。

2020年，我们经历了世界性的灾难—新型冠状病毒肺炎。这是一场特殊的灾难，这是生与死的考验。在大家都畏惧这种病毒，响应国家号召全民居家时，有那么一部分人，他们逆行而上。最开始被我们悉知的人物，便是钟南山院士。钟南山院士，一位耄耋老人，曾在17年前击退了肆虐的非典，如今国难当头，他肩负着全民族的希望，与病毒赛跑，与生命赛跑。

依稀记得在电视上看到，这样一位年龄高达74岁的老人，挺身而出的样子。在经历了数小时的车程后，第一时间加入到抗疫工作中去，不眠不休。他说"把最危重的病人送到我这里来"，此时此刻，他不仅仅是一名普通的医者，他是全国人民的定心剂，自己扛下所有的压力，把信心带给全国人民。是他数十年对医学的钻研、学习、创新，带领着更多的医学工作者，同全国人民一同抗击这场疫情。虽然目前依然没有完全消灭，但是我们坚信，有这样的医疗团队，战胜疫情，指日可待。不仅仅是钟南山院士，还有更多不为人知的工作人员，他们有医护工作者，有警察、消防员，有志愿者，有快递员、外卖员，他们都为这场疫情默默地奉献着自己的一份力量。何为工匠精神，我想这就是我们中国需要的工匠精神，是我们当代人要以之为楷模学习的工匠精神。

在2019年10月国庆节，有一部新上映的电影《我和我的祖国》。我当时观看了这部电影，其中有一个人物我印象非常深刻，他就是黄渤饰演的一位名叫林志远的工程师。开国大典前

1　作者单位：北京四方继保工程技术有限公司保定分公司。

夜，他徒手爬上22米高的旗杆排除隐患的画面成为影片第一处让人热泪盈眶的情节。而同事鼓励他的台词"一直向上就不会害怕了"，更迅速成为励志金句，被广泛传播。在剧中，他通过自己的智慧、坚韧和不畏艰险，在最后时刻完成了对国旗杆的设计，保证了国旗在开国大典当天顺利升起。电影结束之后，我搜索了林志远这个人物，才对他和这个故事有了更深刻的了解。林志远的祖上是广东人，他的父亲是铁路工程师，一直跟着施工队全国各地跑。他也得益于父亲出身铁路，从而才能求学于理工科出类拔萃的天津扶轮中学，后来考上了天津大学的土木工程专业。毕业后，他一直从事交通工程设计工作。不出意外的话，他的一生将毫无波折。没料到开国大典前夕，36岁的林志远接到了设计国旗杆的任务。电影中的剧情和历史还是有部分出入。电影里只讲述了林志远设计了自动升降装置，其实整个旗杆都是他设计并制造的。起先，旗杆要求高度与天安门城楼一样，需要35米。放在现如今，这是一件很简单的事情，可是当时全国百废待兴，工业几乎没有，整个北京城都找不到一根满足旗杆要求的钢管，最后只找到了4根口径不一、长短不同的钢管，加起来长度也只有22.5米。虽然钢管长度没有满足预定要求，但是由于特殊的环境问题，还是通过了审议。长度问题解决了，剩下的就需要把四根钢管焊接到一起了。至于后面的焊接，就像电影描述的那样，他周围没有一个懂焊接技术的人。于是他亲自上阵把四根钢管接到了一起。而经历了波折、充满故事的旗杆也经历住了许多年的风雨，42年后才被更换下来存放在中国国家历史博物馆中。除了设计国旗杆的故事，林志远还参加了北京西直门立交桥、地铁、成渝铁路等国家重要工程的建设。

尽管条件艰苦，老一辈科学家并没有畏惧艰难险阻，喊苦叫累，真正做到了逢山开路、遇水搭桥，没有条件创造条件也要完成任务，他们的传奇正是这种专一精神，这种对工作的点点滴滴钻研积累，才汇聚成灿烂的历程，给我们这一代人建立了先进科技的社会、工作、科研环境。

当然对于一身布衣的我们，并不应面对巨人望而却步，而是要站在巨人的肩膀上，传承其精神，实现自身价值和社会价值。也许，在生活中很多人会认为工匠就是个一直重复工作的工作者，甚至会认为工匠就是做苦力的，工作辛苦，赚的钱还少。那就大错特错了。工匠是支撑国家制造的基石，他们的精神，在平凡的身躯内散发着万丈光芒，照亮自己的人生路和社会、国家的复兴路。

就像在新中国成立初期，我国实行的"按劳分配"和"八级工资制"，八级工在那个年代也是一群有着明星效益的群体，对于建国初期国家工业化大潮中涌现出一大批产业工人们来说，成为"八级工"就是人生目标，因为"八级工"是技艺精湛、精工细作的顶尖工匠的代名词。那个时代的"八级工"，是一群不平凡的劳动者，他们用自己灵巧的双手，匠心筑梦、默默坚守，为了国家的建设刻苦上进，在平凡的岗位上，追求职业技能的完美和极致，对新时代的工匠们起一些引路的作用。

有人说，人生有两个证书，看似平凡无奇，其实要想拿到并不容易。一个是大学毕业证书，从小学顺利地读到大学毕业需要19年；第二个便是八级证书了，没有几十年努力是拿不下来的，因为这需要工匠沉下心、俯下身，看似简单，却着实不易。一段"八级锻工"工人的采访给我留下了深刻印象，他回忆说自己从1953年进厂到1990年6月退休，始终在锻造工作岗位上，一干便是整整37年。37年来，从一个普通工人，一级、二级、三级……最终成长为一个八级工老师傅。那时的工人都会把八级锻工作为奋斗目标，因为那是一级一级榔头敲出来、慢慢升上去的。我们需要的是把每一个产品用心做好、做标准。加上勤学苦练，逐步掌握操作技能。

这就是工匠——精雕细琢之人，拥有着一颗细腻而质朴的心，两只粗糙而勤劳的手。他们只靠着这神奇却又普通的心与手，把有价值的事坚持下去，并且把每一个细节都做得极其精致，就算最挑剔的人也找不出一点瑕疵来。这种攻坚克难的辛苦与收获成果的甘甜，只有用心做一件事的人才能真正地感受到。

历史车轮滚滚向前，时至今日，建设制造大国、提倡工匠精神，已成为全社会的共识。我相信，不论时代巨轮如何地风驰电掣，对技术的追求和对技术工人的尊重，是一个社会永恒的主旋律。在今天呼唤大国工匠的时代背景下，"八级工"身上那种兢兢业业、精益求精的精神更应该历久弥新，重谱新时代技术工人的新辉煌。

高尔基说："我知道什么是劳动：劳动是世界上一切欢乐和一切美好事情的源泉。我们世界上最美好的东西，都是由劳动、由人们勤劳的手创造出来的。"

我羡慕工匠，也想成为一名工匠，因为能用一生的代价做好一件事，是多么纯粹的伟大啊！

【评语】本文是一篇较好的工匠精神散文。作者从疫情下奋斗在一线的医务工作者出发，回顾了这段特殊的历史时期下，医务工作者的工匠精神的践行实际。然后回到读者们较为熟悉的影视作品中的大国工匠事迹，以设计制造工程师林志远为标榜，叙议结合阐述了自己对工匠精神的理解。文末，作者提出了一个非常深刻的问题——工匠精神的社会发扬需要制度上的劳动再认识。以往的技工职级制度和社会认可的连带性，有益于工匠精神在中国社会的确立。文里字间流露着作者对劳动的热爱和歌颂，形散而神聚，是符合我国新时代劳动精神的文章。

疫情下的中国工匠精神之项目交付

刘　艳[1]

2020年伊始，新型冠状病毒肺炎席卷全国。这场突如其来的疫情打破了每个人的工作和生活，但我们始终坚信，寒冬终将过去，春暖花开终将到来。但疫情的肆虐超出了我们原有的认知，瞬间席卷全球，我们乐观地调侃，中国打上半场，国外打下半场，而作为四方国际人的我们，打了全场。

疫情对经济的影响显而易见，我们经历了业主停工、项目现场停工、人员滞留现场、边境管控无法派人、业主无法来华验收等重重困难，国际业务项目交付进退维谷。是停泊在避风港等待疫情过去，还是在疫情情况下经济自强？毫无疑问我们选择了后者，四方国际业务在不同阶段采取不同的应对策略，用行动演绎"奋斗正当时"，谱写了一首首奋斗者之歌。

情景一：国际化服务之路

2020年2月初春节刚过，正值中国疫情形势严重，彼时国际市场相对安全，很多国家逐渐进行入境控制，取消航班、封锁边境导致四方公司国际项目无法派人前往，但工程进度却又不能耽搁。为保证工程交付，保证客户满意度，国际业务领导积极想办法，把目光聚焦于海外子公司的人力资源，从海外公司派出人员支持项目，走出了一条国际化服务之路，保证了客户满意，树立了四方品牌，且降低了服务成本。

情景二：国际项目"云验收"

面对突如其来的疫情，海外项目能否按时履约将直接影响到客户信任度和后续的市场开拓。为降低疫情影响，保证项目交付，四方公司根据实际情况和各级管控要求，制定了复工防护保障措施，并取得总包方的支持，对人员健康安全全方面保护。经过多方努力，于2月底正式复工生产，为订单生产交付赢得了时间。

2020年3月份，古巴光伏项目总包方要求对项目设备进行验收，并按计划发货。此次验收共涉及五种产品、四个供货商、三个地区。受疫情影响，验收人员无法正常入厂验收，经

1　作者单位：北京四方继保自动化股份有限公司国际业务交付团队。

过项目经理与客户的多次沟通协商，客户最终同意采用网络视频的方式完成一场"云验收"。

为了确保云验收的顺利进行，四方公司做了大量准备工作，提前编制验收方案，协调各个供货商提前确认人员、布置验收场所、准备调试仪器、测试视频软件及网络环境等。经过前期缜密的部署和协调，所有设备均顺利通过了验收，验收时间也由原定的3天缩短为2天。

通过此次"云验收"，四方的产品质量得到了总包方的高度认可，并高度评价了四方公司在疫情期间积极处理问题的态度和高效的工作效率。

通过此项目，落地了国际项目"云验收"的思路，并为后续其他项目继续开展实施奠定了基础。

情景三：埃塞俄比亚现场保投运

2020年2月底，正值疫情高发时期，国外新冠病毒也日趋严重，死亡病例频发。在此危急关头，为保证埃塞俄比亚SVG项目的顺利收尾，李文华和张扩克服家庭的压力，奔赴埃塞俄比亚现场，开展项目调试工作。目前在现场已经连续奋战四个多月，顺利完成埃塞俄比亚四个站的设备调试工作，正在配合业主进行最终验收。

SVG设备装在户外，当地温湿度大，户外温度在35度以上，每天工作时大家都汗如雨下。由于非洲医疗条件落后，几个月内确诊病例数迅速增长，工作中的DAWANLE站点仅距离疫情隔离点150米，处在疫情危险区，但他们仍坚持现场工作。6月底，埃塞俄比亚发生了暴动和游行，政府封锁了网络通信，在这样的艰苦环境下，我们的工程师顶着压力，不被外因所干扰，充分发扬工匠精神，合理安排调试计划，通宵达旦，为项目的按期投运作出了重要的贡献，业主及客户对我们的敬业及专业精神给予了高度的赞扬。

情景四：奋斗正当时，发光在海外

新冠疫情全球肆虐，对世界经济、安全和全球发展态势产生了重大影响。不同于中国的国情和体质，很多非洲国家虽然采取了较为严苛的防疫措施，但基于薄弱的国民经济基础以及民族文化和大众的执行程度，疫情并未有效控制，为四方公司海外项目的执行带来了重重险阻。

在这种艰难的环境下，为保证四方国际首个海外大型配网项目的全面有效执行，四方肯尼亚团队秉承工匠精神，以"惟改革者进，惟创新者强，惟改革创新者胜"为信念，争做攻坚克难的奋斗者，迎难而上。在做好防护措施的同时，与业主项目经理充分交流、工作部署、现场勘测、现场安装，奋斗在海外第一线。

RADIO通讯中继站的工作现场环境十分复杂，为确保RADIO的稳固安装，需要根据不同条件安装不同支架，由于是首次安装，四方国际人反复精准测量，在细节上做到极致。

配网建模工作主要在室内完成，考虑到人员安全问题，四方国际人编写画图及建模教程，指导业主工程师，降低了疫情风险，提高了工作效率。此项目顺利投运将打破西方电力企业垄断肯尼亚市场的局面，将用中国技术改善非洲民生。

作为四方国际人，我们在不断突破，不断前行，踏踏实实，精益求精，深耕细作国际市场，自主研发打造民族品牌。工匠精神深深扎根在每个四方国际人的身上，我们以"让电力更安全、更高效、更清洁、更智能"为使命，秉承"技术领先，永远创新"的企业宗旨，二十余年来，坚持科技自主研发，坚持塑造成功的企业品牌。我们相信，通过不断改革，不断创新，能够带来强大的技术能力，这是客户满意的基础支撑，是企业发展的有力保障，是技术发展最前沿的驱动力！

致敬每一位坚守在海外的新时代劳动者！

【评语】本文记述了疫情期间，我国"一带一路"援外事业的劳动者，在自己岗位上的所见所闻，生动展示了四方公司在国际援建事业中的成就。从复工到验收，再到投入运行的保障，在疫情之下，四方公司运用了先进的科技手段和技术共享方式，真正展示了我国一带一路事业为人类命运共同体的切实贡献。"惟改革者进，惟创新者强，惟改革创新者胜"，作为四方公司的工匠精神的内涵，得以在项目的推进中得到充分展示，具有非常积极的国际影响。文章言简意赅，图文并茂，结合文章的社会现实意义，是一篇优秀的工匠精神文章。

工匠精神与玻璃生产

郑恩强[1]

2003年，我很荣幸地来到了北京滨松光子技术股份有限公司进行实习，工作中第一次接触到了电子玻璃，知道了什么叫光子，什么是光电倍增管（英文名：photomultiplier tube，简称：PMT），以及两者对我们生活的重要性，也更深刻地领会到"光子造福人类，改变人类未来"的现实意义。

记得玻璃材料部之前有一句标语"玻璃是有生命的"，这句话形象地诠释了玻璃在高温熔融状态下，经过师傅们精湛技艺的加工，被制成各式各样、各种规格尺寸的玻璃管、玻璃棒、玻璃壳等光电子玻璃制品。他们不怕苦，不怕累，对工作认真负责和对产品精益求精的精神值得我们学习。

后来，我到了玻璃制品部进行学习，玻璃制品部主要生产手工加工玻璃产品（行业里叫作"灯工"）、芯柱压制、管壳封接（PMT玻璃外壳）等产品。我主要学习PMT玻璃外壳封接技术。PMT玻壳的封接，在外人看来，是一件每天重复着同样的动作，极其枯燥乏味的生产工作，这也更体现了工匠精神的重要性。许多人认为工匠精神是做一件完美至极、无可挑剔的艺术品，但我认为，正是这种每天重复着上百次动作的工作，把一个产品的每个环节、每个细节都做到精益求精，做到专注与精确，每个产品都追求卓越，才称得上是工匠精神。

在学习初期，玻璃制品部刚刚成立，由于当时技术及工艺水平有限，封接完的PMT玻壳只能用手去转动转盘进行退火，造成生产的PMT玻壳经常会出现炸裂。2004年，公司派遣工序负责人赵承涛赴国外学习，最终赵师傅也学成归来，带回来更为先进的PMT玻壳封接技术和退火工艺设备。他利用自己的工作经验和创新精神，优化了工艺技术流程。他在工作中，一丝不苟、精益求精、注重细节，不惜花费时间和精力，对产品采取严格的加工标准，使PMT玻壳最终良品率由最初的90%左右提高到目前的99.5%以上。自己更是身先力行，从大型到小型，从圆形到异形，从平面到球形的PMT玻璃外壳生产，自己都是先摸索生产工艺，解决生产中出现的技术问题。工艺技术成熟后再交给我们进行生产，他的这种对工作一丝不苟、精益求精的精神也值得我们学习。

1　作者单位：北京滨松光子技术股份有限公司玻璃制品部。

后来我们通过用偏振光应力仪观察一次退火应力情况，彻底解决了一次退火应力导致PMT玻壳炸裂问题，让我们工作生产起来更加便捷，很大程度地提高了产品质量和生产效率。

我们通过不断学习，优化工艺，使PMT玻壳生产炸裂问题得到解决。通过摸索工艺技术，查阅相关技术资料，在生产中适当延长一次退火时间，其他PMT玻壳炸裂问题也都迎刃而解。我认为炸裂还是与一次应力去除有直接关系，如果一次应力去除时正好在炸裂的范围内，那就会造成一次退火后，玻璃内部相互作用的内力过大时，就会造成了PMT玻壳炸裂。虽然退火时间只是延长了几秒，但这几秒钟在玻璃内部，相互作用的内力炸裂与不炸裂之间起到了关键作用。这也验证了"玻璃的应力与强度有着密不可分的关系"。

另一个案例是2英寸PMT球形玻壳封接，由于2英寸PMT球形玻壳的特殊性，要保证平坦度在要求的范围内。出现的问题就是退火应力去除后，平板会变形得很严重，导致平坦度不能满足技术要求。而且一次退火后也会经常出现炸裂，同事们都认为再增加退火时间，2英寸PMT球形玻壳会加更容易炸裂，而且也更容易造成平坦度不合格。但我在生产过程中发现，一次退火应力状态及形状上还是有优化的空间。于是，我抱着试试看的心理，通过查阅相关资料，逐个观察退火后应力变化情况后，最终对退火火焰及退火时间进行了调整。后期电炉退火后平坦度及应力全部能够满足要求。这里很重要的一点就是退火时间过长，应力会在封接部聚集，由于封接部应力过大，同样会造成炸裂。所以，一次退火应力时间上要选择一个最佳状态，既不能太短，也不能过长。一次退火应力的大小也会对平板形状造成影响，一次退火应力越大，电炉退火后平板就会变形的更严重，最终导致平坦度不能满足我们要求。我们通过调整一次退火时间，尽量把应力调整到最佳状态，电炉退火后就不会再出现平板变形的问题。

这也让我更深地体会到，解决问题要有耐心，专注于坚持，也许解决问题的方法，就是我们认为最不可能的那一个。

玻璃应力与所有玻璃产品的质量密切相关，无论是暂时应力，还是结构应力、机械应力，都需要我们不断提高认识、摸索前进，尽全力解决玻璃应力对产品造成的影响，是我们的不断追求。

我们为了改善产品质量，提高生产良品率，探索摸索改进工艺技术，注重细节变化，让产品更完美，这就是工匠精神的体现。我认为工匠精神来源于技术的不断改进，工艺的不断完善，产品的不断提升；同时要有对工作精益、专注、创新、敬业的精神。

【评语】作者将工作中接触到的实际生产技术问题——玻璃应力提高问题作为本文论述

工匠精神的支点，完整详细了记述了自己和同事在解决上述问题时的尝试两例。文中针对自己初学技术时，遇到的玻璃炸裂和平坦度不足等技术问题，逐一记录了技术优化的过程。作者认为工匠精神也应体现在每日的重复性技术工作中，以及对于问题解决时的迎难而上和细心坚持。初看本文似乎有些平淡，但是细读起来能感受到一线劳动者的真实思考，以及力所能及的工匠精神践行。对于科学城年轻劳动者扎实工作，立足本职，具有一定示范意义。文章布局自然，结构完整，行文平实，是一篇较好的工匠精神散文。

"匠人·匠心"——传承

谢俊伟[1]

"叮叮叮"的敲击声、捶打声，小时候在大伯家经常听到。村子里谁家要做个衣柜、做个椅子、做一些窗户和门都会找到大伯。平时经常听爸爸说大伯做家具又好又快，是一个远近闻名的手艺人。而当时的我只知道大伯是一个"木匠"。"心灵手巧"就是他当时的代名词。随着社会的发展，我发现找大伯"打桌子、打椅子、做木工"的人越来越少了。大部分人更喜欢去家具城买那些用铁钉、螺钉制作成的家具。在认知中人们更注重的是效率、量化以及效益。进而好像忽略了什么……

大概从前几年开始，"匠人"这个词可谓"忽如一夜春风来"，颇有点"一夜复兴"的意思。现代人愁肠满怀，试图追忆失落的匠人精神，仿佛这浮躁的社会，已经容不下一张安静的工作台。那时我突然想到当年的大伯应该算是离我最近的"匠人"了吧。很多人认为匠人（工匠）是一种机械重复的工作者。但其实，"匠人"意味深远，代表着一个时代的气质，与坚定、踏实、精益求精相连接。真正的工匠一定具有所谓"匠人精神"，而"匠人精神"其实就是指匠人具有专注、执着、细致、耐心、坚守、创新、精益求精等品质。"匠人精神"是一种态度、一种追求、一种宝贵的精神财富。

中国自古以来就是一个匠人的国度。早在人类原始时期，古代先民发明了石斧、石锛、石凿、石刀、锯齿刀等原始生产工具。《周易·系辞下》记载："神农氏作，斫木为耜，揉木为耒，耒耜之利以教天下，盖取诸益"。人类有了生产工具，便开始筑构自己的栖身之所。战国思想家韩非在著作《韩非子·五蠹》中写道："有圣人作，构木为巢，以避群害，而民悦之……"

"匠人精神"我国从来都不缺。被誉为我国建筑业开山鼻祖的鲁班出生于世代工匠的家庭，工艺甚好，甚至还有许多发明：云梯、尺子、锯子、雕刻、锁、风筝等等。鲁班的匠心使他能打造出普通人无法构思出来的家具、器械、精巧器具。自古以来，我国土木工匠都尊称他为祖师，他是一代大手，巨擘，绝对的真匠人；"名巧"马钧有点口吃，不太爱说话，但是心灵手巧，是中国古代科技史上最负盛名的机械发明家之一，他还原指南车，发明龙骨水

---

1 作者单位：北京滨松光子技术股份有限公司。

车，制作投石机，后来还改进了诸葛连弩。最能体现马均工匠精神的，就是这些军事器械的制作了，马钧制作的器械不仅简单易操作，而且杀伤力巨大，甚至可以说冷兵器新器械的开端，就始自马钧。提到诸葛连弩，不得不提"多智而近妖"的兼职匠人诸葛亮。匠人形态的诸葛亮造出来的孔明灯、诸葛连弩、木牛流马可还熟悉？大家一定都放过孔明灯玩过三国杀，孔明灯就是以诸葛亮的名字命名的，而三国杀里有张牌叫"诸葛连弩"，当然可以看作是对诸葛亮的致敬。

所谓匠心，就是不惧枯燥和漫长。为接近极致，倾注一生。匠心，不代表墨守成规。传承旧有，也开创新篇。不知道大家发现没有，提起匠人精神，许多人第一反应是日本、德国，而想不到中国，想不到自己身边的匠人。

事实上，我们身边总会有一些"匠人"的出现，他们用实际行动引导我们、教导我们。我是一名企业职工，在公司的身份是一名设备维修人员。听到"维修"这个词，相信大部分人都多少会明白一些他的工作性质。在现代社会大背景下，机电设备是企业生产的物质技术基础。作为现代化的生产工具在各行各业都有广泛的应用。随着生产力水平的提高，设备技术状态对企业生产的正常运行，对产品生产率、质量、成本、安全、环保和能源消耗等在一定意义上起着决定性的作用。在我们公司，大多数都属于自动化半自动化设备。而且设备从简易的到复杂的再到高精尖的，方方面面涉及得非常广泛。这对我们维修人员来说需要的技能水平要求更高，工作时需要更加严谨。我清楚地记得，有一次，公司有一台自动高真空处理设备真空度异常，一直抽不上去。在操作人员保修之后我们就立即赶到现场进行排查。到到现场之前我们还认为这次的现象应该和之前出现过的现象一样，很容易就可以查出原因，并进行修复。抱着这样轻松的心态赶到现场，用同样的方式对设备进行测试实验。经过多达5到6次的测试后，以前一样故障的现象一次也没有出现。这时候我们突然感觉到，这一次的故障不是那么简单。传统的测试方法并不能检查出问题所在。第二天，一大早我们就从其他部门借来了高真空检漏的设备，打算对它进行系统的测试检查。拆卸部件、更换垫圈、安装检漏仪，每一步都需要慢慢仔细的进行，因为大气是看不到摸不着得，现在的故障就是真空度的异常，也就是大气比较多。如果在拆卸安装哪一个环节不注意，哪怕是十分之一头发丝细小的杂物掉在密封件上，之前的这些工作都将功亏一篑。经过一个多小时的前期准备，终于检测设备可以进行正常测试了。每一个密封垫圈、每一个焊口、每一条系统管路以及所有的阀体全都进行了测试。得出的结论是——没有漏点。一下子感觉像是"回到了解放前"，之前所有的工作全都白费了。

为了验证，我们拆掉检漏仪安装回设备上的系统，重新开机监测运行。经过漫长的等待，等来的是又一个打击，真空度还是异常。就这样一天的时间过去了。对一个维修人员来说设备出了问题却一直找不到原因是一件非常难受的事情，浑身不舒服，精神一直处于紧张状态。在得到这样一个结论后，我们所有对真空设备有经验的人员一起进行了商讨，最后觉得还是得依靠专业的检漏设备进行测试。又是一遍拆卸、安装、测试。结论出奇的一样——检测不到漏点。哇凉哇凉的心能非常贴切地形容我当时的心情。检测不到但还确定是有问题的。没有办法只能从头到尾全部都调整检修一遍。从抽气终端开始，每一个卡套密封重新调整；每一根真空波纹管换新；每一个挡板阀很充气阀全都拆卸调试检修。系统上边所有能拆卸的部件全都进行了一遍检修。几天的时间眨眼就过去了，感觉上是在追着时间跑。

全新安装的真空系统，开机之前的不断祈祷并没有给我们带来惊喜……还是异常！顿时心中就像憋着一口气一样，无处发泄。从设备保修到现在已经有十天左右的时间了，连续几天晚上睡觉都会梦到查找故障问题。更担心的是生产上的问题。这如果是放到生产量大的时候已经造成了不小的损失了。不气馁、再细心一点、再钻研一下。重整旗鼓！"真空"是一个看不见摸不着的"东西"，平时的密封更换调试只算做是凭经验进行的查找修理。当所有这些工作都做过却见不到效果之后，我们还是需要专业设备的辅助。当然，有了前几次的经验我们也总结出了一些经验："对设备检测时，不是检漏仪不准确也不是我们操作的方法有问题。而是检漏仪的极限达不到检测大真空室的要求。"通过这个结论，我们改变了检测方法，通过对不同位置的检测进行检漏仪安装位置的调整。比如检测前级系统时，就把辅助阀门断开；检测油泵时，就把前级系统断开。检测一台设备，我们更换了四次位置。每一个位置都反复进行两遍以上的气体喷洒，不漏掉一丝一毫的地方。

终于，功夫不负有心人！在真空室缸体规管安装口的焊接位置检测出了漏率。我们长长地出了一口气，突然感觉"人都飘起来了"。故障点找到了，剩下的维修就好说了。历时15天终于见到了"成果"。老师傅们也说从建厂以来，从没有见过这样的问题，这一次给我们深深地上了一课。"精益求精、不断探索、对职业敬畏、对工作执着"，这些都是作为一名匠人应有的品质。这也正是我们应有的"匠人精神"！当下的社会我们急需这种精神。近些年来充斥媒体的"中国制造"、"中国创造"、"中国精造"、工匠精神，如今成为决策层共识，写进政府工作报告，这些显得尤为难得和宝贵。

只要我们在自己的行业里精耕细作，坚持不懈，我们都是可敬的工匠。无论在哪行哪业，都用心用力，骄傲地喊出"我是匠人"！这种工匠精神是时代的需求，也是一种文化的传承！

【评语】本文是一篇较好的工匠精神散文。文中先从回溯生活经历和我国文化历史开始，论述了工匠精神在人们生活理解上以及历史上的意义。通过列举较多古代先贤的匠人精神和匠心匠品，弘扬了文化自豪感。在现代中国社会中的先进劳动者事迹，也展示了我国大国工匠的卓越精神。特别值得称道的是，作者从自己作为维修人员的角度，讲述了一次维修中的难事。通过多日多次的彻底检查，得出了检测设备精度不足于检测真空状态设备部件的结论，并及时调整了检测方式，最终顺利地找到了设备问题的症结所在。以小见大，用平实朴素的语言描写了自我的心理变化，具有非常的临场感。

工匠精神之一见

姚立强[1]

中关村科学城工会组织各个企业单位响应党中央发出的"奋斗正当时"的号召，在抗击疫情和经济自强的大背景下，再次提出了"惟改革者进，惟创新者强，惟改革创新者胜"的口号，举办了第二届工匠精神主题活动。旋极公司全体员工积极响应号召，大家一致认为我们的工匠精神，与科学城宣扬和赞美的那样："爱岗敬业、无私奉献"、"开拓创新、敢为人先"、"精益求精、追求极致"；自己作为一名工会员工，要以工匠精神作为日常工作中的指引——从抗击疫情到复产复工，创新理念、发扬精神。勇担责任，尽锐出战。在创新理念和工匠精神的指引下，专注于自己的工作领域深耕细作、做到极致，为企业、为核心区新一轮科技创新驱动发展贡献出最大的力量。

北京旋极公司质量部从建立之初就以确保公司产品质量第一为工作宗旨，始终以"职业"、"专业"、"敬业"为理念的工匠精神不断推动着部门作业技术创新、作业技能提升、效率高升。公司每一次的新产品试制、每一次的新物料试用、每一次的新工艺变更，都会经历反复的实验验证，在各项实验数据分析的基础上，严格论证，确保产品质量稳定可靠，部门技术人员从始至终的积极参与。为了与公司同事们一起为追求一个完美的产品，一个合理的工艺，一个高品质的产品，他们不计较得失、经常加班加点，经过反复的变更考验，圆满完成任务。这就是我们部门的工匠精神基本内涵，敬业、精益、专注、创新、发展都在质量部的日常工作中得以体现。

举例一：

每当我们做一个新产品、一个新测试，乃至一个新焊点，为了确保质量我们都会进行讨论。2020年，我们第一次完成新产品时，进行了系统综合测设，但总感觉还有一些可以优化的地方，通过硬件的调效，对软件的反复优化，逐渐超出了预期效果。这样做既实现了工艺优化，又管控了产品的质量，得到了公司领导的表扬。这样的事例还有很多。

在质量部，大家目标一致，劲往一处使，协作把产品做好是每个人的心愿。实际上工匠精神就是明确自己职责，明确自己责任，形成团队意识，形成良好的职业道德和协作精神。这就是质量部同事们工匠精神的直接体现。

1　作者单位：北京旋极信息技术股份有限公司。

举例二：

记得做某一项工作的文档管理时，如果根据以往经验，应该是在通常情况下进行，但在进行维护时部门人员查阅了设备相关的资料，资料明确指出为了安全起见要切断设备电源，这时他们认为不可贸然按照资料上的做，也不能按照自己的经验做。那怎么办呢？联系了设备的售后服务人员，设备售后答复说根据经验做是可以的，但设备资料上的方法可能会出现新的问题。后来他们是根据经验做的维护，一切顺利！这反映出了我们专业，切实把工作做到了细致入微。

清代的魏源提出"技可进乎道，艺可通乎神"，也就是说通过对技术的钻研可以掌握事物的内在规律，通过对能力的培养可以达到如有神助的境界，这为传统的工匠精神作了很好备注和总结。

这件小事反映了我部门做事的职业、专业，也就是工匠精神所指的职业精神、能力。

举例三：

记得一次质量监督部门来公司进行质量审核工作。他们对工作的质量管理系统进行了全面的测试、审核。我与审核专家们一起工作，就公司产品的研发、生产情况与评审专家、公司研发人员进行反复地探讨，就产品的物料问题和采购人员进行探讨，就生产的异常和研发部门反复探讨等等。我们尽心地探讨这些问题，是因为现代信息技术飞速的发展，在设计上、材料上、工艺上都日新月异，我们必须通过不断的学习、改进、创新、发展来提升产品质量，提高生产效率，才能在同行业中保持较高水平。

这样值吗？何必这样认真呢？我们是一支认真负责的团队，我们的部门就是一个认真负责的部门，我们部门的工作好坏关系到公司的命运，只有我们认真负责地工作，公司的品质才优良。工匠精神归根结底就是认真，负责任，也就是工匠精神所指的敬业。宋代大思想家朱熹将敬业解释为"专心致志，以事其业"。而我们把这种思想传播下去，坚持下去，我们收获的就是精品、就是成功。这种思想、精神传播的最终目的是做出工匠型的产品，公司发展的基石就是精品的产品，公司所有的研发、技术、市场最终都离不开产品。工匠型的产品是集研发、技术、生产销售于一体的产品。当然工匠精神，还体现在工作的其他方方面面。

工匠精神体现在创新和发展上。质量部每天做着同样的工作、重复的工作，但我们除了不断地测试产品，也一直在学习、交流、培训。前几天，我们部门的同事一起交流测试经验，有人问："产品合格的参数是多少？"回答都不一样；下一个问题，"那在测试过程中有哪些是陋习呢？"回答也不一样。其实产品的参数到底是多少呢？通过交流得出的结果是，答案不是很重要，重要的是有高的效率、高品质的结果。后来，总结起来就是用精度相对高的仪器对温度测出的结果。通过培训、交流我们发现最近大家把仪器的计量精度作为首要的测试指标依据，其次在PCB焊接过程，为什么要控制烙铁温度？首先从使用的材料上进行更新，新的材料要用新的工艺。其次，焊接研究发现温度过高会带来产品热冲击的损坏等等。为了探索生产出好的产品，我们学习、我们培训、我们交流。在《周易》里有"穷则变，变则通，通则久"也就是告诉他们创新、发展的重要性。

总体而言，北京旋极公司的产品真正体现了工匠精神。

【评语】作者从工作中的实例出发，以小见大地论述了工匠精神在本企业中的践行，生动了诠释了自我对工匠精神的理解。特别是将工匠精神放入集体协作的工作团队中，更具有力量。文章中列举的几个事例，都是工作中对实际问题的处理，既有对现有工艺技术的改进，也有高精度作业的特殊要求等。作者结合我国文化中的思变创新精神，讲述了自己对工匠精神的理解。如果能在个别事例上，具体将处理问题的过程描述出来，而不是一笔带过，详细可以更增加本文例证的说服力。本文是较好的一篇工匠精神文章。

工匠精神　发之于心

禄朋园[1]

张祜诗曰："精华在笔端，咫尺匠心难。"匠心者，指巧妙的心思。所谓"咫尺匠心难"，难在于"匠"，更在于"心"。

历史车轮滚滚向前，回首历史，独具匠心者亦比比皆是。诸葛亮的空城计、草船借箭，是人们耳熟能详的令人惊叹的故事，诸葛亮因其匠心而成为人们心目中当之无愧的"智圣"。邹忌讽齐王纳谏，也是妇孺皆知的故事。此句中"讽"字可不是"讽刺"之意，这"讽"可"讽"得有技巧，有水平，是邹忌独具匠心的表现。正因此匠心，使齐得胜于内治，不战而屈人之兵，国富而兵强，邹忌也因之驰名九州，博得大家的钦佩。烛之武之匠心，亦不容小觑。他用其三寸不烂之舌，独具智慧的匠心，令秦王立退秦军。与郑国结盟，使郑国之危得以解救，并赢得秦国这个强大的盟国，不得不令人钦佩其匠心。由此看来，匠心亦不是不可得，关键在于我们是否敢弃陈俗，是否能走出套子，用自己独特的眼光与创造之心去营造。那么，是不是敢于冲破俗套就可称之为匠心呢？

答案是否定的。三国之马谡，熟读兵书，通晓六史，亦能挺身而出，为国建功。可因其生搬硬套兵法，不顾环境，不具体情况具体分析，误将"固执"当作"匠心"，以至于痛失街亭，被人笑话。匠心，不能脱离时代，沿袭老法、不思进取是不行的。还需要我们用心去体会，用心推敲。

工匠精神，发之于心。工匠精神是一种发之于心，把每一件微小的事甚至别人看不到的事都尽力去完成的一种表现，其本质是达到尽善尽美的状态。抛光师负责把珠宝的座件在镶嵌前抛光，他认真清洁，即使是别人看不见的地方也不放过，这就是发之于心的工匠精神。不需要外界的监督，从心出发，以工匠精神，在一件事情上做到尽可能完美的境界。如果不从心出发，那工匠精神也不能称为精神了，只能是某种工艺技巧。一个人若是仅具备工艺技巧，那他做的事只是在不断重复这个技巧，毫无工匠精神可言。因此，只有从心出发追求完美境界，才是真正的工匠精神。乔布斯就有这样的精神，他设计苹果手机时从使用者的角度出发，用心理解消费者的需求，才有了"苹果"的传奇。

1　作者单位：北京四方继保工程保定分公司。

工匠精神，表现于细微之处。即使是有了发之于心的工匠精神，还不能把工匠精神发挥得淋漓尽致。而真正体现工匠精神的就在于细微之处。细微之处往往不被常人所察觉，唯有那些对技艺精益求精，力求更上一层楼的匠者，才能发现这些细微之处，从而使工艺技巧得以提高，工匠精神也提升到更高的一个境界。因此，具备工匠精神，其实是一个不断深入的过程。港珠澳大桥的设计师林鸣，曾因一些已经符合标准的误差，决定重新进行这次操作，最终将误差降低到了难以置信的最小！

工匠精神，塑造生活美。工匠精神发之于心，而在生活中，处处有工匠精神与美的融汇之处。大到各式精美家具，小到饮食所用的碗碟，甚至马桶的冲水方式都是匠者以工匠精神塑造生活美的地方。匠者以发之于心的工匠精神，发现这些细微的生活痕迹，在创作时融入他们的工匠精神，从而创造出具有美感的生活器件。日本民艺学家柳宗悦就是这样一位塑造生活美的匠者，他把我们平常司空见惯的碗碟设计成十分有美感的"艺术品"，用这些碗碟吃饭也便成了一种具有"生活美"的艺术。他曾说："粗糙的物品容易引起人们粗暴对待生活的态度。"可见，生活中需要工匠精神！

工匠精神是工匠们在长期实践过程中养成的良好职业素养、彰显的特有职业品质。这种素养品质是职业精神的萃取，是优秀文化的凝练，是成就工匠的深层次的逻辑因由，是一种引领人们追梦出彩的精神资源。

工匠精神，核心在践行。只有首先确立要达到的目标，过程才会有方向、有定位，才能瞄准标高，凝心聚力，逐梦前行。笔者以为，这样的目标就是怀匠心、铸匠魂、守匠情、践匠行。

怀匠心。匠心，即能工巧匠之心，它是指精巧、精妙的心思，本质上就是创新之心。匠心是工匠精神的第一位要素，是工匠精神的核心价值和灵魂。因为心是精神之宅、智慧之府、载体之本。古人强调："运用之妙，存乎一心。"可见，心是神明，心是主宰。反之，失却匠心，工匠就沦为庸匠，精神也就随之贬值，沦为低阶的、不足为道的存在。换言之，工匠精神如果抽掉了匠心的内涵，只剩下形而下的操作，恐怕离匠气也就不远了。

铸匠魂。什么是工匠之魂？是人的品德、品行、品格。德是工匠精神的支柱。古人说："才者，德之资也；德者，才之帅也。"可见，工匠之才是由工匠之德统领的。德，就是工匠精神的统领与根本，是工匠精神的内涵和灵魂。因而培养工匠精神必须铸匠魂、立匠德。人有了德之魂，才能立世生存、行之久远。这就是康德所说的："德行就是力量。"反之，人若失却德之魂，就只能算是躯壳和皮囊。

守匠情。匠情是人们对事物怀持的或投射在事物之上的积极、崇高、富有正能量的情感与态度的总和。守匠情，即坚守工匠情怀，这种情怀内在地包含了人的价值取向和职业态度，是工匠精神的重要组成部分。工匠情怀包括热爱情怀、敬畏情怀、家国情怀、担当情怀、卓越情怀等。这些情怀在大国工匠、非遗大师身上都有突出体现。培养学生的工匠精神，就是要培养他们崇高的家国情怀、职业的敬畏情怀、负责的担当情怀、精益的卓越情怀，学习大国工匠身上的这些优秀品质，树立正确的价值观和职业态度，这样才能真正得大师真传、汲精神滋养，将自己磨砺锻造成才。

践匠行。匠行是指工匠们做事的行为和行动。培养工匠精神不是因为它是热点和时尚，为了蹭热点、追时尚、贴标签才随之起舞。它是需要真抓实做、大力践行的。践匠行需要明了匠行基于深厚的历史和文化内涵生成的独到的行为特征：执着、精技、崇德、求新等。如高凤林的火箭发动机焊接精确控制到头发丝的五十分之一；大飞机首席钳工胡双钱生活艰窘，蜗居30平方米斗室30年，却创造了加工数十万个飞机零件无次品的奇迹……这就是匠行的真髓、真谛、真义。只有脚踏实地专注做事，精益求精、追求卓越才能成为德润身、技立世、品高端的深受欢迎的人才。

一盏枯灯一刻刀，一把标尺一把锉，构成一个匠人的全部世界。别人可能觉得他们同世界脱节，但方寸之间他们实实在在地改变着世界：不仅赋予器物以生命，更刷新着社会的审美追求、扩充着人类文明的边疆。坚守工匠精神，并不是把"拜手工教"推上神坛，也不是鼓励离群索居、"躲进小楼成一统"，而是为了擦亮爱岗敬业、劳动光荣的价值原色，高树质量至上、品质取胜的市场风尚，展现创新引领、追求卓越的时代精神，为中国制造强筋健骨，为中国文化立根固本，为中国力量凝神铸魂。

将一门技术掌握到炉火纯青绝非易事，但工匠精神的内涵远不限于此。有人说，"没有一流的心性，就没有一流的技术"。的确，倘若没有发自肺腑、专心如一的热爱，怎有废寝忘食、尽心竭力的付出？没有臻于至善、超今冠古的追求，怎有出类拔萃、巧夺天工的卓越？没有冰心一片、物我两忘的境界，怎有雷打不动、脚踏实地的淡定？工匠精神中所深藏的，有格物致知、正心诚意的的生命哲学，也有技进乎道、超然达观的人生信念。从赞叹工匠继而推崇工匠精神，见证社会对浮躁风气、短视心态的自我疗治，对美好器物、超凡品质的主动探寻。我们不必人人成为工匠，却可以让人人成为工匠精神的践行者。

一个时代有一个时代的气质，我们的时代将以怎样的面貌被历史书写，取决于我们每个人的表现。工匠精神是手艺人的安身之本，亦是我们的生命尊严所在；是企业的金色名片，亦是社会品格、国家形象的荣耀写照。工匠精神并不以成功为旨归，却足以为成功铺就通天大道。

【评语】本文是一篇工匠精神的散文佳作。文章从历史典故出发，厘清了工匠精神的执着和人性固执之间的差别，明确了工匠精神的进步性。作者认为，工匠精神之匠心源自于自我的能动性，它见于细微，能升华为美。因此，工匠精神的实践在于怀匠心、铸匠魂、守匠情、践匠行。于社会，应当重建劳动荣誉感和职业平等性。文章富有哲理性，可见作者的文史功底与思辨能力。"擦亮爱岗敬业、劳动光荣的价值原色，高树质量至上、品质取胜的市场风尚，展现创新引领、追求卓越的时代精神，为中国制造强筋健骨，为中国文化立根固本，为中国力量凝神铸魂"，是作者本文的文眼所在。

弧光映出"金蓝领"

鲁　壮[1]

匠心，就是匠人对自己所做的事情自始至终的热爱、坚持和精益求精的执着态度。北京滨松焊丝的工艺人，就是一批有匠人精神的人。

"我其实就是一根焊丝，愿意在焊接工作中融化自己，在平凡的岗位上溅出炫目的弧光"，说这句话的是北京滨松的焊丝的师傅们。

焊丝是公司产品生产过程中的一道工序，是承上启下的一环，在焊接过程中可能会出现种种问题，焊丝的师傅们凭借火眼金睛，明确分工，合作监督，注意力集中，每天一干就是8小时，"干一行，爱一行"，专注的态度是基本功，精通焊接，理解工艺，注重细节，每一个专注的故事都值得大家敬佩。

党的十九大以来，在以习近平同志为核心的党中央的坚强领导下，在习近平新时代中国特色社会主义思想的坚定引领下，党带领人民艰苦奋斗，经历了从站起来、富起来到强起来的历史性跨越。刻苦钻研、艰苦朴素、积极进取、动真碰硬是共产党人的优良作风，在社会主义新时代，焊丝人充分发扬螺丝钉的精神，做好公司的螺丝钉。

"传承"是进步的加油站

虽然，现在很多工艺都实现了自动化，而且自动化水平很高，加之随着产品质量不断提升，手工焊接的机会没有原来多，但是这并不是我们不重视手工技术的借口。焊丝工艺负责人技术水平没的说，经他之手的焊接任务能精准的完成，这是一件难得的事情。多年的焊接经验，使他听到声音就能判断出焊接电流与电压是否匹配良好。工作中他坚持高标准、严要求，对自己所焊的每一道焊口都认真负责，决不允许出现质量问题。更重要的是他毫无保留地传授焊接经验，不管你是他的徒弟，还是别的班组的年轻人，只要态度认真，想学习的，他都会毫无保留地倾囊相授。一个人的力量再大都只是一己之力，真正的强大靠的是团队，而焊丝工艺负责人就是团队的核心力量。

焊接这个工种，不少年轻人都有些忌讳，这是一个特殊工种，有弧光，会产生辐射和烟尘，夏天也要穿厚厚的操作服，而焊接时，常常需要拿着焊枪，连续工作好几个小时，对身

1　作者单位：北京滨松光子技术股份有限公司。

体是极大的考验。师傅们说："按规定操作、注意颈椎和腰椎在劳动间隙的锻炼，身体就不会有太大损伤。"在工艺负责人看来，只要年轻人潜心学习，有一技之长，就一定有用武之地。

焊接是一门技术活，有严格的工艺要求，其焊缝的空间位置，焊接时的温度控制都是不容有偏差的。在工艺负责人的指导下，整个工艺的技术水平有了显著提高，他的徒弟这样评价他："师傅教我的不仅是技术，更重要的是人生的态度，态度到了，技术自然吃透了"。

用心做事，你就是赢家

简单的事情重复做，你就是专家；重复的事情用心做，你就是赢家。作为焊接师傅，他们日复一日的工作内容具有重复性，再加上时间的累积，工作越来越娴熟，俗话说"熟能生巧"。任何工作经过不断的重复都会由复杂转向简单。反过来，如果简单的事情不断地重复做，往往会使人心里滋生倦怠。有些人因为工作简单，不愿意不屑去做，好高骛远，眼高手低，感觉自己大材小用，一身本事无用武之地，这也瞅不了，那也看不惯，工作中麻痹大意，不仔细审视工艺文件、技术要求和图纸，单凭经验做事，最终操作者走向低层次质量问题的错误道路。千里之堤毁于蚁穴，我们安装每一根丝，每一处划伤，焊缝里的每一个气孔，在日常过程中都是很简单、可以处理的问题，但是如果不用心，未来都是大的质量问题，正如："每一个焊点关系到产品的好坏，每一道工序影响着光子事业的成败"。

清代大文豪纪晓岚曾经说过："心心在一艺，其艺必工；心心在一职，其职必举"。伟大的成就都是在一点一滴的重复中练成的，只有用心做好简单的小事，才有机会成就大事，才能从千篇一律的工作中脱颖而出的，达到更高的平台，达成更大的成就，实现人生的目标。很多人成功并不是因为聪明过人，而是每天都把简单的事情做好，懂得日常工作的不断重复，就是不断优化提升的过程。正是经过千万次的试验，爱迪生才发明了电灯，科研人员通过大量重复的实验才能验证某个成果，无数的一线操作者不断地重复工作，才能把我们的光电倍增管、探测器、医疗仪器等产品用到国家的宇宙探测、地质探测、医疗等领域，为国家和人民造福。不难发现，无论从事什么工作，很多事情都是既简单又不断重复，只有把简单重复性高的工作做到极致，做到完美，才会成为最后的赢家。

日拱一卒，功不唐捐，我们无须摆脱简单重复的工作，重要的是要尽快消除倦怠的心理，做工作中的有心人。在简单而重复的工作中熟能生巧，迭代精进，积跬步而至千里，每一件事都事无巨细，专注如一，始终坚持，精益求精，以重复为起点，把自己打造成专家，行家，甚至是赢家，即使是平凡的岗位也能做出不平凡的事情。

一线员工或许很平凡，但这平凡的背后我们看到了很多无法被平凡遮掩的光芒。这个在生活上容易满足而在工作中永远孜孜不倦追求进步的人，平和而坚毅地专注在焊工这一个普通的岗位上，脚踏实地地走好前进中的每一步。

岗位不同，精神传承

以上所写所感，都是我在实习以及工作中交流观察和领悟到的，因为一提到工匠精神我就本能地想起一线员工的身影，他们的螺丝钉精神已经深深地映入我的脑海里。

就我本身的工作而言，也有一些体会，我工作的一部分是负责公司法务以及知识产权工作，平时跟大家交流技术细节，我的习惯是每年完成工作计划就行，没有往深层去积累。在一次同其他公司的交流中，一位同行，将一篇专利的来龙去脉、展会照片、国内外技术，分析得头头是道，这引发了我的思索，为什么人家就能把平凡的事情做得这么有深度，我有哪些地方不足？这件事给了我很多触动，我也可以把平凡的工作，做成大师级别，工作不是当一天和尚撞一天钟，忙忙碌碌，最终忙了一天不知道忙了什么，而是通过工作以及积累去让自己喜欢工作，从而进入良性循环，提高自己的技能水平，更好地为公司服务。

雷锋曾有一句名言——在伟大的革命事业中做个永不生锈的螺丝钉。他把自己当作一颗螺丝钉，哪里需要就拧在哪里，并在那里闪闪发光。这种螺丝钉精神主要体现在雷锋的工作中，体现了他的敬业态度。雷锋用对革命工作极其负责的态度来体现甘当革命螺丝钉的实干精神。他曾经说过："我要积极肯干，做到说干就干，干就干好，脚踏实地，实事求是地干，千方百计地干，事事拣重担子挑。"人生不是一支短短的蜡烛，而是一支暂时由我们拿着的火炬。我们一定要把它燃得十分光明灿烂，然后交给下一代。

【评语】"我其实就是一根焊丝，愿意在焊接工作中融化自己，在平凡的岗位上溅出炫目的弧光"，作者开篇以焊接技术人员的自我比拟，使得整个文章都笼罩在红火的工作场景中。从焊接负责人的扎实工作出发，作者论述了在无法被自动化的一些工作部门，工匠精神的实际践行。举例中也兼顾了工匠智慧，例如，如何在工作条件下保证健康，这一点其实也是工匠精神的应有之意。而作者从自己的日常工作中，也注意对比与同事之间的差距，平实地展示了自己对工匠精神的理解。整篇文章布局清晰，用语优美，由他及己；特别对焊接工程师的工作描述，能有力地围绕主题展开。本文是一篇较好的工匠精神散文。

学习工匠精神，立足本职岗位

邢伟松[1]

在中国历史长河中，"工匠"一词最早出现在春秋战国时期，在手工业群体开始从社会分工中独立开始，从事木匠的群体被认定为工匠。随着历史的发展，东汉时期近乎全体手工业者都可称之为工匠。

中国古代的工匠精神体现了以下特点：创新奋进、精益求精、忠岗敬业。丝绸与陶瓷的缔造，四大发明的辉煌，以及数不胜数的伟大创造，体现了古代中国工匠们的创造力与奋进精神。庖丁解牛、运斤成风、百炼成钢……这些耳熟能详的成语，不仅是对中国古代工匠出神入化技艺的真实写照，也是对他们精益求精、追求卓越的由衷赞美。中国古代工匠群体十分尊敬自己从事的职业劳动，形成了内涵丰富的"敬业"素养，成为中华民族宝贵的精神财富，代代传承。

随着历史的车轮来到21世纪，工匠精神秉承着前人的优良传统展现出一种对待工作、岗位、研究、目标的坚持不懈、持之以恒、精益求精的精神状态与行为作风。党的十九大提出"建设知识型、技能型、创新型劳动者大军，弘扬劳模精神和工匠精神，营造劳动光荣的社会风尚和精益求精的敬业风气"。对于新时代的企业，特别是高新技术企业来讲，工匠精神是一个企业在激烈竞争环境中生存与发展的必备，也是新时代赋予每个企业与员工的要求与使命。

身为海淀中关村核心区企业员工，我深刻体会到新时代下的工匠精神对高新企业及其员工有着深远且重要的影响和引领，潜移默化地推进企业和个人的成长与进步，提高企业综合竞争力与员工素养品质，为中关村核心区企业的整体实力注入精神力量与无限潜能，使核心区企业在新时代进展中能够发挥更大的力量与作用，为城市和国家的建设与发展贡献更佳的成果与价值。

新时代的中国工匠精神，除了具有上述特点，还具有新时代下的特殊性：继承和发扬中国传统工匠精神，学习借鉴外国的工匠精神；符合我国现代化强国建设的需要，它与劳模精神、劳动精神构成一个完整的体系，成为激励广大职工在拼搏奋进道路上的强大精神力量。

1　作者单位：北京旋极信息技术股份有限公司。

爱岗敬业是我们每个工作者应有的职业素养；精益求精是我们在工作中对成果与产出的高品质追求；协作共进是我们团队以及团队中每名成员应具备的团队精神；追求卓越是我们秉承不断创新造就更佳的行动目标。新时代下的工匠精神以爱岗敬业为根本，精益求精为核心，协作共进为躯干，追求卓越为灵魂。

爱岗是敬业的前提，敬业是爱岗的升华。"爱岗"，就是要干一行，爱一行，热爱本职工作，愿意为本职工作付出努力。"敬业"，就是要钻一行，精一行，对待工作，要勤恳，要敬重行业，认真负责不懈怠。凡是获得"工匠"和"劳模"荣誉称号的模范代表，都是爱岗敬业的典范，坚持本职工作二三十年之久，干出了一番事业，取得了辉煌的成绩。所以，工匠精神的根本是"爱岗敬业"。

"精益求精的品质精神"是工匠精神的核心，"工匠"的由来，在于劳动者对自己劳动产出的质量要求，制造产品品质的追求，永远在追求更好成果的路上。对于"工匠"来说，产品的品质只有更好，没有最好。追求极致、精益求精，是"工匠"们的共同特点，也是区别于普通劳动者的重点所在。

协作共进的团队精神是现代工匠精神与古代工匠精神较大的差异，古代工匠精神更多的是个体劳动者的精神品质，而现代社会中需要劳动者之间具备团结协作的合作意识与大局意识。单个人的智慧与力量是有限的，而多个人组成团队协作产生的智慧与力量绝不是多人相加的效果，而是相乘或指数的效果。团队需要"协作共进"，而不是各自为战，团队成员通过分工合作和共同努力实现团队目标和每个成员的共同成长。

追求卓越的创新精神是新时代工匠精神的灵魂。传统的工匠精神强调的是继承，代代相传是传统工匠传承的主要方式，而新时代的工匠精神强调的则是在继承的基础上进行创新。只有在继承基础上的创新，才能符合时代的要求，跟上时代的步伐，推动产品的升级换代，满足社会和人们对美好生活的需要。

当前，我国正处在从工业大国迈向工业强国的关键时期，培育和弘扬严谨认真、精益求精、追求完美的工匠精神，对于建设制造强国有着重要意义。对新时代工匠精神达成共识，才能树匠心、育匠人，为推进中国制造的"品质革命"提供源源不断的动力。我们凭借着工匠精神走在前列，在时代的大潮中勇立潮头。在新的发展征程上，我们要发扬工匠精神，守住这些来之不易的成就，朝着更高水平迈进。处在时代潮头的我们，面临着全新的改革发展，不可能一蹴而就，需要学习和应用工匠精神，在以后的工作中发扬工匠精神。

工匠精神就是要求企业如同一个工匠一样，打磨自己的产品，精益求精，经得起市场的考验和推敲。而企业发展的根本基础是"人"，而我们旋极的每一位员工凝聚成了旋极的核心资源。每位员工都在各自的岗位上发挥着不可小视的力量，这就要求我们每位旋极人在各自的岗位上全心全意、尽职尽责的工作。干工作，态度是关键，有了爱岗敬业无私奉献的态度，即使你是一颗小草，也会为世界添一抹新绿；即使你是一滴水，也会滋润一寸土地；即使你是一线阳光，也会照亮一分黑暗。在旋极，恪尽职守、任劳任怨的员工比比皆是，大有人在，他们就像一颗螺丝钉，为机器的运转贡献自己的一份力量。工匠精神就是干一行、爱一行、专一行、精一行，要有务实肯干的心态，敢于吃苦的精神，不断开拓的激情。我们旋极人要立足本职岗位，弘扬和践行工匠精神，脚踏实地、求真务实、争先创优、精益求精，共同铸就旋极更加灿烂美好的明天。

工作繁杂琐碎，看起来都是简单低级的事务性工作，总结起来也只能一笔带过。而"人"、"物"、"事"之间，唯有这管人最为艰难。俗话说"人管人、累死人"，因为人是有思想、有欲望的，要想让每个复杂多变的思想都顺应企业不同时期不同阶段的发展潮流，绝非易事；要想同时满足企业领导和员工各方面的待遇期许，更难上加难。这需要有人像枢纽一样，不断沟通、不断衔接，反复重组、反复打磨，直到达到双赢的结果为止。

常规工作，即便枯燥反复，即使不被认同，大家也都是任劳任怨、精益求精，不因事大而难为，不因事小而不为，不因事多而忘为，不因事杂而错为。严肃认真地对待每一项工作，在平淡无奇的工作中推陈出新，在每一项工作完成后总结经验。我想这就是一种态度，一种对工作的欣赏，一种能抵御枯燥感的情怀。对于企业而言，这就是追求卓越的创造精神、精益求精的品质精神、用户至上的服务精神，也就是我们所谓的工匠精神。

【评语】这篇文章作者写入了自己在工作和日常生活中的真实感受，娓娓道来，备感亲切。作者首先对工匠精神的内涵进行了剖析，并思考了工匠精神和劳动精神、劳模精神的一致性。在中关村科学城内，新工匠精神应当包括爱岗敬业、协作创新，精益求精等内容。对于社会大局而言，作者谈及自己对工匠精神的认识。特别是谈到自己对工作态度的反思，容易与读者产生共鸣，是一篇较好的工匠精神散文。

浅谈工匠精神

马　笑[1]

工匠精神在中国自古有之。我国工匠群体从历史时间轴的起点伊始，不断积聚着力量，凝集着中华民族的工匠精神，一步一步跨过时间的长河，留下了令世界惊叹的造物技艺。当今科技时代，"工匠"似乎远离了我们。但是，实现中华民族伟大复兴的中国梦，不仅需要大批科学技术专家，同时也需要千千万万的能工巧匠。更为重要的是，工匠精神作为一种优秀的职业道德文化，它的传承和发展契合了时代的需要，具有重要的时代价值与广泛的社会意义。

作为一名设备工程师，维护改进设备是我的职责，不同于产品生产，我的首要任务是保障设备正常运行，降低设备故障率，提高设备的生产效率，降低生产成本，而工匠精神在我工作范围内也有很多体现形式。

工匠精神的基本内涵包括敬业、精益、专注、创新等方面的内容。

其一，敬业。敬业是从业者基于对职业的敬畏和热爱而产生的一种全身心投入的认认真真、尽职尽责的职业精神状态。干一行，爱一行，只有保持对工作的热爱和敬畏，全身心地投入到工作当中，才会将工作做好。中华民族历来有"敬业乐群"、"忠于职守"的传统——敬业是中国人的传统美德，也是社会主义核心价值观的基本要求之一。从初入职场到现在已有三年之余，三年的时间里都在滨松公司度过。作为一个设备维修与改进人员，我的工作更多时候是和设备打交道，想做好这份工作并不容易，想要做好工作首先要热爱工作，把工作培养成兴趣。工作以来，我一直享受着故障解决后带来的成就感，尤其是一些不常见的故障，通过我积累的知识和经验得到解决以后，那一份特别的愉悦是工作给我的回报。2020年春节因为疫情，很多公司推迟复工时间，北京滨松公司作为疫情防控所需医疗物资生产企业，在疫情暴发初期就采取了应急预案，提前采购测温仪、口罩等，使得在政府允许复工的第一天就完成复工，同时大部分员工都克服困难回到公司，生产线上的员工更是通过早晚班错峰工作，保证生产任务按时按量完成的同时，降低工作区域人员密度。我作为设备维护人员，也加入到倒班之中，设备维护的倒班工作相比平时要更困难一些，因为一些平常两个人

1　作者单位：北京滨松光子技术股份有限公司。

负责的区域，因为倒班原因，只有一人在岗，而且当时因为疫情防控需要，部分产品需求大大增加，配套的设备也必须跟上，这对我来说是一个挑战。当时有一种产品需求大量增加，但是产品生产所需的烘箱数量却大大制约了产能，公司在紧急采购新烘箱的同时，我也着手开始了旧烘箱的修复工作，因为旧烘箱使用年限过长内胆损坏，造成内部温度分布不均，我通过增加热偶数量，多点进行测温，并按照温度分布酌量增加保温材料，使其达到生产条件，在新烘箱到来之前解了燃眉之急，正是因为这个特殊的经历，我感受到了工作的价值，加深了对工作的热爱。也是因为对工作的热爱，才能专心致志不懈怠，把工作放在一个合适的位置上。同时保持对工作的敬畏之心，严于律己，待事认真，正如朱熹所说"专心致志，以事其业"。

其二，精益。精益就是精益求精，是从业者对每件产品、每道工序都凝神聚力、精益求精、追求极致的职业品质。在古代，工匠的首要职责就是造物，技艺是造物的前提，也是工匠存在的第一要素。如何使技艺达到熟练精巧，古代工匠们有着超乎寻常的，甚至可以说是近乎偏执的追求，他们对自己的每一件作品都力求尽善尽美，并为自己的优秀作品而深感骄傲和自豪，如果工匠任凭质量不好的作品流传到市面上，往往会被认为是他职业生涯最大的耻辱。古代工匠最典型的气质就是对自己的技艺要求严苛，并为此不厌其烦、不惜代价地做到极致，精益求精，锱铢必较，同时也对自己的手艺和作品怀有一种绝对的自尊和自信。在我公司这一点尤为得到体现。就拿滨松当家产品光电倍增管来说，正是因为有这些技术人员的精益求精，不断提高产品良品率，才有了今天年产量40万支的骄人成绩，而也是因为滨松集团内的这种精益求精的品质，才使得滨松的产品誉满全球，让滨松成为品质的代名词。而在维护工作当中，追求极致也可以体现在不断降低设备的故障率，降低生产成本，工作当中老师傅时常提醒我，"天下大事，必作于细"，在进行维修工作时，一定要注意细节，不要只停留在故障表面，需要细心观察所有与之有联系的点，找到故障根源，从根本上解决问题，在老师傅的教诲下，我注意到公司内的一台高频感应加热装置的感应线圈总是出现击穿的故障，而线圈所用的铜管都用绝缘耐高温的黄蜡管进行包裹，那是什么原因造成了这种击穿呢？通过大量观察损坏的线圈，我发现击穿部位大多都是在褶皱部位，这里的黄蜡管因为弯折出现了间隙，这可能是造成击穿的原因，但是铜管并没有直接接触，理论上来说是不应该击穿的。后来我同过观察操作人员的使用情况发现，为了降低感应线圈的温度，提高输出，操作人员经常会在使用前将感应线圈蘸水，而正是因为这些水通过间隙连接了线圈的铜管，产生了击穿的现象。为了杜绝这一现象的产生，我从根本上入手，用能够隔绝水同时韧性更高的热缩管替代黄蜡管所为绝缘材料，这一改动大大提高了感应线圈的使用寿命。此后我就一直告诫自己，一定要精益求精，锱铢必较，在维修工作中追求本质，开发工作中追求原理，事无巨细都追求完美，做好本职工作。

其三，专注。专注就是内心笃定而着眼于细节的耐心、执着、坚持的精神，这是一切"大国工匠"所必须具备的精神特质。心无旁骛才能臻于化境，古代工匠除了对自己的技艺要求严苛外，还对之怀有一种绝对的专注和执着，达到忘我的境界，这也一直是我国古代工匠穷其一生努力追求的最高境界。诗经有云，"有匪君子，如切如磋，如琢如磨。"在德国和日本，瑞士等国家，这种专注精神尤为得到体现。这些国家存在许许多多的家庭作坊式的微型公司，他们就是靠生产或是加工一个部件或是大生产中一道工序而取得无法取代的竞争优势。这些小公司不求大，不求强，只专注在自己的专业特长领域，不断积累并创新。他们把生产的零件或承担的那一段工艺能做到极致，是最后的组装成品是不可或缺的组成部分，没有他们，也就没有最后成品的辉煌。滨松公司始终以发展光子技术为己任，光子是我们的事业，光子开拓人类未来。正是因为这份专注，使得滨松的光电倍增管（PMT）在全球市场中占有极高的份额，甚至于"滨松"两个字已经成为PMT的代名词。作为一名设备工程师，专注也是必不可少的，自动化发展越来越快，你能很容易地在工作中感到这种变化。来到公司的第一年，我有幸加入到一个生产设备的仿制任务中，原设备从日本购买，在帮带人赵师傅的带领下，我们首次接触到工业机械臂，作为现代的工业机器人，它具有灵活，精度高，可多次编程的特点。同时对于一个全新的产品，我们需要从零开始，了解它的编程语言，了解它的电气管路连接，这不是一个容易的问题，但是工业机器人是当代生产方式发展的趋势，作为设备工程师，必须时刻了解生产设备前线的知识，不断充实自己，我们通过研究原设备的程序，并多次进行技术沟通，不断研读设备的操作说明书，编程指南，经过长达数月的准备调试工作，最终我们出色地完成了任务，第一台仿制设备上线使用后，效果极佳，并且因为我们的一些小改动，比原设备还提高了20%的生产效率。同年我们很快又完成了第二台设备的制作工作，这一次经历让我见识到这一领域更前沿的设备，让我明白了自己还有很长的路要走，只有专注于这一专业，不断提高自己，学习吸收行业先进的生产方式，才能更好地完成自己的工作职责，体现自己的价值，心无旁骛地执着去追求更高的境界，这将是我一生的目标。

其四，创新。工匠精神强调执着、坚持、专注甚至是陶醉、痴迷，但绝不等同于因循守旧、拘泥一格的"匠气"，其中包括着追求突破、追求革新的创新内蕴。这意味着，工匠必须把"匠心"融入生产的每个环节，既要对职业有敬畏、对质量够精准，又要富有追求突破、追求革新的创新活力。"工匠"就要用心、尽心地观察、挖掘需求，就要精心、专心地去制造，就要耐心、细心地去研究。在当今网络大爆炸时代，各种网红产品层出不穷，而网红产品之所以能够流行，正是因为你可以在其中看到创新的影子，无论是外观上还是性能上的创新，都使得它让人眼前一亮，这就是创新的价值。滨松公司以光电倍增管为基础，不断创新产品类型，同时向各个方向辐射，以光子为使命，探索人类之未知未涉。我们每一步都走在创新的路上，正是因为不断创新，使得滨松的产品在世界上保持竞争力。同时在设备维护工作中，也需要创新精神，不能拘泥于设备固有的形态，要敢于创新，大胆假设，细心求证，不断优化设备性能，提高生产效率。

从本质上讲，工匠精神是一种职业精神，它是职业道德、职业能力、职业品质的体现，是从业者的一种职业价值取向和行为表现。我们弘扬工匠精神，不是要鼓吹所有企业要回到"手工打造"的手艺时代，这不现实也不合理，我们弘扬的是一种精神，一种敬业，精益，专注，创新精神，把这种精神注入到我们的工作当中，注入到设计开发，测试验证，生产制造，零件的生产制造，供应链选择和管理中。将这种精神注入到设备维护开发中，配合产品生产，开发出高品质的产品，并最终提高我们整个社会的生活品质。

【评语】本文阐述了作者对工匠精神四个维度的具体理解——敬业、精益、专注、创新。文章简洁明了，短小精悍，所举的事例都是来自于企业一线的实际，是值得称赞的。如果能在论文体例上更为规范，并增加一定的文献引述，扩充理论部分，相信可以是一篇不错的工匠精神文章。

逆行与坚守——疫情下在异国践行工匠精神

罗　诺[1]

2020年1月，一场突如其来的疫情席卷中华大地，随着武汉封城，中国全面停工停学，全国人民惶惶不安。此时，国际业务的领导已经意识到问题的严重性，面对疫情发展的不确定性，开始着手规划应对疫情、保证业务顺利推进的举措，最终决定本着"顾客至上"的核心价值观，为了公司的国际形象，在保证人员安全的前提下，按照客户要求"逆行出差"，争取国际项目的顺利实施。

此时我刚刚被任命为国际业务单元工程技术部副经理，在之前设计岗位时所负责的三个科特迪瓦项目仍在进行中，项目涉及六个变电站的新建和改造，这三个项目急需人员赴现场与用户交流、现场考察、推进图纸批复。当时国内疫情已经非常严峻，多个国家对中国实施了航空管制，为保证工程项目的顺利进行，作为新上任的经理人，我义不容辞担起了"逆行"的职责。2月6日春节刚过，其他同事还未上班，我做好了家人的安抚工作，全副武装、毅然踏上了赴科特迪瓦的旅途。此时大量出境航班已经取消，飞往科特迪瓦仅剩了阿联酋航空一条航线。

经过二十多个小时的飞行，在时刻不离口罩，护目镜的情况下，我忍受着呼吸不畅、活动不自由的痛苦，终于抵达科特迪瓦。我清晰记得总包方领导见到我的第一句话："很意外你们四方在这个特殊时期能第一时间赶到国外现场。"面对客户的肯定，我为四方精神感到骄傲，同时也意识到自己肩负的责任："职责所在，我一定全力帮助你们推进项目进度。"

十四天隔离结束后，我开始着手进行现场考察，与客户进行技术交流，解决一个个疑难问题。初到科特时，当地还没有新冠病例，随着全球疫情的爆发，科特也未逃劫难，到3月底，每日新增已经超过五十例，科特政府宣布关闭海陆空边境，禁止群体聚集，大家开始居家办公。5月疫情爆发式发展，每日新增四百余例，确诊率超过百分之四十。因为科特医疗条件较差，当地防护措施不到位，大家诚惶诚恐，尤其总包一名同事的疑似症状更是让大家感觉恐慌。相隔万里的家人对我的担忧与牵挂也与日俱增，常常夜不能寐。

疫情迅速扩散是所有人始料不及的，但工程不能停工，我还要继续推进图纸批复，现场考察等工作。经过调整，我决定迎难而上，尽全力安抚好家人情绪，同时也采取了严格的防

1　作者单位：北京四方继保自动化股份有限公司国际业务工程技术部。

疫措施：外出佩戴口罩，人员密集地方佩戴护目镜，坚持积极锻炼身体，提高免疫力，保持良好的心态。公司也十分关心我的状况，及时邮寄了防疫物资和药品，特别在节日期间，给我家属寄去了感谢信和礼物，对他们在疫情期间支持我远赴海外表示感谢，这令我和家人十分感动，我坚守海外、积极应对困难的决心更加坚定。

科特项目用户需求繁多复杂，技术标准与以往项目差异很大，各种技术文件又都是法语，给落实技术需求、图纸设计带来了很大难度。加之面临陈旧变电站设备改造，资料信息的缺失，还需要对现场进行详细的考察和大量的分析工作。之前其他厂商都在科特项目的设计上遇到了很大困难，经历过旷日持久的图纸批复过程。这一次又遭遇疫情，客户居家办公沟通不便，加上非洲客户"慢性子"，设计推进工作难上加难。我秉着"刻苦钻研，坚持不懈"的工匠精神，面对业主一次次的爽约和不予答复并不气馁，我改变沟通方式，不厌其烦地多次上门拜访客户，同时也想方设法利用电话会议、邮件确认等多种手段与客户开展交流。另外，针对项目的复杂性，我还通过各方渠道收集科特当地技术资料，研究竞争对手在科特当地的应用，逐渐全面掌握了当地电网的使用习惯，定制功能需求，对精准设计打下了坚实的基础。最终，历经四个版本的图纸修改，三个变电站的图纸顺利得到了业主的批复，剩余三个站也即将获得批复。

来到科特迪瓦已五个多月，打破了个人单次出差时间最长纪录，经历了一段意外而又难忘的时光。经过一番"磨炼"，本不懂法语的我，也"get"了另外一门语言，掌握了很多法语专业词汇，这是"逆行与坚守"带给我的额外技能。科特疫情仍然没有到达拐点，为了恢复经济与生活，已逐步恢复交通，复工复产，但回国航班依然一票难求，回国日程遥遥无期。

接下来，我们仍要在抗疫中完成工作，充分发挥"勇于创新"的工匠精神，开发新的工作方法和模式。尽管疫情短期内不会过去，国际工程实施面临着诸多困难。但我坚信一个个秉承"恪尽职守，坚持不懈，勇于创新"工匠精神的国际工程人，一定会栉风沐雨，披荆斩棘，排除万难，在国际工程事业上大步向前。

【评语】本文以作者的亲身经历为素材完成。通过展示疫情开始到发展过程中，作为企业海外部工程师，顶着疫情风险完成外派人物，感人至深。这种客户至上的工作态度和因地制宜的变通工作方式的工作智慧，正是我国一带一路伟大事业的内在需要。作者以自身的经历生动地展示了中国工匠精神。作者时刻以工作优先，图文并茂地向我们展示了一线国际事业的实际。文章言简意赅，亲切真实，具有较好的社会示范意义。

我们要有什么样的工匠精神?

田 雪[1]

从前，车马很慢，寄一封信都要很久才能到达；现在科学技术在飞速发展，邮件瞬间即可到达；科学技术的快速发展，改变着世界，改变着我们生活的方方面面。随着工业4.0时代发展的到来，各高新技术企业都一致地将产业自动化、信息化、智能化作为自己的发展改进方向。我们作为高新技术企业中的小工匠，我们应秉持什么样的工匠精神才能更好地服务于我们的企业，使我们的企业能更好地适应时代的发展呢？

首先，我们要有苦干实干的工匠精神。随着科技的发展，机器人代替人类做的事情在日益增多，人们似乎慢慢倾向于让机器代替我们去做更多的事情，有人会说"机器都可以替我们干了，我们就不必再去那么辛苦的亲自去干了"。真是这样吗？我觉得并非如此。俗话说"民以食为天"，而现在我们周围弥漫的是"快餐文化"，随处可见的"外卖送餐员"，可是所谓的"快餐"要不是在各种调味料的装饰下，我想我们几乎不会吃。尤其记得小时候夏天最爱吃奶奶的手擀面，特别有嚼劲；而现在常常吃的是主食店用机器压的面条，稍微煮久一点就断了，吃不到手擀面的嚼劲了。其实说起工匠精神，我首先想到的是日本一直推崇的"匠人精神"，日本的寿司之神把很单一的食材做到极致而在世界闻名。随着目前亚健康的情况越来越多，人们对于饮食的健康越来越重视，也越来越倾向于自己在家制作食物，因为这样食物的质量更健康卫生。我们应该辩证地去看待机器代替人类，机器代替人类确实提高了我们的生产效率，减少了人类的辛苦劳作，但是在某些领域机器制作的产品确实在质量反面比不上人类苦干实干的效果。瑞士的制表师，捷克的工艺师，法国的皮具师无不是靠自己的双手和技艺苦干实干制作出享誉全球的产品；我们中国的故宫、长城也是前辈们靠着自己的苦干实干建造的闻名世界的奇迹。苦干实干在当今高新技术企业的体现是在科技的快速发展中，我们可以用科技帮助我们，但是我们不能全部依靠科技而丢掉我们内在的精神成为一个受机器支配的木头人，我们要脚踏实地，不能急于求成，要用自己的专注和耐力严把机器生产的每个质量关卡，制作出最优质的产品，在每个平凡岗位上续写自己不平凡的故事。

其次，我们要有创新开创的精神。《诗经》有"周虽旧邦，其命维新"；《周易》中有"天

---

1 作者单位：北京四方继保工程技术有限公司保定分公司。

行健，君子以自强不息"；《盘铭》中有"苟日新，日日新，又日新"。中华民族自古以来就有这种自我超越、不断革新的精神。在当今世界，万物都在快速发展更替，"物竞天择，适者生存"，创新开创的精神对于我们而言，其重要性不言而喻。"流水不腐，户枢不蠹"，只有求新求变，才能有源源不断的生命力；只有不断地采用新技术、新方法，高新技术产业才能跟上时代的步伐。说到这里，好多一线高新技术企业的工厂一线员工可能会说"我们都知道创新重要，但是我们的工作岗位就是按规范执行，没有发挥创新能力的空间，我们实实在在干好自己分内的工作就好了"。在我看来，这样的认识是对"创新开创"的认识过于狭隘了，李道曾说"一个人想做点事业，非得起自己的路。要开创新路子，最关键的是你会不会自己提出问题，能正确地提出问题就是迈开了创新的第一步"，不是创新出特别高精深的技术才叫创新开创，岗位再平凡，哪怕我们能在工作中发现一个影响产品质量的小隐患，我觉得这就叫创新。我们不是流水线上的机器，只能按照指令固定模式执行，我们跟机器最关键的不同就是我们有能动的思想，因为有思想，所以我们能发现不足，发现不足我们才能改进，进而提升产品质量。陶行知在《创新宣言》中说"处处是创造之地，天天是创造之时，人人是创造之人"，创新开创不是针对高新企业中那批掌握高新技术的顶级人才的任务，是企业中每位员工在工作中时时刻刻都要秉持的精神。

再者，我们要有终身学习的精神。世界日新月异，风雨变化，世间万物正高速更新换代。父辈一代，在教育没有普及的情况下，有很多人从来没有上过学，但是他们这一代的生存似乎并没有受此影响，因为他们靠劳力也可以生存。但是现在，没有知识，似乎很难立足，因为时代的发展，对于人力的需求已经转向"脑力"，就如现在找工作需以学历作为敲门砖，知识才能改变命运。比如说现在高新技术产业中部分工作已经由机器人代替，那些之前只知道一味地老老实实地重复操作单一工作的人似乎面临着被淘汰的风险，因为用机器生产比用人性价比更高，更可靠更方便管理。但是我想说的是机器代替人了，并不代表从此就不需要人了，尽管有阿尔法狗打败围棋冠军事件来展现现在机器人的"脑力"是如何强大，但是不管其脑力是多么强大，它也是由人类创造的。所以机器能全部代替人类，答案肯定是否定的。尽管机器代替人做了重复单一的工作，但是机器还需要人去维护，维护机器需要有专业的知识和技能，如果你在平时"老老实实"地干活之余能不断地学习新知识和新技能，我想你就不会被淘汰，因为你会成为维护机器的那个人，比原来的工作会更有成就感。科技进步日新月异，知识更新日益加快，未来会发展到什么程度，是我们无法想象的。学如逆水行舟，不进则退，只有不断学习才能不成为时代的落伍者。

最后，我们要有勇于奉献的精神。一滴水只有融入大海才不会干涸，一个人只有把自己的事业融入集体的事业中的时候才会展现出平凡中的伟大。每个岗位的人都有自己职责和使命，在我们被企业甚至是国家需要的时候我们要勇于奉献，不退缩不放弃，为实现中华民族伟大复兴的中国梦贡献自己平凡的力量。

在快速发展的时代里，我们无法改变时代发展的脚步，作为高新技术企业的员工，我们能做到的便是在自己平凡的岗位上苦干实干生产高质量产品；创新开创打磨新技术新工艺；终身学习提升自己的综合实力；在时代需要我们的时候，勇于亮剑，默默奉献，成为永远不被时代淘汰的掌舵人，在平凡的岗位上创造出伟大！

【评语】本文抒发了作者对工匠精神的赞美，并从自我的角度提出了工匠精神践行的方向。从苦干实干、开拓创新到终身学习、勇于奉献，作者以企业管理者的视角提出了工匠精神对于劳动者个体和整体技术更新时代的重要意义。特别是结合当前机器换人的时代热点问题，提出了自己的思考。在与读者分享社会经验的同时，作者也发自内心迫切追求自我升华。文章有些列举事例值得商榷，如故宫和长城的修建，可能缺乏工匠之心的自由，而具有阶级压迫性。对于本企业的员工培训和终身学习支援项目，也是在科学城值得称道的企业事例。文章行文挥洒自如，情真意切，是一篇较好的工匠精神散文。

工匠精神是我们始终坚守的精神

夏　林[1]

对于工匠精神，我们讨论很久了。对于它的含义，大家见仁见智。我理解的所谓工匠精神其核心是：不仅仅是把工作当作赚钱的工具，而是树立一种对工作执着、对所做的事情和生产的产品精益求精、精雕细琢的精神。实际上我们都知道工作不仅仅是谋生的手段，更是一种修行，世间只有必然性没有偶然性！所以，我眼中的工匠精神就是：持之以恒、精益求精。

有人说，在现代社会的快节奏，快生活的背景下，那些对一个事情精雕细刻的人落后了，是要被淘汰的。诚然，在现代高科技、高效率的背景下，人们追求高效、快捷，对于那些需要付出极大精力和心血的事情，似乎不再那么热衷。其实不然，在现代社会我们更需要这种精神，只有这种精神与现代节奏相互融合、发展，才是我们现在所需要的。

当今社会心浮气躁，人们喜欢追求"短、平、快"带来的即时利益，从而忽略了产品的品质灵魂。而产品的品质灵魂是什么？我想说，产品的品质灵魂就是制造者们的心血，这种为产品所付出的心血所凝结成的就是我们平时常说的工匠精神。这种付出一生都不觉后悔的精神，是推动企业和社会进步的原动力。正是在这种精神的鼓舞下，企业和社会才能大踏步前进。工匠精神，这是近些年我们一直在呼唤的一种职业精神。

在这个"商人精神"横行的年代，个人和企业都面临巨大的生存挑战。比如一些以山寨产品为主的企业，在外部环境好的时候，企业可以生存，一旦外部环境变得恶劣，企业就会面临倒闭的困境。企业就像孩子一样，都是从弱小逐步成长起来的，那么，在这种竞争极为激烈的市场经济条件下，如何能够生存下去？很重要的依靠就是产品的质量。而对质量的认知也就决定了企业能够在竞争中站立多久，进而能够战胜多少竞争对手。

孟子曰"生于忧患死于安乐"。只有心存敬畏，才会有忧患，这点，无论是企业管理者还是从业者都一样。我们每一个人也要有忧患意识，否则就是做官样文章。我们可以看到周围有很多企业，在经历轰轰烈烈的创业之后变得悄然无声，甚至已是明日黄花，被商业大潮荡涤得无影无踪。这就是没有忧患意识的短视带来的结果。工匠精神是支撑企业发展的重要内因。事实上，不仅企业发扬了工匠精神才能成为行业的领头军，全社会都需要工匠精神。

1　作者单位：北京旋极信息技术股份有限公司。

愿我们人人都热爱自己的本职工作，让这种热爱胜过对金钱的喜爱，把自己所做的事做好做细做精，让工匠精神撑起"中国制造"的脊梁。

中国人从不缺少这种精益求精、持之以恒的精神。我们既然可以创造五千年的文明并绵延至今，就说明我们并不缺乏工匠意识，关键是我们如何整理、发扬自己的文化。现代的管理思维和我们的既有文化交融所产生的管理思维，佐以科学的方法，也可能超越西方的思路，其所散发的特有的文化魅力，也可能征服那些我们曾经仰止的大师。

我们的文明从未断裂，这种文明强大的脉搏，为我们带来的是能够兼收并蓄、海纳百川的胸襟和气度。在质量管理工作方面，我们要做的是学习后的灵活运用，而不是亦步亦趋，邯郸学步的结果是不会走路，这方面我们必须要有自信。

古人云："天下之事必作于易，天下之事必作于细，天下之事 不难于立法 而难于法之必行"。没有一件工作不是一件烦琐的事情，需要一步一步地把基础做好，而且，不仅仅是去执行，要不断地在工作中总结、改进。如果想把事情做好，作为一个部门的负责人，要提前想好一些事情，不能头痛医头脚痛医脚，对事情要有规划。既然把一个部门交给你，那么，就要把这件事尽心尽力地做好。让上级放心，让下属齐心，让同事安心。

我们并不缺乏工匠的意识，只是不善于总结，或者说，即便有了这个思想，也只是明见的行为，被淹没于历史的故纸之中，没有提炼和总结，没有在更广阔的工作中实践。被功利侵蚀的思想还能纯净吗？显而易见。古往今来，为什么那么多杰出人士，那么多行业翘楚最终都籍籍无名？留下姓名的寥寥无几，屈指可数。

我们有得天独厚的地理优势，西高东低，背靠高原，面朝大海，周边没有什么更强势的文化，西方难以逾越中亚高原，直到1840年，他们才从海上打开了我们的国门，至少在两、三千年中，我们的文明得以在这样一个摇篮中孕育，成长，发展，壮大，成为唯一绵延千年而不消亡的文明，而且，愈挫愈勇。所以，我们要对我们自己有信心，有些西方的思想并不适应我们，我们是需要辩证地看待这些，为我所有，为我所用。中国人还是要用中国人的思想去工作、去发展，必须指出的是我们的思想并不落后，而且，经过几千年的磨炼也证明了它的生命力。创造与基因无关，但与心有关。凝心才能聚力，聚力才能创造。我们并不缺少想象力，为什么在管理上一定要亦步亦趋地跟着西方管理思路走呢？总是在完善别人的理论，鲜有人总结、提炼自己的思想。人云亦云，拾人牙慧，还乐此不疲。创造并不是不切实际的建造空中楼阁。一切以实际为出发点，在不断的实践中去发现、去创造。我们不缺少优秀的工程师，但却缺少那些科学家，尤其基础科学。创造是需要耐得住寂寞的，尤其现在浮躁的社会中，守得住那份执着的人不容易。

2020年疫情所带来的对经济的冲击刚刚显现出来，其实，目前企业所面临的困境，除去销售市场问题之外，很大程度上是人力成本的居高不下，人口红利已经不再是优势，随着大规模的机械化生产线的普及，劳动密集型的企业越发感到人力成本的压力。反过来，为了压缩人力成本，逼迫企业不断投入新的设备以替代人工，技术工人越发紧俏。很多人只有在困难的时候才会显示出他的能力和才华，越是困难越是沉稳，越是显示出与众不同的执着和坚韧。所谓沧海横流方显英雄本色，在困难、危机面前的大考，考得是能力、胆识，更是一个人担当。而工匠就是一群有担当的人，他们用他们的坚韧、执着撑起一片天空，披荆斩棘，开拓向前。

工匠精神是一种自我的修行，在追求精益求精的过程中，我们不断荡涤自己的心灵，使自己逐渐和自己的事业融合，进而共同发展，这就由"工"转变为"工匠"。摒弃浮躁、宁静致远。也就是所谓的职业心境的从容淡泊：外边的世界很热闹，自己却不轻易盲从；灯红酒绿中的诱惑很多，自己却坚守"初心"。所以，工匠们才能把更多的时间投入到枯燥的专业发展中，拥有不知疲倦的技术性快乐。工匠是谁？他们在哪里？他们是在苍凉戈壁中托起"两弹一星"的元勋，他们是漫漫黄沙中铺展开一片绿色的塞罕坝的林场拓荒者，他们是在几十年如一日做一个课题研究的屠呦呦、袁隆平，他们更是在各行各业兢兢业业执着奉献的每一位劳动者！一个人所做的工作是他人生态度的表现，一生的职业就是他志向的表示、理想的所在。

企业的核心因素是人，而让企业脱离困境的途径是培养企业员工的工匠精神。工匠不断雕琢自己的产品，不断改善自己的工艺，他们享受产品在手里升华的过程。急功近利的企业热衷于"圈钱—做死某款产品—出新品—圈钱"，而打造工匠精神的企业却在从另一方面满足自己的精神需求，看着自己的产品在不断改进、不断完善，最终以一种符合自己严格要求的形式存在。

工匠精神不是口号，它存在于每一个人身上、心中。长久以来，正是由于缺乏对精品的坚持、追求和积累，才让我们的个人成长之路崎岖坎坷、组织发展之途充满荆棘。这种缺乏也让持久创新变得异常艰难，更让基业长青成为凤毛麟角，所以，在资源日渐匮乏的后成长时代，重提工匠精神，重塑工匠精神，是生存、发展的必经之路。

古人云："人心惟危，道心惟微；惟精惟一，允执厥中。"在技术竞争、人才竞争白热化的当下，要想谋求更辉煌的成果，"差不多的思维"要不得，它会让自己流于庸俗，止于轻薄、肤浅和粗糙。发展思想不精细，产品就上不了档次。所以，我们要有"人有我优"的技术追求，选定一个目标，精心打造，永不放弃，甚至用强迫一样的思维，让技术和产品"从

99%到99.99%"的过程中，迂回推进，不厌其烦，努力坚守，把每一个产品，当作工艺品一样精雕细刻、耐心打磨。久而久之，就能创造出与众不同的发展奇迹、震撼效应。

当人人都有工匠精神，"中国智造"、中国品质，自然就能更上一层楼。当我们站在世界的巅峰，回首看去，这条路必是由无数工匠呕心沥血，披荆斩棘所开拓出来的，我们也必将沿着这条工匠之路，走向更辉煌的明天。

【评语】本文开宗明义，提出工匠精神是我们始终遵守的精神。工匠精神生根于中国文化，作者从民族文化的自豪感提出，工匠精神需要我们从历史传统中再发现再创造。作者民族自豪感浓郁，认为我们肩负着发现和重塑中国工匠精神的重任。文章条理清晰，富有情感，语言具有动员性；美中不足在于思绪稍显发散。如果能在不同头绪中突出某一领域的工匠精神理解，例如管理方式，则会使得文章更具有一定的沉淀。

高新技术产业中的工匠精神

常成群[1]

"科技是第一生产力",这句话在最近几十年已经被完全证实。科学技术作为第一生产力,已然成为当代经济发展的决定因素,在经济社会中占有极其重要的地位。大工业把巨大的自然力和自然科学并入生产过程,也大大提高了劳动生产率,而高新技术产业起到了整合技术资源、开发先进技术的重要作用。"工匠"是一个耳熟能详的词语,有工艺专长的匠人,现代被称为大师傅、技术员。专注于某一领域、针对这一领域的产品研发或加工过程全身心投入,精益求精、一丝不苟地完成整个工序的每一个环节,可称其为工匠。工匠在推动人类文明方面作出了不可磨灭的贡献。那么,工匠和工匠精神在高新技术产业中起到了怎样的作用呢?

我国人民在现代做出了许多让外国人震惊的成绩。比如,在国外封锁科技的情况下,中国只用了几年的时间就成功制造出原子弹,成为第五个拥有核武器的国家,之后更是成为第四个拥有氢弹的国家;比如连接香港、广东珠海和澳门的珠港澳大桥,以其超大的建筑规模、空前的施工难度和顶尖的建造技术而闻名世界;再比如承载着中国复兴之路取名为"复兴号"的中国高铁,让许多发达国家的外国友人也赞叹它的舒适,便捷,平稳,并且跑出了世界级的速度。

有的人可能说,现代中国人做出的成绩要归功于科技,跟工匠有什么关系呢?实际不然,所有的科学成果都是"人"创造出来并加以改进的,没有工匠精神的加持,任何制造业都不可能做到精益求精,不断进步。工作中,深刻地理解工匠精神对我们的工作也非常重要。不辞辛苦,精益求精,创新不止,这是我对现代"工匠"的理解。比如,我们公司的"老孟",司龄将近20年,为人热心随和,认真负责,兢兢业业,不仅保质保量完成任务,还特别关注细节,通过调整产品在包装中的位置,减少了包装材料的数量,使用新包装方法的几个月时间里节约资金近6万元。又如,我公司刚转正不久的小黄,响应公司勤俭节约、节能降耗的倡议,结合学校所学,毛遂自荐,利用下班时间对故障控制器进行维修。在另外两位同事的协助下修复故障控制器7台,维修电焊机12台,为公司节约了至少价值40万元的采

---

1 作者单位:滨松光子技术股份有限公司。

购材料。

那么，新时代的工匠精神到底是什么呢？主要是发扬"匠心"精神，敬业、精益、专注、创新。

其一，敬业。敬业是从业者基于对职业的敬畏和热爱而产生的一种全身心投入的认认真真、尽职尽责的职业精神状态。中华民族历来有"敬业乐群"、"忠于职守"的传统，敬业是中国人的传统美德，也是社会主义核心价值观对工匠精神的基本要求之一。

其二，精益。精益就是精益求精，是千百万从业者对每个零部件、每道工序都凝神聚力、精益求精、追求极致的职业品质。所谓精益求精，是指已经做得很好了，还要求做得更好，"即使做一颗螺丝钉也要做到最好"。正如老子所说，"天下大事，必作于细"。能基业长青的企业，无不是精益求精才获得成功的。瑞士手表得以誉满天下、畅销世界、成为经典，靠的就是制表匠们对每一个零件、每一道工序、每一块手表都精心打磨、专心雕琢的精益精神。

其三，专注。专注就是内心笃定而着眼于细节的耐心、执着、坚持的精神，这是一切大国工匠精神所必须具备的精神特质。从中外实践经验来看，工匠精神都意味着一种执着，即几十年如一日的坚持与韧性。日本和德国除了有人们耳熟能详的丰田、本田、松下、奔驰等知名品牌之外，还有数以万计普通消费者没有听说过的中小企业，它们大部分"术业有专攻"，一旦选定行业，就一门心思扎根下去，心无旁骛，在各个细分产品上不断积累优势，在各自领域成为"领头羊"。其实，在中国早就有"艺痴者技必良"的说法。古代工匠大多穷其一生只专注于做一件事，并将其臻于完美。《庄子》中记载的游刃有余的"庖丁解牛"、《核舟记》中记载的奇巧人王叔远等大抵如此。

其四，创新。工匠精神强调执着、坚持、专注甚至是陶醉、痴迷，但绝不等同于因循守旧、拘泥一格的"匠气"，更重要的是不断地执着追求突破、追求革新的创新内蕴。这意味着，工匠必须把工匠精神融入生产的每个环节，既要对职业有敬畏、对质量够精准，又要富有追求突破、追求革新的创新活力。事实上，古往今来，热衷于创新和发明的工匠们一直是世界科技进步的重要推动力量。新中国成立初期，我国涌现出一大批优秀的工匠，如倪志福、郝建秀等，他们为社会主义建设事业做出了突出贡献。改革开放以来，"汉字激光照排系统之父"王选、"中国第一、全球第二的充电电池制造商"王传福、从事高铁研制生产的铁路工人和从事特高压、智能电网研究运行的电力工人等，都是工匠精神的优秀传承者，他们让中国创新影响了世界。

事实证明，高新技术一直在不断创新。科技创新的复杂性特征在于，当系统要素不断累积叠加的时候，就出现了"天大的小事"，也就是人们常说的"细节决定成败"，需要每一个参与主体都胆大心细，像庖丁那样在自己的专业上追求极致，通过部分的极致达成科技创新这个"大工程"整体上的成功。工匠是每个"大工程"的小个体，"大工程"在创新，小个体如果不改变，就会被淘汰！作为新时代的工匠要不断发现规律、掌握规律，同时利用规律不断提升自己的操作水平，为制造每个"大工程"而默默努力，精益求精，并且继续发扬和传承中国人的工匠精神。

【评语】本文从科技革新角度提出了工匠精神在高新技术企业中的表现。作者立足本职，从本单位兢兢业业的同事事迹的描述中，提出工匠精神的四个方面。特别是，作者强调了对科技创新决定于细节进步的理解，"惊人的小进步"带来的技术革新的影响超乎人们的想象。文章有深度地论述了高新技术企业技术人员应有的工匠精神。如果能将同事的工匠表现更为细致立体地描述展示，则应当使文章更具有说服力；并注意对财务节约、技术进步等不同方面的分类。

我所理解的工匠精神

段建引[1]

　　说到工匠精神，我们先来了解一下什么是工匠。匠人是兼具力工和匠人角色的手艺人，新中国成立前的漫长历史中，工匠的社会地位都很低下，他们大多是文盲，生活在最底层，备受欺凌，工作是粗俗而肮脏的。匠人们没有话语权，为主流社会所排挤，更别谈著书留名了。

　　因此，有关工匠的传记、史册所载，屈指可数，最多可散见于文人笔记中。如汉之胡宽、丁缓、李菊，唐之毛顺，宋时木工喻皓，这几人以工巧之技，名盖一时。

　　工匠精神一词最早出自聂圣哲，他培养出来的一流木工匠士，就具备这种精神。相信随着国家产业战略和教育战略的调整，人们的求学观念、就业观念以及单位的用人观念都会随之转变，工匠精神将成为普遍追求，除了"匠士"，还会有更多的"士"脱颖而出。

　　那么什么是工匠精神呢，为什么要培育工匠精神？

　　说到工匠精神，就是尽最大努力，把产品或服务做到极致和完美无缺，好得不能再好。

　　有一个关于《卖油翁》的故事，它的成功之处就在于将熟能生巧这个大道理，用一个很小的故事进行了阐释，发人深省。

　　故事的开头写善射的陈尧咨射箭，一个卖油翁被陈尧咨射箭所吸引，想看个究竟。看见陈尧咨射箭"十中八九斗"，只是微微地点了点头。陈尧咨看到卖油翁不以为然的态度很是纳闷，便反问他："汝亦知射乎？吾射不亦精乎？"而卖油翁却是淡然一句："无他，但手熟尔"，然后现身说法，拿了一个葫芦放在地上，以钱盖住葫芦的口，徐以杓酌油沥之，只见那道油线从钱孔中间进入葫芦而铜钱却一点也没有湿。

　　《卖油翁》中并没有任何议论之词，没有给大家讲为什么应该这样，为什么不应该那样，只是通过记叙卖油翁与陈尧咨的对答和卖油翁酌油经过来说明道理，让我们在赞叹古人的智慧的同时，也加深了对工匠精神的理解。

　　而工匠精神的反面则是追求短期的经济效率，"短、平、快"的粗制滥造，当然制造业最终都是为了盈利，工匠也不例外，只不过相较于粗制滥造挣快钱，坚守工匠精神更苦更难，也是唯一正确的路，要静得下心，耐得住寂寞，下得了苦功夫，因此工匠精神不仅是一

　　1　作者单位：北京旋极信息技术股份有限公司。

项技能，也是一种精神品质。

当下，我们应该如何践行工匠精神？

要热爱工作，完成由工到匠的转变。践行工匠精神，首先要成为一名优秀杰出的"工"。每个岗位、每名员工都是公司整体运行中的重要一环，只有热爱本职工作并保持耐心、细心和决心，才能保证自己在岗位上无差池无延误，然后成为一个具有自我升华能力的"匠"。

要满腔热忱，在工作中实现自身价值。当你把工作作为一项任务去完成时，那仅仅是完成任务，并不能把一项工作做好；只有充满激情、满怀热忱才能把工作做得出色。工匠精神蕴含着一份热忱，在长年累月的工作中，匠人们始终保持激情。

始终秉持素直之心，对企业怀有高度的认同感和使命感。他们在平凡的岗位上，不放弃、不迁就、不随波逐流，努力坚守。他们早已与企业同呼吸共命运，把推动企业发展看作自身价值的体现。

要不断学习，努力提升自我竞争力。真正的工匠精神，不仅是使命的延续、职责的坚守，还是与时俱进的工作思路，百舸争流的奋发精神，挺立潮头的文化自信。科技在进步，时代在发展，成为企业工匠关键在学习。要不断学习，与时俱进，努力提升自我价值，做学习型员工。只有通过不断学习，努力掌握理论知识才能在实际工作中实现创新。我们不仅要把学习看作是兴趣，更应该当作一种责任，因为它是增强员工技能、提升自我竞争力、推动企业发展的必要条件。

所谓的工匠精神，不是一朝一夕的慷慨激情，而是长年累月的坚守。在平凡的岗位上，始终保持初心，心无旁骛，锲而不舍，这才是真正的工匠精神。

【评语】本文阐述了作者自身对工匠精神的理解。全文以卖油翁的典故出发，连接了古代和当代在工匠精神上的共通点。继而，作者提出如何在日常工作中践行工匠精神的问题。得出以素直之心，饱含热忱，以工匠之心为自身价值、职业精神和企业竞争力。字里行间，实际上作者也认同工匠精神在当代的创新性内核，更像是对自我的激励。如果能更加明显地区别古今，并将本企业工匠精神的实际事例予以引证论述，则更能增加文章的充实性。

谈谈我对工匠精神的几点思考

吴雅婧[1]

说到工匠精神，浮现眼帘的是粗糙的巧手、骄傲的神气，令人敬仰的是始终坚守的本心、精于一业的骄傲。不禁想到那些百年老店，耕耘几十、上百载，历经历代人。虽无日入斗金，也不见高朋满座，却在民众间行业内声名不衰，成为很多人乡思和重要时光的必备元素。我想，这就是匠人、匠性，其初心与坚守，正是工匠精神的个体体现。

《说文》里记载："匠，木工也。"今天作为文字的"匠"，早已从木工的本义演变为心思巧妙、技术精湛、造诣高深的代名词。

曾经"一盏枯灯一刻刀，一把标尺一把锉，构成一个匠人的全部世界"。有人择一事，终一生，用尽一生打磨岁月，从不顾虑任何短暂的惊艳时光。每个人都耐心地做着属于自己的事，平静、舒缓、坚定，然而这便是无望而胜从前。我觉得，工匠精神，是人、事、信念与理想的综合，在精神、信念的指引下，在前进的道路上永不止步。

如今，匠人的意义也从古代特指的能工巧匠发展为一种职业精神。社会中提到"工匠"一词更多的是代表了敬业爱岗、精益求精、心无旁骛、不断创新的精神。虽然现代社会飞速发展，我们这一代人正在经历着当今社会的日新月异的变化，之前中央电视台推出的《大国工匠》节目更是将这种精神延伸到当代社会，节目中展现出各行业顶级技工的典型故事，展现了当代中国对传统工匠精神的传承与弘扬，展现了大国工匠们之魁伟岸的形象。他们其中有火箭"心脏"焊接人，有"两丝"钳工，有航空"手艺人"等等，他们每一个人无一不是在物欲横流的当今社会坚守初心、摒弃诱惑，怀揣着一份赤子之心兢兢业业，十年如一日地奉献着。

除了讲究工匠精神的"犟人"，我们国家的企业也如雨后春笋般，突出重围，站在世界各行业的顶尖行列。"2018年，我为华为操碎了心"，为什么？因为这一年华为孟晚舟被加拿大警方扣留，因为华为被美国列入实体黑名单，因为美国对华为限制芯片技术出口……美国用尽各种各样的手段捏紧我们的软肋芯片制造来卡脖子，不管怎样，他们的目的昭然若揭。以美国为首的西方国家对我国的"华为们"这样围追堵截，这代表了什么？是因为华为通信设备和高端智能手机畅销全球170多个国家，华为通信设备在全球是市场占有率名列榜首，

---

1 作者单位：北京旋极信息技术股份有限公司。

服务全球1/3以上的人口。华为智能手机已经成为欧洲第二大手机品牌，在高端手机市场站稳了脚跟，成为中国唯一能与苹果分庭抗礼的手机品牌。正是越来越多华为这样的中国企业立志于埋头苦干，在求生存、谋发展的道路上默默耕耘，他们才能重新定义中国制造在世界各行业中拔得头筹，树立良好的品牌形象。2016年的"两会"上，工匠精神首次出现在政府工作报告中，让人耳目一新。当今时代是我们国家企业快速转型阶段，实现从制造大国转变为制造强国之际，工匠精神是供给侧改革下的推动力与活力，工匠精神就是把本职岗位劳动做到最佳，不断提升劳动技能，提升服务水平，对产品质量一丝不苟，追求更加周到与细致的服务，工匠精神就是多一分踏实，少一分浮躁，多一分专注，少一分投机，多一些优品精品，少一些粗制滥造。

旋极集团作为中国企业业务涉及军工信息、税控服务、智慧城市多重领域，是中关村科学城优秀企业。旋极集团始终秉持"信、善、利"的企业文化核心价值观，专注与技术革新、产品突破，形成了具有自主知识产权的核心技术体系，成为行业内领先的解决方案供应商。作为"旋极人"我们更应该秉持企业核心价值，牢记匠人初心，坚守事业使命，始终把匠心作为全体员工基本准则，立足于研发、管理本职工作，不怕困难，不断创新，勇于向顶尖技术叫板，不断制造高精尖的装备设施。在创新过程中，高度重视、建立和发挥好技术管理的作用，推进与高等院校和科研院所的合作，研究开发关键性、前沿性技术，加大高新技术的推广应用力度，建立健全技术创新长效机制，推动企业研发管理工作向现代化、信息化、标准化和人才队伍专业化发展。要加强工匠精神的培养，提高对职业、技能教育的重视，让企业员工意识到工匠精神的可贵，切实转变观念，把事业当作责任、把职业看成是"天职"，对所做的事情和生产的产品精益求精、精雕细琢。只有对质量精益求精、对技艺一丝不苟、对完美孜孜追求，我们的企业和员工才会在国防事业的天地中，有劳动成就和人生价值的获得感。

工匠精神是一种修行，更是一种品质，一种价值坚守；工匠精神做得可能会很辛苦，依靠的是一种信仰和一种内心的信念，但这个过程有痛苦也是一种享受。"旋极人"必将维养一颗匠心，不迷于声色，不惑于杂乱，沉潜自己、专注一事，为国防事业努力耕耘。

【评语】工匠精神源远流长，作者结合现实中的大国工匠节目，过渡到对企业竞争力的影响议论上。他认为当前国际形势下，中国科技企业和军工企业只有发扬工匠精神，积极创新，才能在激烈的科技竞争中争取到生存和发展的空间。将工匠精神提高到了国家经济安全的高度论述，是具有一定新意的。如何将工匠精神与天职的社会自我认知相联系，还需要更多的社会工程相配合。文章体量虽小但富有深度，清晰地表达了作者的信念和决心。

握好工匠精神这把双刃剑
——新时代工匠精神在创新型技术产业中的重要作用

刘 丽[1]

党的十九大报告提出："弘扬劳模精神和工匠精神"。党的十九届四中全会《决定》提出："弘扬科学精神和工匠精神"。在新时代大力弘扬工匠精神，对于推动经济高质量发展、实现"两个一百年"奋斗目标具有重要意义。

我认为，工匠精神，顾名思义就是工艺上的精益求精和匠心独运的创新。中关村科学城是中关村国家自主创新示范区核心区的核心，其发展目标是推动科技与产业融合、科技与金融融合、科技与文化融合，力争用5~10年时间，把中关村科学城打造成为世界高端科技人才聚集、企业研发总部云集、高技术服务业发达、科技创新创业和国际科技交流活跃的现代科学新城，巩固提升在创新型国家建设中的龙头地位。要实现目标，工匠精神尤为重要，本文从北京佳讯飞鸿电气股份有限公司的实际出发，详细论述工匠精神该从哪两个方面予以重视。

一、工匠精神中的"工"，是一种精益求精的精神

北京佳讯飞鸿电气股份有限公司工艺部员工胡环宇善于发现产品的不足、捕捉影响工作效率和产品质量的点，并进行改进。在某型机生产过程中，他发现以往机柜绑线方法不够整齐美观，就琢磨着怎么能让绑线更好看。想到就行动，他到行业内绑线美观的客户那里去参观取经，组织部门全员学习IPC布线标准，制作样机过程中反复思考、实验，并多次邀请内部外部专家组织评审，调整线槽的结构设计，最终确定好绑线工艺并推广。

---

1 北京佳讯飞鸿电气股份有限公司。

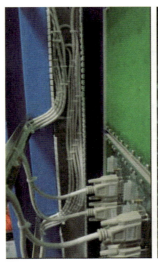

此项工作的改进，使产品更加美观，同时提升了客户满意度。

在列装包装过程中，胡环宇发现一个木包装箱内每个盒子上的二维码签很难粘贴整齐，方向也很难保持一致，为了保证一箱内标签尽量整齐统一，粘贴一个条码要花很长时间，仍达不到很好的效果。他废寝忘食，想各种方法进行及时改进，在每一种列装包装盒上加上二维码丝印框及方向标识。改进后今年粘贴标签速度提高一倍，整体更加整齐，还受到了用户的表扬。

以前   现在

生产中心的维修工程师付岭，已经在佳讯工作10年，他对本职工作的热忱始终如一，他对每一件送修的板件都很用心，除了正常的性能上的维修，都要给设备进行一次保养，哪怕这个板件非常陈旧。在维修之余，他都会用毛巾泡沫清洗剂一一处理，用户收到维修的板件，以为是厂家直接换新了，他这种精益求精的精神，给企业的售后服务赢得了良好的口碑。

二、工匠精神中的"匠"是一种追求完美、勇于创新的精神

荣获"首都劳动奖章"和"海淀工匠"的周军民扎根通信行业26年，潜心研发。加入佳讯飞鸿后，与团队成员共同合作，从打破苏联技术体制，自主创新数字调度系统助力铁路调度通信大变革到为青藏铁路运行保驾护航以及为高铁布局安全防护，直至现在聚焦"智慧指挥调度全产业链"的创新与应用，他始终对应用创新孜孜追求，完美诠释了匠心的意义，发扬了劳动者的风采。

1997年，周军民加入佳讯飞鸿，彼时面对我国铁路通信调度仍然沿用苏联技术体制，采用模拟信号电话并线的方式，周军民和团队成员深入分析当时已经开始在公众通信普及的数字化技术，创造性提出我国铁路调度通信业应升级使用数字信号，并在此基础上进一步完善，最终提出以"数字共线"加"数字环组网"技术构建一种新的调度通信系统，从而进一步强化我国铁路调度通信话音质量优、无噪声积累、抗干扰能力强、组网灵活适应、占用传输资源少等优势，而正是凭借这些优势，数字调度通信系统作为一项专利技术广泛应用在铁路、地铁、能源等各个领域。

2004年佳讯飞鸿参与青藏铁路的建设，周军民作为公司技术骨干带领团队攻坚克难将数字调度系统升级，实现与铁路GSM-R无线通信系统完美结合，成功应用在雪域高原第一铁路——青藏铁路！同时这也开启了铁路调度通信又一个新的里程碑！用智慧定义创新，用创新拓展智慧。二十多年来，在包含周军民在内的佳讯飞鸿工作团队的共同努力下，聚焦科技创新，先后成立国地联合工程实验室、佳讯飞鸿智能科技研究院，从智慧调度、智慧运维、智慧运营等多个维度，为各领域的安全运行提供保障。

在此基础上，佳讯飞鸿继续前行，将目光聚焦在"智慧指挥调度全产业链"的完善和应用上。基于"大、智、移、云、物"技术发展路线，佳讯飞鸿的智慧指挥调度全产业链将新ICT技术应用在感知、传输、分析和决策的全流程中，旨在使客户的管理、运营、运维更加智能化。在当今时代，佳讯飞鸿携手每一位技术研发人员、每一位劳动者用智慧和汗水为祖国的繁荣发展建功实干，正当时！

流行语如同一个国家的"口头禅"，折射出社会经济的变迁。曾几何时，"山寨"、"水货"成为街谈巷议的话题。如今，工匠精神成为年轻人追捧的热门。小众纪录片《我在故宫修文物》意外走红，很多分析就认为，这是工匠精神与都市年轻人如知己相逢。用户数以亿计的电商平台也推出了"中国质造"频道，专卖体现工匠精神的品质国货。

对于身处大变革之中的制造企业来说，危即是机，"互联网精神"加上工匠精神，才是

一个国家更合理的创新创业驱动力。此时工匠精神不仅要扎实的质量，更需要有开创性的创新。

【评语】本文通过本企业职工在工作中的技术改进和先进人物的工作业绩展示，表达了作者对本企业工匠精神的颂扬。作者在论述中举例布线改进、文档归纳改进和主动保养工作等，以明证工作态度的精益求精。第二部分则主要围绕海淀工匠周军民的事迹，论述追求完美和勇于创新的工匠精神内涵。文章布局如果能更突出层次，逻辑线条更为凝聚并贯以始终，相信可更增加文章的深度。

匠心者，人恒敬之

申小均[1]

　　匠心者，是爱岗敬业、无私奉献的劳动人民。爱岗，是热爱自己的工作；敬业，就是全心全意地对待工作。爱岗是敬业的基础，而敬业是爱岗的升华。对绝大多数人而言，事业是生命中最重要的部分，四方公司的员工们也不例外。四方公司属于电力行业，每逢遇到生产高峰期，员工们便主动放弃按时下班回家的时间，自愿留在公司加班，普通工人们如此，我们经理人张姐亦是如此，她一方面需要配合高层领导完成公司制定的战略指标，另一方面则需要解决部门内部存在的各类问题，事无巨细，亲力亲为。有一次，她的脚不慎扭伤，由于一直忙于工作，她没有去及时治疗，错过了治愈的最佳时机，最后导致她不得不裹着纱布忍着疼痛继续上下班，而且，那段时间里她仍然不忘到车间巡视检查……还有多少次我在加班时，听到她在悉心嘱咐自己十来岁的儿子自己煮方便面；多少次我们加完班离开后她仍独自工作，直到那一次听上夜班的同事说她居然在公司工作了一宿，当时让我的内心深受触动，敬重之情油然而生……因为热爱岗位，她认真负责，一路走来，成为工作中的佼佼者；因为热爱工作，她精业敬业，成为整个部门的"领头羊"；因为热爱公司，她无私奉献，荣誉表彰，获得了市级"巾帼标兵"。

　　匠心者，是踏实专注、执着乐业的平凡员工；生产岗位的工作平凡，渺小，劳动强度大，且工作模式单一、重复性强，但总会有匠心者，虽然每天执行重复作业，但他们总能沉静下来踏踏实实地对待每一个环节；虽然每天的工作枯燥乏味，但他们总能专心专注地完成每一个细节。在我们的生产车间里，有这样一位普通的涂敷员，他的主要职责就是通过程序控制设备，由设备完成产品表面涂漆的作业。他在专心工作之余，开始尝试着打破原有涂敷模式，通过对设备程序的改造，将烦琐复杂的前期人工准备作业进行了优化，不仅降低了人工成本，更是大大地提升了工作效率。这位普通员工的成功，取决于他对工作的热爱，也正是这种执着乐业的态度，让他踏实专注、乐此不疲地从简单的小事做起，让他在平凡的岗位上做出了不平凡的业绩。

　　匠心者，是追求完美，精益求精的品质控们；在品质控的工作态度中印证着他们对质量的

1　作者单位：北京四方继保工程技术有限公司保定分公司运营中心电装部。

追求和忠诚。四方公司企业文化十六字方针中里，"品质优先"四个字时刻提醒我们要为打造一流产品而奋斗，同时也要求我们在工作中"多跑20米"。如何在工作中"多跑20米"呢？需要我们对待工作时要多做一步，多想一步。我们要严格控制过程，生产车间，自动化生产线，除了设备工程师及时认真的保养维护之外，操作员们也格外珍爱这些为我们创造产品的"大家伙"，从不野蛮操作，认真按照设备使用说明作业，到每天的开机前检查、擦拭、上油等，从根源上排除了潜在的隐患；我们坚持预防为主，检验人员使用设备自动检验与人工目检双验证模式，保障产品百分之百符合标准，我们笃信品质是尊严，我们倡导全员重品质，我们对产品追求完美，我们对质量倡导精益求精，因此我们才得以实现零缺陷交付。

著名管理学家马歇尔·多普顿曾提出过一个有意思的概念，"多一圈定律"，他发现德国汽车比法国汽车卖得好，于是深入车间调查发现了一个重要的生产细节：德国人拧螺丝时会比规定的标准多拧一圈，而法国人出于浪漫不羁的天性，往往少拧一圈，积少成多，最终就体现在汽车质量差异上了。如果说多一圈定律，是德国人严谨、专业精神的诠释，那么"多跑20米"便是匠心者对质量追求完美、精益求精的体现。

匠心者，是善于思考，勇于创新的弄潮儿们；回顾历史，有很多被人们津津乐道的"能工巧匠"，都是因为他们身上所具有的创造性品质而为人们称道，最著名的工匠代表之一鲁班也是因为发明了锯子、曲尺等实用工具而被后人称为"木工鼻祖"。齐白石一生曾五易画风，是因为白石老人在成功后，仍然能马不停蹄地改变、创新，所以他晚年的作品比早期的作品更完美成熟，也形成了自己独特的流派与风格。他告诫弟子"学我者生，似我者死"，他认为画家要"我行我道，我有我法"，就是说，在学习别人长处时，不能照搬照抄，而要创造性地运用，不断发展，这样才会赋予艺术以鲜活的生命力。创新是险峻高山上的无限风光，攀登创新地高峰，首先要有无限的勇气。鲁迅先生曾经赞扬过第一个吃螃蟹的人，因为螃蟹那丑陋、凶横的样子，别说是吃它，恐怕见了它都要退避三舍。创新也需要这种敢为天下先的精神！活在当下，中国是制造业大国，实现制造业不断强大的途径之一便是提高创新能力，而匠心又是助推创新的重要动力。因而，需要把匠心融入生产制造的每一个环节，敬畏职业、追求完美，才可能实现突破创新。"创新发展"也是四方公司十六字方针中的重要组成部分，为促进提升公司核心竞争力，公司一直营造创新文化氛围，一年一度的公司"成果秀"，就是公司为员工们提供的一个源源不断输出改善创新成果物的平台，从领导们的高度重视，到员工们的积极改善，小到工具和方法论的创新，大到创新型专利的申请，始终如一，坚持不懈，力求为顾客创造更大的价值。

精华在笔端，咫尺匠心难。所谓匠心，是奉献，是重复，是对完美的执念，亦是对创新的追求。商鼎周彝，秦俑汉陶，晋帖唐画，宋瓷缂丝，古有能工巧匠镌刻数千年中华文明，今有大国工匠创造让世人惊叹的"中国奇迹"。国产飞机，中国高铁，这些就是中华文明下的匠心制造。匠心，现在它在我们的工作和生活中已从一个词语变成了一种行为、一种精神甚至一种信仰，一个人拥有匠心或许微不足道，可若是千千万万的人一起努力拥有，定会创造美好未来！让我们怀抱匠心，砥砺前行！最后请记住，匠心者，人恒敬之。

【评语】本文围绕工匠精神中的"匠心"，作者从工作中兢兢业业的同事为典型，歌颂了本企业具有工匠精神的干部和技术员工。作者认为匠人的特征在于踏实专注、执着乐业；而匠心者勇于创新、善于思考。特别是对于本企业职工的描摹，能拉近读者与作者之间的距离，较有临场感。文章行文流畅，突出了典型人物的工匠精神；文末从面上概括出工匠精神的号召力。如果能在逻辑线索上稍微调整，点面结合，由社会到企业，或者反之，使得思路上不复迂回，则可完善成为较好的一篇工匠精神散文。

高新企业发展的核心——工匠精神

宋钱骞[1]

工匠精神是一种严谨认真、精益求精、追求完美、勇于创新的精神。我国自古就有尊崇和弘扬工匠精神的优良传统，一些工艺水平在世界上长期处于领先地位。瓷器、丝绸、家具等精美制品和许多庞大壮观的工程建造，都离不开劳动者精益求精的工匠精神。

弘扬工匠精神有助于高新技术产业提高创新能力、加快企业发展。目前，随着中国的高新技术的蓬勃发展，各行各业都需要有工匠精神作为指引方向去学习和衡量自己，将产品品质作为核心，培育员工如工匠般沉着冷静，才能做好大事，实现企业有效产值的目标攀升。态度决定一个人的言行，同时也决定着一个企业的兴衰。如何摆正工作态度和调适工作情绪，对团队乃至企业发挥着重要性作用。而工匠精神正是抚平浮躁、调节节奏，同时保持最强战斗力的一剂精神良药。工匠精神不是因循守旧、拘泥一格的"匠气"，而是在坚守中追求突破、实现创新。把工匠精神融入生产制造的每一个环节，敬畏职业、追求完美，才有可能实现突破创新。我们要通过弘扬工匠精神，培育劳动者追求完美、勇于创新的精神。

弘扬工匠精神有助于提升品牌形象。什么是品牌？品牌对消费者而言就是一种体验，或者是一种可以信赖的承诺，而对企业而言就是获利的工具。所以，做品牌从根本上讲是一种投资。当然，有些投资可以立竿见影，而有些投资可能需要等很长时间以后才能够看到成效。所以，在品牌建设上需要投入，需要有耐心。品牌是企业走向世界的通行证，也是国家竞争力的重要体现、国家形象的亮丽名片。近年来，我国品牌建设取得长足进步，但在国际上真正叫得响的品牌还不多，这与我国作为世界第二大经济体、第一制造业大国的地位很不相称。提升品牌形象，要求把工匠精神融入设计、生产、经营的每一个环节，做到精雕细琢、追求完美，实现产品从"重量"到"重质"的提升。通过弘扬工匠精神，让每个劳动者恪尽职业操守，崇尚精益求精，进而培育众多大国工匠，不断提高产品质量，打造更多享誉世界的中国品牌，建设品牌强国。

弘扬工匠精神，需要培养尊崇工匠精神的社会风尚、构建相应体制机制。一个国家、一个民族的发展，离不开各行各业劳动者的共同推动。社会对各种人才的评价会直接影响劳动

---

[1] 作者单位：北京旋极信息技术股份有限公司。

者努力进取的方向。我国虽然有"尚巧工"的传统，但技能人才在传统社会一直得不到应有的重视。健全技能人才培养、使用、评价、激励制度，注意提高劳模和技能人才的政治待遇、经济待遇、社会待遇，为劳模和技能人才发挥作用搭建宽广舞台，使他们在经济上有保障、发展上有空间、社会上有地位。大力弘扬工匠精神，也就是涵养劳动情怀与品格，在全社会营造劳动光荣、知识崇高、人才宝贵、创造伟大的氛围，调动全社会创新活力，汇聚成为推动劳动者创造发展的磅礴伟力。

凯歌奋进，扬帆远航。如今，每一位劳动者都是主角，作为时代的弄潮儿，我们更加需要工匠精神的引领，并成为工匠精神的践行者。让工匠精神成为人人乐道和向往的精神追求，不断谱写新时代的劳动者之歌。

当今社会心浮气躁，追求"短、平、快"（投资少、周期短、见效快）带来的即时利益，从而忽略了产品的品质灵魂。因此我们这家民营企业更需要工匠精神，才能在长期的竞争中获得成功。当其他企业热衷于"圈钱、做死某款产品、再出新品、再圈钱"的循环时，坚持工匠精神的企业，依靠信念、信仰，看着产品不断改进、不断完善，最终，通过高标准要求历练之后，成为众多用户的骄傲，无论成功与否，这个过程，他们的精神是完完全全的享受，是脱俗的，也是正面积极的。

中国很多企业的产品质量为什么搞不好？原因虽然很多，但最终可以归结到一个方面上来，就是做事缺乏严谨的工匠精神。中国的产品质量不如日本，原因之一就是人家做事比我们更严谨，更具有工匠精神。我们不能盲目学习和引进日本式管理。日式管理最值得学习的是一种精神，而不是具体做法。这种精神就是匠人精神。所谓工匠精神，第一是热爱你所做的事，胜过爱这些事给你带来的钱；第二就是精益求精，精雕细琢。精益管理就是"精"、"益"两个字。在日本人的概念里，你把它从60%提高到99%，和从99%提高到99.99%是一个概念。他们不跟别人较劲，跟自己较劲。

工匠精神就是要求企业如同一个工匠一样，琢磨自己的产品，精益求精，经得起市场的考验和推敲。工匠精神的核心是企业要追求科技创新，技术进步。如果说企业是国家的经济命脉所在，那么一个以科技创新、技术进步为主体的企业，就是民族振兴的动力源泉，是国家财富增加的源泉所在。

在企业发展征程上，我们也需要发扬工匠精神。北京旋极信息技术集团走过了不平凡的征程，为我国军工信息化、税务信息化、智慧城市等领域取得了不平凡的发展成就。在未来，我们将以嵌入式系统开发测试、时空信息网格大数据和信息安全三大核心技术为支撑，融合"互联网+"的发展模式，结合企业匠心精神，面向智慧防务、智慧税务、智慧城市、时空大数据应用等领域，打造新型产业智能化业务体系，力争发展成为领先的行业智能服务构建者。

取得这些成就的过程并不轻松，在这背后，与我们的踏实肯干、追求卓越的品质紧密相连。我们凭借着工匠精神走在前列，勇立时代潮头。取得伟大的发展成就固然不易，但是于我们而言，更不易的是如何守住发展成果，朝着更高水平迈进。我们面临着全新的改革发展稳定任务，不可能一蹴而就，需要将已经获知的工匠精神应用起来，指导今后的工作。

【评语】本文作者试图论述工匠精神在高科技企业发展中的核心意义。工匠精神的发扬对于员工摆正工作态度和调适工作情绪，对团队乃至企业发挥着重要性作用。工匠精神的发扬本身也是企业品牌投资的方式。从社会风气的改善，到产品质量的提高，再到作者单位所取得的成绩，作者将工匠精神作为上述各方面的目标和基础，分段论述。总体而言，文章过于零散，思维较为跳跃。各个部分似乎独立成文，缺乏内在的逻辑联系。然而，作者情真意切，文字中足见对工匠精神的赞美和颂扬。如能改进前述问题，相信将是不错的一篇文章。

匠心领航，乘风破浪

于梦宇[1]

党的十九大报告中提出要"弘扬劳模精神和工匠精神"。党的十九届四中全会中也提出"弘扬科学精神和工匠精神"。

工匠精神，一个听着很有年代感的词汇，如今被越来越多的提起，也被赋予了新时代的意义和使命。当我们乘着高新技术的浪潮，在时代的洪流中奔涌前行的时候，有很多人却迷失了方向，误入短平快的歧途，变得焦虑，烦躁。工匠精神正是这浪潮中的指路明灯，可以指引我们走出歧路，引领我们前行的方向。

什么是工匠精神呢？

工匠精神是北京地铁司机廖明师傅几十年如一日，百万公里零误差的敬业。在北京坐了无数次地铁，其中一次坐13号线的经历，时隔多年却仍记忆犹新。当时那趟地铁的窗户上贴着"北京地铁司机廖明，安全行车100万公里专列"，这引起了我的极大兴趣。原来，那天上午，当地铁13号线像往常一样，平稳驶入西直门站时，廖明师傅实现了自己安全行车百万公里的夙愿。百万公里有多长呢？大概是绕赤道25圈；跑百万公里需要多少时间呢？廖师傅给出的答案是33年；零误差是什么概念呢？北京地铁的标准是这样的：列车晚点5分钟以上算事故；某个车门未关严列车启动算事故；红灯动车算事故；停车超过规定线算事故……触犯一项，之前安全纪录全部归零。后来看了记者对廖师傅的采访，结尾时，廖师傅是这样说的："原来是爱一行干一行，现在我跟他们说是干一行爱一行，当你离不开的时候，你必须得爱它，这样你才能往下走，任何事去适应它，成功对于我来说是什么呢？对于你做的事情去理解它、了解它，去热爱它，把它当你生活的一部分，你就快成功了。"

工匠精神是王羲之练字如痴，入木三分的专注和坚持。王羲之是东晋时期的大书法家，有书圣之称，他的书法博采众长，自成一家，影响深远，代表作《兰亭序》更是被称为"天下第一行书"。王羲之能取得如此大的成就，和他的专注坚持是分不开的。唐宋八大家之一的曾巩的一篇文章《墨池记》中写到"羲之尝慕张芝，临池学书，池水尽黑"。王羲之在水池边上练习书法，最后练得水池都黑了，后人称之为墨池。"羲之之书晚乃善，则其所能，盖亦以精力自致

1　作者单位：北京旋极信息技术股份有限公司。

者，非天成也。"王羲之能取得如此高的书法成就，全靠自身专注于书法，并持之以恒的练习。

工匠精神是史蒂夫·乔布斯对产品近乎偏执的精益求精的追求。2010年6月8日，在iphone4的发布会上，当乔布斯的手指滑过屏幕解锁的时候，全世界沸腾了，划时代的产品诞生了，还记得当时屏幕前懵懂而又激动的自己。时至今日，苹果公司已经成为全世界电子产品的标杆，成为标杆的根源就在于乔布斯给苹果注入的对产品精益求精的灵魂。乔布斯说过这样一句话："想象一下，如果你是个木匠，正在打造一个漂亮的衣柜，你绝不会在柜子后面用胶合板，即使那一面永远对着墙，没人会看到它。但你自己知道它在那里，所以即使是柜子的背面，你也会用上等的木材制作。为了能在晚上睡个好觉，你会在审美和质量上做到尽善尽美。"正是这种对产品精益求精，不放过任何一个细节，哪怕看不到的地方的精神，造就了乔布斯和苹果公司的伟大。

工匠精神是海尔冰箱追求突破，锐意进取的创新内蕴。二十世纪八十年代，当时的绝大多数制造冰箱的企业都很依赖外国的技术，在国外的技术基础上，稍加处理，即可生产出一台冰箱。由于使用外国技术简单，自己研发耗时耗财，当时大家都不愿意自己研发、创新。但是，海尔在厂长张瑞敏的带领下，勇敢地走上自我研发、自主创新的道路，不但要自己造冰箱，还要造最好的冰箱，在不断的研发、创新的道路上越走越顺利，不断提升自身的竞争力，同时也带领着中国的家电行业走出了新天地，海尔也从一个小厂，不断成长为中国家电行业的知名品牌。

在我们的职业生涯乃至人生旅途中，工匠精神都是很需要的。它能够指引我们前进的方向，当我们工作中经常开小差的时候，想一想廖师傅的敬业。当我们摇摆不定，三心二意的时候，想一想王羲之的专注和坚持。当我们觉得自己做得差不多了，可以了，想一想乔布斯，我们是不是可以更好。当我们安于现状，不想改变的时候，想一想海尔，改变下思路，也许会获得更多的机会。

时代的洪流奔涌向前，让工匠精神成为我们的指引，怀着一颗匠心，在新时代扬帆起航，乘风破浪。

【评语】本文以事例论述了作者眼中工匠精神的内涵。古今中外，从个人到企业，作者选取了四个典型事例——廖明三十三年零失误驾驶，王羲之墨池练字，乔布斯论述产品细节，海尔以质量走向世界，他认为工匠精神是专注与坚持。文章短小精悍，主题突出，文字流畅。在篇幅上如果能加以笔墨，特别是对事例之下工匠精神内涵的挖掘继续深入，并辅以本企业中自己或同事的工匠精神事例，则本文会更为贴近本次论文大赛的宗旨。

新时代的工与匠

方世博[1]

工匠精神已成为最近几年的热议话题。工匠工匠，有了工才有匠，只有做了工才有可能成为匠，但是这两个字又不能剥离开来，只有二者结合以至于升华，才能有名副其实的工匠精神。

审视漫漫历史长河，工匠精神是人类钻木取火不懈的精神，是将地上泥土从无到有变成容器的手艺，是铸造最早青铜器具的精湛工艺，是早早将中国陶瓷远销丝绸之路乃至全世界的探索精神，是努力成为工业大国制造两弹一星的不朽精神，是为了满足全国上下人民温饱继而培育出超级水稻精神，而到了新时代，工匠精神体现在了生产生活的各个方面。

字面上看工匠精神包含了工与匠，成为一个工人容易，但是真正成为匠人就难了。在古代，所谓的工人，可以是编筐的手艺人，也可以是建造宫殿的建筑工人，最早的工人可能是第一个用泥土堆累出陶器的人，也可能是第一个融合出青铜器的人，但是在历史的见证下，只有质量过硬的精品才得以保留并传承。比如王公贵族的陪葬，只有好的首饰器皿甚至大件雕塑才能随陵墓完整保存，再如中国的瓷器早在唐宋年间就分出了官窑和民窑不同等级，只有那些真正将做工与匠人结合的作品才能真正地传承工匠精神。

而到了近代，由于洋务运动，旧时代的中国又开始学习西方的近现代工艺，洋务运动中当然不乏一些向着近现代好的方向发展的进程，但是大多数的实践只是停留在了做工的这一阶段。真正的匠人精神体现在了新中国成立以后。遥想当年的两弹一星，算术没有大的运载计算机，老一辈们用算盘支撑起了复杂的运算过程，苏联的专家在项目进行到最重要阶段离开了中国，只留下之前研究的只言片语，当时的匠人们靠着自己的摸索和努力，通过一次次实验，在实验中遭到辐射的专家学者倒下了，后面的同志又马上继续工作。终于在顽强不挠的工匠精神的支撑下，破除万难，在当时纷繁复杂的国际形势下研制出了属于中国自己的核武器，让全世界为之震撼。而制造首颗人造卫星更是那上加难，由于缺乏技术支持和制造经验，当时的研究只能摸着石头过河，但是当东方红响彻云霄的时候，全国上下都被中国的工匠精神深深震撼。而在航天航空以及核工业方面的成就到了近代也无法解决人民生活方面的问题，所以解决中国这个人口大国人民群众的温饱问题成了重中之重，而吃饱吃好一直是中

1　作者单位：北京滨松光子技术股份有限公司。

国人民长久以来的夙愿。正是因为这样袁隆平才年年在田间地头不断试验着杂交水稻，将农作物的生产潜力发挥到最大，大家也许都很难将在田间地头劳作的干瘦如柴的老人和工匠精神联系到一起，但是杂交水稻这一农业领域的壮举一点也不输那些在生产制造中所产生的成就。所以近现代的工匠精神已经不仅仅局限于大国工业领域，更体现在关系人民生活的方方面面。

而近几年的科学人文的飞速发展也造就了一大批工匠精神的代表，工匠精神现在已经不是简简单单体现在了个人的荣誉上面了。从载人航天到玉兔登月，中国在航天领域上的成功背后有着大国工匠们对工作一丝不苟精益求精的工匠精神，将每个航天部件做到极致，将所有的风险都消除在一个个零部件的生产制造的时刻。每一次载人航天的顺利归来，"玉兔"探测器在月球上发来的一张张实地照片，一段段珍贵的太空影像，都是大国工匠精神的最好体现，是大国工匠的精神，才让中国的航天之花在宇宙中灿烂绽放！而最令我振奋的一件工匠精神事迹就是"辽宁号"的成功下水首航并使用舰载机成功发射返航，中国航空母舰编队从无到有，中国的工匠精神让中国的军事实力又在国际大舞台上更上了一步。当时从遥远东欧漂洋过海来到中国的"瓦良格"号航母是一具没有灵魂的躯壳，通过国内工匠的数年努力，"辽宁号"不仅实现了重生，更是实现了中国海上实力的飞跃，正是有了大国工匠的不断努力才使得中国的航母编队能在世界上走在前列，才能使中国的国际地位立于不败之地。

新时代的工匠精神不胜枚举，而北京滨松光子技术股份有限公司作为光子领域的一颗冉冉升起的新星一直秉持着工匠精神，一如既往地提供最好的产品回馈社会。北京滨松光子技术股份有限公司成立于1988年，如今已有32年的历史，企业建立本着将光子事业视为己任的宗旨，一直在光子领域处于领先地位，由于公司属于中日合资性质，所以最早的技术是来源于日本，正是因为当时中日之间员工们对于工艺的孜孜不倦的追求，才有了最初的电子管方面的起步，公司结合市场需求，不断开发研究新的产品，闪烁体，玻璃材料，玻璃制品以致后来的医疗分公司应运而生。从建厂初期到现在，不乏将一生都献给光子事业的工匠，大家都是从普普通通的一个生产线的工人，一步步成为能担当起公司生产重任的工匠。由于公司成立初期不少技术都需要由日本教授，所以一部分同事漂洋过海去到了日本，克服了语言上的困难，攻克技术上的壁垒，将先进的光子器件制造技术带回到国内，誓要将光子技术在中国这片土地上发扬光大。到了公司稳定的阶段，大家又不断发扬开拓创新和勇于实践的精神，将光子器件相关业务不断扩大，公司先后开发了连国际市场都在探索的闪烁体业务，建立了廊坊和永清两大分公司，让公司的产品类型不仅仅局限于光电倍增管，而且延伸到了更高更广的光子领域。期间北京滨松的工匠们战严寒斗酷暑，为了保证生产条件符合产品生产要求，不惜在高温或者无尘间里努力工作和创新，正是在大家不懈的努力和不断对于光子技术的追求下，公司的闪烁体已经驰名中外，永清玻璃分公司今年也实现电炉的更新换代，廊坊分公司更是确立了更长远的发展目标。回顾漫漫历史长河，人们对于光子领域的探索仍然处于起步状态，但是北京滨松的工匠们意识到了自己身上的责任和对光子事业未来的无限憧憬，所以经过不断的努力和研究，北京滨松已经形成了一系列产品链条，已经做到了能生产、能修理、能创新的三能产品流程，在生产同时又不断减少已有项目的相关成本，大力投入资金到新的项目领域，让工匠们现有工作有传承，新的工作有公司作为坚强后盾的保障。

疫情期间，北京和廊坊两地无法正常上下班通勤，数十位同事义无反顾地留在廊坊分公司的职工宿舍，放下对亲人的牵挂，在疫情反复的大环境下依然坚守岗位，保质保量地完成生产任务，完成了公司的既定目标，更有个别项目远远超出了目标，上演了一场与疫情无声抗争的好戏。北京滨松也在能力范围内对于疫情期间家在外地的员工及时到岗并完成工作任务的员工进行了奖励，这不仅体现了员工自身的工匠精神，更是体现了北京滨松对于工匠精神的认可和褒奖。不仅公司内部对于员工的工匠精神有鼓励和嘉奖措施，廊坊相关区政府领导也视察了公司廊坊分公司，并对抗疫设备相关的员工做了重要指示和慰问，同时，不少客户也对北京滨松疫情期间依旧保证生产提出了赞扬和肯定，正是北京滨松这种工匠精神，为抗疫器材的生产点亮了一盏明灯，照亮了抗疫之路。

忆过往，往事如烟，工匠精神逐步发展与社会的不同发展阶段。看今朝，人才辈出，工匠精神得以真正的延续并发扬光大。北京滨松光子技术股份有限公司虽然只是历史长河中的沧海一粟，但仍是匠人精神最好的传承体现者之一，在接下来时间里，北京滨松的匠人必将一往无前，始终将光子事业作为己任，将匠人精神发扬到光子领域的世界大舞台上去！

【评语】本文阐述了作者对工匠精神的理解与对本企业工匠精神的颂扬。文中以历史流线将工匠精神从古代、近代推进到当代。先以我国近年来取得的巨大科技成就为开端，论述工匠精神的发挥对社会生活的影响；然后以本企业的创业到发展为例，展示了北京滨松几代职工的拼搏奋斗。文字中饱含深情，使读者体会到作者对本企业工匠精神的赞美和自身信念的坚定。如果能将工匠精神的表现更为细致地描写出来，并且增加本企业工匠精神践行的分量，应会使本文更为厚重充实。

弘扬工匠精神，做好技术支持工作

吴淑然[1]

技术支持岗位没有研发岗位的高深莫测，没有销售岗位的叱咤风云。技术支持岗位是一个桥梁，横跨在用户需求和研发产品之间。很多时候人们会听到销售签了多少单，研发产品产量等等，很少能够给技术支持工作一个量化的指标，这就造成市面上很多人对技术支持的理解就是电话客服角色，记录问题，然后找研发去解决问题。那技术支持到底在企业中是一个怎样的存在，是不是可有可无的角色呢？工作中是如何践行工匠精神的呢？

技术支持以成熟产品为依托，幻化为各种销售方案，看起来都是简单低级的重复性工作，总结起来也只能一笔带过。但技术支持是一个与人、与事交互的工作，需要对产品了如指掌，需要对需求深入挖掘，需要对客户诉求积极面对，像枢纽一样，不断沟通、不断衔接、反复重组，反复打磨，直到达到双赢的结果。一个企业可以没有研发，通过代理或者OEM丰富自己的产品线，一个企业可以没有销售，技术支持也可以准确地把握用户的需求销售产品，因此技术支持在一个企业起着举足轻重的作用。那作为一个技术支持我们是不是该是很骄傲呢？答案肯定是NO，因为我们离着举足轻重的人物还是有很大差距的。

本人在技术支持的岗位上已经走过了十个年头了，虽不能算得上名副其实的优秀技术支持，但是我可以自豪地说我们技术支持团队在旋极的平台上已经具备举足轻重的地位。通过自己工作的体会，从工匠精神角度来阐述如何做一名优秀技术支持。

工匠精神就是干一行、爱一行、专一行、精一行，要有务实肯干的心态，敢于吃苦的精神，不断开拓的激情。

优秀技术支持首要品质就是热爱，《论语》中有这样一句话："知之者不如好之者，好之者不如乐之者"。因为热爱，所以专注，只有真正欣赏自己的工作，才能体会到做事的乐趣。

我们常常抱怨工作不理想、领导不重视自己，试问我们自己是否热爱这份工作？真正用心去对待这份工作？工匠精神从工匠之魂、之道、之术等方面告诉我们热爱工作，精仪求精，不只是一种付出，更是一种获得，拥有工匠精神无论对自己或企业，都是一种"双赢"的局面。

1　作者单位：北京旋极信息技术股份有限公司。

工匠精神就是深耕产品，潜心于技术。优秀的技术支持需把产品熟烂于心，孜孜不倦地研究和探索，方有机会去寻找产品新的落脚点。

故障注入系统是旋极一款经典产品，是通过对用户痛点的剖析，在需求的牵引下研制的产品。曾经以"故障注入"的概念为出发点，产品打开销量。近几年来由于市场的饱和以及故障注入概念的普及，产品销量开始下滑。面对这种困难的局面，技术支持没有放弃。冯晓旺带领技术支持团队根据市场需求，故障注入特点精准把握，深入剖析，反复讨论，去寻求新的销售机会。在遇到问题或者困难的时候我们或许产生很多的想法，在技术领域，如果没有落地的方案或者项目，只能说是一种空想。想法落地还需要我们技术支持在不同的场合进行这种概念和想法的坚持不懈地阐述和推广，与客户不断地讨论这种架构是否具有应用的前景等等。先后经过两年的时间推出测试性试验验证平台解决方案，嵌入式闭环测试验证平台解决方案，故障注入产品作为其中一种解决问题的工具融入平台之中，以一个崭新的视角创造销售机会。

工匠精神就是专注与精益，把冷板凳坐穿，不断地学习，不断地锻炼自己，不断地提高自己。优秀的技术支持能够耐得住寂寞，持之以恒去研究和探索。

技术支持作为销售和研发的桥梁，很容易迷失自己，要不就扎身于技术红海中不能自拔；要不就脱离技术纸上谈兵；要不就故步自封，守着自己的一亩三分地；要不就作为问题传递者，用户与研发之间的伪桥梁。作为一名优秀的技术支持这些都要不得。首先要明确我们的立命之本，然后在其基础上幻化出各种产品形态，区分不变的是什么，变化的是什么，才能做到以不变应万变的局面。其次是要有广泛的知识背景，唯有这样才能在需求的面具下去找到自己产品的出路，才能既有内涵又有外延。再次要有技术信任能力，技术支持给予技术问题的答案要具有正确性、明确，不能信口开河，一旦给用户或者销售留有不可靠的印象，后续的工作生涯将会受到很大的影响。

技术支持要有耐得住寂寞的能力，因为很多时候技术支持就是每日反复枯燥地工作，需要静下心来去分析和总结其中的同与不同；技术支持要对自己进行严格要求，提供方案和汇报的PPT用心与否有着很大的区别，因为不同的用户对一个产品的关注点都不同，前期沟通过程中要去捕捉用户的关注点，提供的产品和方案才能更好地打动用户。技术支持要了解用户的痛点，购买这个产品或系统是想根本解决什么问题，而不是泛泛地介绍认为的产品的优势。技术支持是一个不容易量化的工作，因为一个项目的成败有很多因素，这就要求技术支持自己对工作精益求精，有时候是技术支持的持续不断地努力，用尽全力去解决用户的问题，而收到意想不到的效果。技术支持要勇于走出去，作为一个传输的纽带，要往销售和研发双向更进一步，使得问题的解决更加顺利。技术支持要用于善于分析和总结，工作中很多时候看结果，但是技术支持要在这个过程中去反复的思索，是不是还有其他解决方法。

那我们身边是否具有上述优点的技术支持呢，当然！蓝海文就是这样一个传奇的存在，他二十多年如一日地在旋极的平台一直深耕。早期通过精心研究和学习，带领技术支持团队，全国范围进行1553、A429、AFDX总线的技术宣讲，可以说是国内引入新型上述总线的前驱，总线在国内发展成熟的过程中一直持续的关注和研究，截至今日还是一如既往地进行现场工作的支持，客户们都亲切地称呼他"蓝工"，闲聊时用户总问蓝工还在旋极吗？他在，是用户对我们放心。技术在更新，人员在变动，关键时期蓝海文又扛起我们的技术大梁，去挑战新型FC总线知识，去承接老的AFDX的产品续研，把一个一个看似不能完成的任务，都轻松化解。有蓝工在就没有问题，这是事业部领导陈总给予的肯定。蓝海文在枯燥乏味的工作中一干便是二十多年，这是对工匠精神一种很好的诠释。

工匠精神的内涵之一是团队精神，在现代工业化社会中，社会分工越来越细，协作越来越紧密。工匠精神不单单体现在个人身上，更应该是团队的精神。体现于团队内高效协作，精密配合，相互助力，以高质量高标准的要求去完成工作任务。

作为技术支持，我们不因事大而难为，不因事小而不为，不因事多而忘为，不因事杂而错为。严肃认真地对待每一项工作，在平淡无奇的工作中推陈出新，以集体的力量去攻克一个个难题，我想这就是优秀技术支持的一种态度，一种对工作欣赏，一种能够抵御枯燥感的情怀，对企业而言，这就是追求卓越的创造精神、精益求精的品质精神，也就是工匠精神。

【评语】本文是作者从一名技术支持工作者的角度，论述本企业工匠精神的文章。作者从古文化中汲取营养，自问是否做到了对工作的热爱，因热爱方能忘我，方能实现工匠精神的价值追求。作者始终站在一线主人公的角度，分享发掘和演绎工匠精神的体会。文章字句恳切务实，能由人及我，使读者有较强的临场感。结构上如果能再精细布局谋篇，可能使阅读感更为自然流畅。

弘扬工匠精神，传承中华美德

马丽丽[1]

何为工匠精神？认为那是一种对任何事情都能做到精益求精，追求完美的精神。

你们听说过一万小时定律吗？加拿大作家麦尔坎·葛拉威尔在《异数》中指出："人们眼中的天才之所以卓越非凡，非天资超人一等，而是付出了持续不断的努力。只要经过一万小时的锤炼，任何人都能从凡变成超凡。"他将此称为"一万小时定律"。世界上不论任何行业，当你具备基本技能后，最终能出类拔萃，成为顶尖人物的，只有一个因素最重要，那就是练习，练习，再练习，最低限度是一万小时。

股神巴菲特、微软创办人比尔·盖茨、苹果计算机乔布斯，在他们的专业领域，投入都超过一万小时以上，他们专注的阅读、思考、研究、实践，才有今日的成就。我认为不光要有一万小时，还要有精益求精的做事态度。

无人不知的霍金，堪称是人类的一大奇迹。他因患肌肉萎缩性侧索硬化症，禁锢在轮椅上长达五十年之久，全身瘫痪，不能说话，他能动的地方只有一双眼睛和三根手指，其他部位都不能动，身残志却不残，克服了疾病之患而成为国际物理界的超新星。这样的一个人，站在了有可能连正常人都达不到的巅峰，这是付出了怎样的努力啊！时间固然重要，但空有时间，而不努力拼搏的话，就如同一片肥沃的土地不被耕种，杂草丛生，任其荒废。

在央视一套有一个综艺节目，叫作《挑战不可能》。其中挑战者张新停给我留下了深刻的印象。当时，他要在鹅蛋、鸡蛋、鹌鹑蛋上个钻五个孔，且蛋膜不破，这三种蛋都是生的，0.02mm蛋膜的厚度比纸张还薄，高速运转的钻床具有很强的冲击力，毫米之差就会挑战失败。看着张新停精益求精地处理着难度最大的鹌鹑蛋，把打磨下来的蛋壳一点一点地挑出来，真的是台上一分钟，台下十年功。主持人撒贝宁说："在张师傅的词典里没有'可以了'三个字，只有完美。"最终张新停完成了挑战，三枚鸡蛋版"孔明灯"诞生，张新停成功地进入了荣誉殿堂。董卿给出了这样的评价：今天对您的挑战项目我们是五体投地，从当中感受到一位普普通通的钳工，数十年如一日，把他的职业技能打造、磨砺成一种连机器都代替不了的竞争优势，凭借的就是一种勤勤恳恳、兢兢业业、甘于寂寞、甘于平凡的工匠精神。

---

1 作者单位：滨松光子医疗科技（廊坊）有限公司。

张新停在最后说："在我的工作里，没有毫米之差，有的只是千分之一毫米，大概是头发丝的六十分之一。"这真的是不可思议的精准度。

一代代"国宝级"匠人们留下的不仅是完美作品，他们以时间创造不朽，使得工匠精神永流传。

当"差不多得了"成口头禅，当马马虎虎成工作态度，当一夜暴富、一举成名追逐新宠，讲究精雕细琢、追求完美的工匠精神在这些"风尚"面前更显高贵。

工匠精神不仅是2019年红遍大江南北的热词，还是我们应该发扬光大的精神。现在是一个快节奏的社会，走在马路上可以看到手里捧着早餐，一边吃一边小跑着去挤公交的学生族、上班族。快节奏的生活使我们忽视了生活的质量，只是一味地追求效率。很多事情不是快就能做好的，慢下来，把每一件事情，每一个工作都做到近乎完美，在自己的工作岗位上勤勤恳恳，不断钻研学习，一丝不苟，精益求精，为社会为国家做出崇高而又伟大的奉献。

在追求短平快的今天，我们更要拥有工匠精神，拥有它，相信未来，我们将会走得更平坦。工匠精神，是对于完美的不懈追求。在许多人们的眼中，工匠精神，更像是一种吹毛求疵，但事实上，正是这种精神，造就了多少人的伟业，影响了多少人。也许有人会对此不屑一顾，念叨着所谓的成大事者不拘小节，却不知一屋不扫何以扫天下。

是的，正是因为小节的一点点的，如沙般聚集，才造就了平地而起的万丈高楼。细节，是工匠精神的四肢。如果说细节，是工匠精神的四肢，那么，创新，就是工匠精神的心脏。

工匠精神，是对于创新的不断努力。多少人体验过，为了一个知识，一个问题，一次小小的知识上的突破，就拼尽全力，只为明白，就注足思考，草稿遍桌，就欣喜若狂，哈哈大笑。在许多人的眼中，工匠精神，更像是一种学者的怪癖。但事实上，正是这种精神，影响了多少人的世界，造就了多少人的伟业，如爱因斯坦、爱迪生。

是的，创新，是工匠精神的灵魂。工匠精神，它如同辰星，高悬无垠，影响的人，数不胜数。所以，我们更应该去继承，去弘扬。工匠精神，其实就是由细节和创新糅合的产物，它活在我们的心中。有人倡导去国外，学习他们的管理方法，凭此来继承工匠精神。但其实，这种行为是错误的。工匠精神更像是一种对于职业本身的要求，是一种追求完美，追求创新的责任感，它活在每一个人的心里。要学习的不是国外的管理方法也不是什么神秘的知识，它就在人们的心中，我们要做的是叩问自己，是否可以时时刻刻地保持这种不断追求完美，追求创新的精神，凭此去完成每一件事，并且热爱它。

工匠精神不是管理方法，不是一种工具，不是一种神秘的知识。它是一种心态，一种干一行，爱一行，精一行的态度，它是工匠精神的灵魂。细节是工匠精神的四肢，创新是工匠精神的心脏，而态度则是工匠精神的灵魂。态度将引领细节，创新。让我们从小事做起，从细小的每一件事情开始，一点点的积淀。将来回首时，看到的将是彩虹。

【评语】本文以一万小时定律开篇，论述了作者在生活和工作中对工匠精神的理解和体会。作为一种精益求精的工作态度，"差不多了"和"完美"是两种截然不同的追求。作者列举了社会媒体中的大国工匠，意在说明工匠精神的精髓所在。并且，将工匠精神和社会创新联系起来，可以从发明创造中看到工匠精神的社会效益。最后，作者认为工匠精神不应是外部的管理，而应当是发自内因的主观态度。语言清新，有一定的条理性。如果能将工作中的事例具体展开，可能更具有感召力。

秉持匠心，一路前行：传承新时代工匠精神

司亚红[1]

在社会高速发展的时代背景下，为了追求高效率，实现高产能，很多人力劳动都逐渐趋向机械化。"慢工出细活儿"的慢节奏仿佛与大部分人追求的快速高效格格不入。但每个时代都不乏工匠精神的践行者，总有一些人，始终怀着匠心，在悠然岁月中，特立独行。

十年磨一剑，精妙的艺术需要被时光慢慢打磨。一砖一瓦，若是匠心独运，便可砌出富丽堂皇；一字一句，若能字字珠玑，定能作出华美篇章。

东晋王羲之，以书法得名。若非持之以恒，潜心磨砺，怎能成为人尽皆知的书圣？唐朝诗人贾岛一生穷困，是位出名的"苦吟"诗人，他对诗韵极致美的追求令人感慨。"两句三年得，一吟双泪流"，他斟字酌句的严苛可见一斑。因为持之以恒，精益求精的工匠精神，他们才得以百世留名，在各自领域取得不凡的成就。

往事越千年，百代化尘埃。精益求精是工匠精神亘古不变的真谛。全新的时代又给工匠精神赋予了新的含义，注入了新的活力。新时代工匠精神的本质其实就是一种优秀的职业操守和严谨的行事作风，可用四个字来概括：爱、专、严、新。

"爱"，指的是我们首先要热爱我们的职业，要时刻保持沉稳纯粹的本心，摒弃一切浮躁虚华，对工作保持高度热忱。只有这样，我们才能够全身心投入工作，在追求卓越的过程中不断成长并从中汲取快乐。我们可能做不到"爱一行，干一行"，但是我们可以努力做到"干一行，爱一行"。热爱，会提高我们的主观能动性和工作责任感，会让我们把原始的求知欲变成可靠的行动力。每一次进步，每一项成果，都会让我们的精神世界充盈着幸福感。倘若你对自己的职业十分排斥，或许你可以完成基本的工作要求，但极有可能做不到卓然超群，遑论追求极致。

"专"，则要求我们对工作保持专一，专注，进而才能变得专业。即使我们做不到择一业，终一生，但我们至少可以对当前工作保持高度专注。坚持脚踏实地，绝不投机取巧，专注于工作本身，绝不急功近利。"书痴者文必工，艺痴者技必良"，只有心无旁骛，潜心磨炼，才有可能成为自己工作领域的佼佼者。即便没有天分，数年如一日地执着与坚持，也必

1　作者单位：北京四方继保工程有限公司保定分公司。

将能做到术业有专攻。专注才能成就专业，专业才能铸就卓越。

"严"，代表的是我们对工作的严谨与严格。工作态度要严谨，自我要求要严格。"天下大事，必作于细"。任何环节，任何工序都必须一丝不苟，毫不松懈，如切如磋，如琢如磨，如同匠人般，一雕一刻，把器物赋予灵魂，将杰作注入心血。对待工作，绝不敷衍了事，绝无侥幸苟且。我们要用心雕琢每个细节，精益求精，持之以恒，在平凡中创造非凡，让不可能成为可能。

"新"，是一种格物致知，推陈出新的人生哲学。我们不能因循守旧，不断重复着前人的劳动。我们必须保持独立思考，培养创新思维。文不按古，匠心独妙。效仿他人的作品可以说是借鉴，但也可能会变成抄袭，赝品永远抵不上真迹的价值。我们可以选择站在巨人的肩膀上享受成果，也可以选择运用自己的智慧，去开创一片新的天地。创新并非不能汲取他人的优势，我们可以取长补短，但需要破旧立新，将大众化的产品做出核心竞争力。只有别具匠心，标新立异，我们才可以在行业领域中独树一帜，立于不败之地。

我们不是真正意义上的工匠，但我们依然要秉持匠心，在险些被文明世界遗忘的角落里不断坚守，在传承工匠精神的道路上奋勇前行。

【评语】作者开篇以古鉴今，阐释了工匠精神在中华文化中的意义。继而将新时代工匠精神定义为：本质是一种优秀的职业操守和严谨的行事作风，分别从"爱、专、严、新"四个方面论述其内涵。文章短小精干，结果明晰，文字流畅，也是作者自身的思考。但是对于工匠精神的理解，存在主观和客观，内在与外在的交叉维度，如果能加以笔墨进行深入地解释和阐述，使意义更为准确。在各个部分论述中，宣誓性语言和情感性表达鲜明突出。如果能增加事实论证，则可使文章骨肉丰满，更为深刻。

浅论产品研发中的工匠精神

许　健[1]

在知识经济和经济全球化发展的背景下，企业之间的竞争越来越表现为文化的竞争，企业文化对企业生存和发展的作用越来越大，对企业生存和竞争力的发展具有至关重要的作用。随着"云大物移智链"等新技术的发展，以及在各行各业的逐步深入应用，"大众创业-万众创新"已经成为中国新常态下的经济发展引擎，企业员工需要跟踪新技术进行不断的产品创新和突破，需要兢兢业业才能获得产品竞争优势，员工的创新和敬业精神也会逐渐巩固企业文化，使企业文化能够发挥更强大的作用，才能带领企业走在国家前端，甚至世界前端。有学者提出工匠精神是企业文化的灵魂，影响着企业的方方面面。企业中工匠文化的盛行能够激发员工爱岗敬业、精益求精的工作态度，并增强创新意识，有利于企业的长期持续健康发展。

从本质上讲，工匠精神是一种职业精神，它是职业道德、职业能力、职业品质的体现，是从业者的一种职业价值取向和行为表现。在新的时代弘扬和践行工匠精神，须深入把握其基本内涵、当代价值与培育途径。工匠精神在于敬业、精益、专注、创新。

工匠精神在于敬业。敬业是从业者基于对职业的敬畏和热爱而产生的一种全身心投入的职业精神状态。部门领导一直要求员工做到"执事敬"、"事思敬"、"修己以敬"。"执事敬"，要求做到行事严肃认真不怠慢；"事思敬"，要求做到临事要专心致志不懈怠；"修己以敬"，希望员工加强自身修养保持恭敬谦逊的态度。在部门领导的领导下，我们在逐步形成属于自己的研发文化。在日常工作中，我们时刻秉持公司"顾客至上、品质优先、以人为本、创新发展"的方针，对质量进行严格把控，做到精细化管理，严格管控软件版本，以最大努力降低工作过程中的失误。当然因配网复杂烦琐的客观情况，有时也会出现缺陷，对此我们会以最快的响应速度，秉持"顾客至上"的理念修复缺陷，而这些缺陷记录亦成为部门宝贵的财富，我们会定期将缺陷复盘，目的在于在今后的工作中杜绝类似错误的发生，缺陷复盘已成为部门亮丽的研发文化，"专心致志，以事其业"是我们对待研发工作的态度。

工匠精神在于精益。精益就是精益求精，是从业者对每件产品、每道工序都凝神聚力、精益求精、追求极致的职业品质。所谓精益求精，是指已经做得很好了，还要求做得更好，"即

1　作者单位：江苏省南京市南京四方亿自动化有限公司。

使做一颗螺丝钉也要做到最好"。正如老子所说，"天下大事，必作于细"。能基业长青的企业，无不是精益求精才获得成功的。在一个个挑灯夜战的晚上，为了节约代码的一点点内空间，为了维护工具可以贴近用户使用习惯，为了提高遥测值的一点点精度，尝试着不同的方法，倾注着心血，为的就是提供更好更优质的产品，满足用户的需求，保证安全可靠的运行。

工匠精神在于专注。专注就是内心笃定而着眼于细节的耐心、执着、坚持的精神，这是一切"大国工匠"所必须具备的精神特质。从实践经验来看，工匠精神都意味着一种执着，即一种几十年如一日的坚持与韧性。其实，在中国早就有"艺痴者技必良"的说法。古代工匠大多穷其一生只专注于做一件事，或几件内容相近的事情。面对暴露出来的问题，我们秉持专注认真的态度，做到问题不过夜，做到电话24小时不关机，随叫随到。在工作中有幸见证一幕幕让人动容的场景：晚上十二点多，技术负责人回到实验室，挑灯夜战，解决现场遇到的问题，面对这样的压力，更需要专注来应对。

工匠精神在于创新。工匠精神强调执着、坚持、专注陶醉、痴迷，但绝不等同于因循守旧、拘泥一格的"匠气"，其中包括着追求突破、追求革新的创新内蕴。这意味着，工匠必须把"匠心"融入生产的每个环节，既要对职业有敬畏、对质量够精准，又要富有追求突破、追求革新的创新活力。事实上，古往今来，热衷于创新和发明的工匠们一直是产品进步的重要推动力量。我们紧跟时代的步伐，"配网5G差动保护"已步入国内领先地位、"接地故障检测方法"已经得到实践证明、"智能分布式互操作""即插即用"已经检测通过、"一二次融合终端产品"正在大力推广。

工匠精神在于团队。要相互信任。在一个集体里，我们每个人都承担着不同的责任，要让个人的力量汇聚成集体的气势，信任是基础。我们中的大多数人都参与或听说过"背摔"游戏：让一些人手挽手构成支架，其余一人背对着众人倒下。它不仅要求我们每个人都完成好自己的使命，构筑起一个坚强的支架，更要求我们能彼此信任、彼此支持。要相互包容。唇齿相依，因为绝对的接触和亲密，反而更感到对方的不足，反而相互挑剔。生活在一个集体里，每个人都有自己的个性和喜好，矛盾和误解会不可避免地发生。因此，学会包容，学会尊重，会让我们的集体更融洽与和谐。部门里面是一支年轻化的队伍，对于新入职的员工，有着一对一的师傅带领熟悉业务，他们耐心指导，毫不吝啬自己的技术，希望尽快让新员工成长起来。

当前在企业的发展中，质量是影响企业竞争力的关键因素，社会需求呈现多样化的态势，企业提供的产品和服务质量是企业不断发展的基础。质量具有多种属性的功能，其涉及了使产品更符合客户需求的所有要素，应该在更广泛的意义上对质量进行理解，企业对于质量的发展不再停止在提供的产品质量，还包括企业生产、营销以及开发等多个环节所提供的服务质量。培育工匠精神有利于处于不同位置的员工能够更加专注，具有创新意识和态度，能够具备发现问题和解决问题的能力，因此培育工匠精神有利于企业提高其整体的运营质量。培育组织中员工的工匠精神以及使组织具有这样的工匠文化有利于企业创新，不论何种企业，其最终目标都是服务不同的顾客，任何能够增强顾客对所提供商品的判断的行动都是具体的创新：不仅是那些提高产品性能的行动，而且是那些改善例如交货时间或售后服务，以及那些改善产品形象的行动。因此培育员工的工匠精神有利于员工发挥各自的创新行为，提高自身的服务与奉献精神，从而能增加企业的活力，促进企业不断地创新，不断地为产品注入价值，从而能够最终作用到组织的发展，提高组织的绩效。

结合现有研究以及对工匠精神的探索，部门打算从以下几个方面来培育工匠精神：第一，从部门的制度环境来影响员工的工匠精神，利用制度来给员工进行行为选择的导向，营造包容和鼓励的制度环境。第二，根据员工不同的工作性质有侧重的对员工进行工匠精神的培育。第三，从组织中领导层面来对工匠精神进行培育，领导应能够提供给员工一种具有信息性和支持性的环境，从而能够满足员工关系需求以及加强员工关系、激发员工的工作热情，增强员工的敬业程度。

践行工匠精神，从日常工作做起，从你我做起。在工作中我们要以恪尽职守的意识、热情服务的态度、严于律己的精神，时刻发扬开拓创新、积极进取的工匠精神，踏实工作、立足岗位、创先争优，平凡岗位上演绎精彩的人生！

【评语】作者立足于本部门本岗位，并结合当前我国技术革新的新的历史环境，提出了自己对工匠精神的理解，以及对本部门树立和培育工匠精神的工作建议。作者提出工匠精神的内涵在于敬业、敬业、创新和团队协作，并提出企业产品和服务质量决定企业的生命这一论点。文章有一定的层次，但在论述内容上似乎倾向于主观意识的描述，而缺少客观行为和规则的展示；同时，在列举工作中的实例时，难以聚焦而恐流于泛泛。通篇而言，立足实际，较为贴近工作实际；一些论述的内容上可以再行商榷，如鼓励24小时在线工作等，需要限定于特殊工作需要时方才合法合理。

人物篇

新时代的匠人——记四方公司继电保护研发攻坚团队

肖远清、房同忠、胡炯[1]

当前，工匠精神重新回归我们的视野，成为各行各业追求卓越的代名词，彰显出了独特的时代价值。在四方公司，有这样一个团队，他们深受公司创始人杨奇逊院士"产业报国"理念的感召，抱着坚定的信念，数年如一日、一步一个脚印，默默地用自己的青春和汗水，打磨着电力系统自动化设备的基础，把自己对专业的专注、对行业的热爱，对祖国的感情写进一行行代码、绘进一块块电路板中。他们用自己的行动，诠释了中华民族的工匠精神，并深深地影响着周围的同事、家人和朋友。他们就是四方继电保护研发攻坚团队！

肖远清，自研究生毕业后，一直专注于继电保护产品的开发和运行维护。他是团队的主心骨，也是大家的"大班长"。哪里有困难，哪里就有他；哪里有"痛点"，哪里就有他。他时常挂在嘴边的一句话就是"再想想办法！"，道出了一个"匠人"的追求—精益求精。继电保护，一个工程性很强的学科，内含很多经验的东西，一次次的实验，一点点的摸索，怎样才能做得更可靠、更灵敏？"再想想办法"就是他孜孜以求行动最好的注脚。于他而言，科研和产品，永远在路上，没有最好，只有更好。电力系统的安全稳定运行，涉及国计民生，关系千家万户。电力系统中的任何异常，都要查明原因，做到预防。继电保护，就是将异常最快隔离、不让故障影响的第一道防线，任何异常都要讲清楚，做明白。随着电网架构日益复杂，特别是新能源接入后系统工况复杂度更是急剧上升，现场异常的情况，有时用户并不能在短时间内搞清楚。无论上班时，还是下班后，无论深夜还是黎明，只要一个电话，肖远清就会立刻投入工作。有时是一个人，有时组织一个小组。在办公大楼后面经常会看到他拿着电话，一打就是一个小时，询问每一个细节，不放过任何一个信号和波形。他经常说，用户找你了，说明他一时半会儿搞不清楚，也说明情况复杂，你就不能等闲对待，你唯一的责任就是把真相搞清楚，向用户说明原因，只有这样，系统的安全才有保障。有时，还不能只讨论，需要进行系统仿真和复现。每年，分析实验室的灯火不知道到要通宵达旦多少日。只有用户放心了，他才会眉头微展。当别人回去休息的时候，他又开始准备材料，将所得所想，记录下来，分享给身边的小伙伴。大伙儿经常说，啥叫四方的"问题不过夜精神"，看

1　作者单位：四方公司继电保护研发团队。

看肖总就知道了。不仅是他一个人，在他的身边，有很多这样的人。他的主要助手杨卉卉，做起产品来更是一丝不苟。大家都知道方案不详细、细节不琢磨好，不敢和杨总讨论方案。还有那个号称"搞保护的"郑牛潼，这几年连续作为新产品开发的核心骨干，家在北京，但经常住在公司，周末才回去。问他为什么？他说："一不注意就十来点了，回到家睡个觉再回来，还不够浪费时间的！"在他们的带领下，公司"就地化"、南网标准化、国网标准化多个系列产品都按时完成新品研发。多少个"一不注意"都是在问题讨论中发生的，多少个"一不注意"都是在"注意细节"中发生的！

房同忠，山东汉子，性格直爽、敢说敢干，搞起技术来，一丝不苟，研发战线的一个老兵。搞过硬件，做过驱动，写过协议，开发过系统，现在做设备里的管理软件。"你别看就是个管理软件，错一个符号都不行，咱可是Master！"这都快成他的座右铭了。作为软件平台中最重要的一部分，他面对的是各个系列产品不同的需求，怎样做能既满足各种需求，又能可靠、高效？这是他思考最多的问题。因此，他不得不和各个系列产品的代表反复沟通。如针对一个做法，一个产品要求做成A，另一个产品要求做成B，都不喜欢配置，这样的"匠心饼干"是家常便饭。房同忠的法宝，就是踏踏实实地讨论，搞清楚对方要的最本质的东西是什么。作为设备内部管理软件，他和小伙伴们经常说，我们的用户主要是"内部人"，让他们舒服了，产品的最终用户才能舒服。所谓的内部人，就是做产品研发的。他们就是这样理解"顾客至上"的。有一次，为了一个内部数据传输的事情，有的产品希望做得通用一些，对传输效率不太在意，不希望维护；另外一个产品，需要传递的数据种类也多，而且要求高实时性传输，接受不同的场景维护不同的配置。两个产品研发团队都为自己的方案据理力争，要求平台部门按照自己的方案做，问题的难点是第二天就要。房同忠得知这个信息后，连夜召集大家讨论，反复确认细节，最后提出了"一个机制+一个算法"，并连夜进行仿真测试，完成了智能配置过程，保证了灵活性和高效率。第二天一早，当他把仿真测试数据摆在两个产品组面前的时候，大家都信服了。这样的事情时有发生，房同忠和他的小伙伴们，不仅是执行者，还是调解者，更是被检验者。我们问他，怎么才能让大家都满意，他说："你和他聊啊，深度挖掘，大部分时间他们自己需要的和描述的不是一回事，你只要把他们最需要、最本质的东西挖出来，就离解决问题不远了。"咱们不能怕麻烦！就是这个不怕麻烦，让他和他的团队，经常提出一个个方案，再整改一个个方案，直到大家满意。房同忠经常告诉他的队友们，好产品，都是磨出来的。这个"磨"字，包含了他们多少汗水，多少个日日夜夜！有人非常形象地用"死磕"二字来定义互联网时代的工匠精神，在产品研发过程中，又何尝不需要"死磕"精神呢？有了"死磕"精神，才会几十年如一日钻研、深挖，才有产品上的日臻完美、纯熟后的推陈出新。

胡炯，清华大学硕士，父母都是高级知识分子，地道北京人，家庭条件优渥。但他的勤奋，不仅在公司闻名，更是为许多同行和用户"乐道"。他经常被"点名"参加各种会议，因为，他知道的"太多了"。但凡是硬件技术问题，到他这里基本就"为止"了。他那不弄清楚不罢休的精神，公司里每天负责关灯的保安最清楚。全楼最后一个关灯的区域，基本都在胡炯这里。面对问题，很多专家都是很肯定地阐述自己的理论，而胡炯的口头禅则是"那可不一定！"为什么？在他看来，凡事必须眼见为实，必须落地有声，必须经过千锤百炼。作为硬件平台的"总设计师"，他对研发有着"苛刻"的要求。在这两年，胡炯的主要精力放在自主可控产品的研发上，他组织设计的硬件使用全国产化的器件，很多器件还没有大规模使用，厂家的技术支撑能力和国际成熟厂家不可相提并论。在这种条件下，有些人觉得做不出来，有些人觉得做出来也不可靠，也有人认为，只要做出来，表示我们也能做到就行了。但他认为：不仅要做出来，而且要做好，做得漂亮，做得稳定可靠。这可真是说起来容易，做起来难！有的器件，对温度比较敏感，而厂家提供的参数，也仅仅是标准参数。在异常情况下，会有什么现象呢？整个系统要做什么预防设计，保证单个器件异常时，整个系统正常呢？胡炯带领研发和测试团队，通宵达旦，连续奋战，终于摸清了整个器件在不同温度下的运行特点，不仅在正常使用时，通过补偿提高器件性能，而且通过可靠性电路设计，有效规避异常时问题发生的可能。有个同事开玩笑说，我们胡总不仅是用了器件还培养了器件！就是这样，他二十年如一日，在研发岗位上坚持奋战着，和他的队友们攻克了一个又一个难题，占领了一个又一个技术高峰，让公司的产品、中国的继电保护大批量、长时间、高可靠性地为电力能源服务，保证各级电网的安全稳定运行！在他的身边，除了有硬件团队，还有驱动团队、FPGA团队、测试团队，所有团队都坚持同一个做事风格，不达目的誓不罢休。

四方公司是一个大平台，在这个平台上，有很多像他们一样的人，在认认真真、踏踏实实地工作，他们享受科技带来的丰富多彩的生活，感谢时代给予的机遇。他们胸怀"产业报国"的理想，以感恩的心学习和工作着，他们脚踏实地、务实认真，急用户之所急，想用户之所想，用自己的行动诠释着"顾客至上、品质优先"的价值理念。正如四方公司司歌所唱，他们是一群有梦想的新时代匠人，他们是一群有信念的工匠，他们用自己的聪明和智慧，攀登着一个个创新的高峰！

【评语】本文作者描述了所在企业中具有工匠精神的典型人物，展现了研发部门不同年龄层技术员工的先进事迹，是一篇优秀的弘扬工匠精神文章。文章的人物描述各具个人特色，语言和行为描述细致，在读者的眼中人物形象亲切鲜明。文章具有原创性，语言风格贴近现实，层次明晰，主题鲜明。每一次先进人物的名字的提出方式，可以看出作者对同事的钦佩和赞美之情，情真意切，感人肺腑。

深耕产品研发 践行工匠精神
——记四方公司自动化产品研发团队

武二克、李琨、王申强[1]

党的十八大以来，习近平总书记多次强调要弘扬工匠精神。党的十九大报告提出"弘扬劳模精神和工匠精神"。那么何为工匠精神？工匠精神是否遥不可及？其实，在我们的身边，就有这样的一些人，他们默默无闻，他们尽职尽责，他们兢兢业业，也许他们所在坚持的事情并没有得到多少人的赞扬和支持，但他们用自己的执着撑起了一片属于他们的不一样的天空，而支撑他们的，就是让人们动容的工匠精神。

在四方公司，就有这样的一支队伍——自动化产品研发团队，他们厚积薄发，敢打硬仗，能打胜仗，他们用自己的行动和付出诠释着何为工匠精神。

一、工匠精神的背后，是枯燥中的坚持

一盏枯灯一刻刀，一把标尺一把锉，构成一个匠人的全部世界。工艺的磨炼如同心性的修炼，都要历经千百种艰辛。当它以一个成果的姿态去迎接众人的赞誉时，我们不应忘记，那幕后的工匠精神。

武二克，四方公司自动化产品研发团队的一名普通的开发工程师，自从工作以来就一直专注于电力系统高级应用软件的研发。在旁人看来，他可能略显沉闷，但正是因为他对于钻研技术本身的热情，远远超过和人打交道的热情，才成就了他安心埋首于科研。有的人说他"轴"，可正是这种轴，体现了他追求极致的精神，专业专注的精神。因为在具有工匠精神的人看来，工作是修行，产品是修炼，不浮不殆，不急不躁，筚路蓝缕，久久为功。

作为工程技术支持的部门接口人，武二克积极与同事和用户沟通需求、方案和问题，工作中不怕枯燥，抓好每个细节，核查好各项条文条款。在算法类研发工作中，保持定力和恒心，不骄不躁，将坚持专注的工匠精神融入每一个研发环节，从需求方案、功能设计、编码开发到验收调试、工程应用，他都事无巨细，精益求精。武二克参与研发的调度主站AVC/AGC产品，在现场带机组联调试运行期间，为了解决一个用户都未曾发现的小问题，不惜推

---

1 作者单位：四方公司自动化产品研发部。

掉原有的错误既定方案，为保障产品的按时投产，彻夜加班工作，最终如期交付出用户满意同时自己也满意的产品。

人生本就是一场重复。但平庸和卓越的差别，就在于如何对待重复。卓越者不会对重复感到厌倦，无论在何种环境下都会找到解决办法，而不懂得专注和坚持的人，不能守住枯燥、冗长和反复作业的人，是无法在任何一项工作中做出成绩的。由于部门安排，武二克的工作重心由原来的算法工程师转变成了前端应用工程师，负责电网运检监控类主站软件系统的研发工作。由于这类产品处于电力监控系统与信息集成系统的交叉地带，是新业务、新方向。面对巡检终端和辅助设备种类繁多、主子站交互环节复杂、需要快速学习新知识和掌握新技术的难点，武二克与团队一起，经过数月的日夜奋战和不懈坚守，终于努力克服产品技术规范信息不及时，需求不明确的痛点，顺利完成了第一代产品的开发，并通过了统一的入网集中测试。

技术没有捷径，技术没有止境，技术拼的就是过硬，但是我们不能忽略的是坚守之后的满足与快乐，只有熟能生巧之后，苦尽才会甘来。武二克厚积薄发，在送检产品顺利通过测试后，又快速完成了产品的工程化定版，保质保量完成了第一个辅控主站的试点工程的验收和迎检，赢得用户好评，为辅控主站产品市场的巩固和开拓夯实了基础。同时，在始终如一的坚持之下，武二克不仅取得了技术上质的飞跃，成为相关领域的技术专家，同时也收获了周边的认可与赞许，连续多年获评为四方公司优秀员工。

二、将产品当成艺术，将质量视为生命

《诗经》有言："如切如磋，如琢如磨。"将一门技术掌握到炉火纯青绝非易事，但工匠精神的内涵远不止于此。

李琨，深耕电力系统自动化软件平台及应用领域，经历了四方公司历代软件平台的研发和变电站业务、主站业务应用的开发过程，在大家眼里是一位非常靠谱的软件开发工程师。

"靠谱"体现在他对工作专注倾心，对细节追求完美，对技艺不断磨砺，将产品视为艺术，将质量视为生命。他总能在关键时刻挺身而出，担起开发团队领军人物的责任；他总能在大家对方案举棋不定时一锤定音，展现出对负责产品的深入理解；他总能在产品攻坚阶段全力投入，带领大家在短时间内完成突破；他总能在代码的Review过程中，举一反三，不放过任何一个潜在Bug；他总能秉承四方公司"问题不过夜"的精神，第一时间复现、定位和解决现场遇到的疑难问题。

"没有一流的心性，就没有一流的技术"。的确，倘若没有发自肺腑、专心如一的热爱，

怎有废寝忘食、尽心竭力的付出；没有臻于至善、超今冠古的追求，怎有出类拔萃、巧夺天工的卓越；没有冰心一片、物我两忘的境界，怎有雷打不动、脚踏实地的淡定。近年来，随着公司业务的发展，自动化软件系统扩展到变电站四区的设备运检领域，为了实现这一领域的业务突破，李琨带领团队完成了"变电站一键顺控视频双确认"产品。在产品研发过程中，团队秉承"人无我有，人有我精"的精神，攻克了视频系统只能运行在Windows下的技术难题，使视频系统在Linux及国产化操作系统部署和运行成为可能，同时也打破了视频技术只有安防厂家能做好的固有观念，为团队和公司提升了信心。视频双确认系统在湖南罗城变电站顺利投运，成为湖南省首座投运的一键顺控视频双确认变电站，该产品目前已在多地推广应用，为基于视频的智能分析类应用奠定了基础。在准备国网设备部组织的"变电站视频监控系统"送检过程中，李琨带领团队放弃了所有节假日休息，在短时间内攻坚克难，经过无数个日夜的奋战，完成了送检要求的国网视频系统接口及功能开发，并顺利通过了电科院检测。该产品突破了四方公司在变电站视频监控领域的空白，为四方公司顺利签订国网首批智慧变电站合同立下了汗马功劳。

"没有最好的产品，只有更好的艺术"，正是在这种精益求精的工匠精神驱动下，李琨和他的团队完成了一个又一个"艺术产品"的开发和迭代，他就是这样一位"靠谱"的工程师，从细节做起，让软件开发过程在每一个环节做到更好。"不积跬步无以至千里"，优秀的产品正是在经历了无数个方案的推敲、无数个模块的整合、无数个测试用例的打磨、无数个缺陷的修复中逐步积淀和完善起来。

三、怀匠心践匠行，铸匠魂传匠情

做技术的人，每一天都在修行，修心、修技、修身，修的过程中总会彷徨、总会迷惘、总会退缩，甚至想要放弃，这都是很正常的事情，但最终做出什么样的选择，决定了一切。

王申强，四方公司自动化产品研发团队高级技术经理，从研究生毕业加入四方公司以来，二十年如一日，坚守在电力自动化产品研发岗位，爱岗敬业、孜孜不倦、持之以恒，在用户的心中是值得信赖的合作伙伴，在工程服务人员的心中是疑难杂症的解决专家，在研发同事的心中是志同道合的良师益友。而支撑他走到今天这一步的目标正是"怀匠心践匠行，铸匠魂传匠情"。

古人云"运用之妙，存乎一心"，可见匠心是工匠精神的第一位要素。怀匠心，不是因循守旧、拘泥一格的"匠气"，而是在坚守中追求突破、实现创新，是一个过程、一段努力、一个结果，是引领产品发展的动力，是秉持坚定不移的精神，是推动企业进步的灵魂。而践匠行需要明了匠行不是前卫，不是追求潮流，而是在创造的路上努力攀登，是执着、精技、崇德、求新。在国网一键顺控技术得到广泛应用后，如何降低配置工作量，提高操作票的成票速度与质量，实现不停电试验成为王申强和他的团队这一年来攻坚克难的方向。他们不断探索，积极尝试，最终提出了一种基于专家知识规则库的智能化拟票技术。通过运用该技术的拟票系统可以有效缩短顺控操作票拟票时间，减少人工配置出错概率，规范成票术语，减轻运行负担，提高工作效率，降低安全风险，在电网开票、防止误操作方面具有极高的研究价值。

"才者，德之资也；德者，才之帅也。"因而培养工匠精神必须立匠德。德，是工匠精神的统领与根本，是工匠精神的内涵和灵魂。人铸就了匠魂，才能坚守匠情。匠情是崇高的家国情怀、职业的敬畏情怀、负责的担当情怀、精益的卓越情怀。这种情怀，需要表率与传承。王申强面对难题就像一个苛求极致的"疯子"。有一次公司监控系统与商业数据库出现存储异常时，他主动承担问题的排查工作，为了掌握数据库的原理，他每天读英文说明、看操作实例，不停地模拟、思索、记录，在电脑前一待就是十几个小时，前后进行了上千次试验，甚至自学了数据库驱动编程。他就像着了魔一样，每天除了吃饭睡觉脑子里都在思考这个问题，经常半夜一两点钟刚躺下，又想起一个可疑点，立即爬起来继续试验。一次次的失败，一次次的打击，他却始终坚定信心，功夫不负有心人，终于成功攻克了软件问题。王申强说："我在科技创新中屡战屡败，屡败屡战，越挫越勇，这正是其魅力所在，也为我带来了无比的成就和喜悦。"正是这种强烈责任心，深深地感染着身边人，也让他在艰苦的工作中找到了快乐与激情。

如今的王申强是业内的顶尖高手，但他丝毫没有技术保留，想方设法培养新人，积极帮、传、带。他发现工程技术支持耗时费力，重复性工作多，于是提出把产品的典型应用进行汇总，形成典型案例台账，然后共享给技术支持人员，这些台账现在已变成了工程服务人员的"宝典"。王申强说："我在四方扎了根，我就继续在四方开花，挺好的。"时间证明他做到了，他不仅自身绽放，更桃李芬芳，培育出一批又一批的年轻工匠，进一步传承专业技术与匠人精神，助推企业可持续发展。

平凡的工作成就崇高的事业，平凡的岗位铸就人生的辉煌。"坚守专注，矢志不渝；精益求精，严谨务实；求是创新，延续传承"，这就是四方自动化产品研发团队所诠释的工匠精神。这种精神不仅是一种工作态度，也是一种人生态度，代表着一种时代的精神气质。干一行爱一行，爱一行钻一行。四方人的工作平凡却不孤独，因为有着一群一同奋进的同事，电力事业给了他们独有的工匠精神，他们也定能在平凡的岗位上书写不平凡的人生。

【评语】本文是一篇优秀的工匠精神文章。作者选取了本企业内具有鲜明个性特征的三位工匠精神代表，以群像方式展示了工匠精神在本企业的代表事迹。作者提出，工匠精神是一种工作态度，也是人生态度，更是时代气质。本文结构完整，逻辑明晰，具有较强的可读性。在描摹典型人物时，以各主人公的事迹为主要内容展示了匠心匠情下，技术攻关的成功。如果能辅以更为细节的行为、心理等描绘，应会使得人物像更为丰满。

身边的工匠精神

娄恃语[1]

时代成就楷模，困境磨砺大师。从2019年年底开始的新冠疫情对我们国家的各个方面造成了巨大的影响。然而萦绕在每个国人心头的复兴梦想正越来越迫切，面对困难的破解之道也持续倍我们思考。低头回顾，或许身边的默默无闻的工匠就是我们学习的方向。

从央视推出纪录片《大国工匠》以来，身边的同事就格外关注。一位位满怀专注和热爱，坚持苦思和钻研，用双手缔造一个个"中国制造"神话的大国工匠从幕后带到台前，也将工匠精神一词带入人们视野。工匠精神不仅是职业素养的要求，也是良好品质的代表。它是心怀匠心，以巧妙的心思进行创新；它是铸造匠魂，以高洁的品德坚守本心；它是守护匠情，以深厚的情怀面对工作；它是实践匠行，用求实的态度苦心耕耘。

工匠精神是国家的魂、民族的本，也是中国制造走向世界的重要基础。对青年一代而言，这一精神并不遥远，其中蕴含的爱岗敬业、精益求精、勇于创新、耐心专注等品质，与我们的生活息息相关。因此，我们更应担起肩上的责任，继承并发扬工匠精神，为中华民族屹立于世界民族之林而不懈奋斗。

自古以来，我们国家就有许多杰出的工匠，工匠精神的传承始终在延续。

古已有鲁班，万世工人祖，千秋艺者师。鲁班出生于春秋时期鲁国的一个工匠世家，年幼时就展现出对土木建筑的兴趣。不同于同龄人研习苦读，鲁班每天都花很多时间摆弄树枝、砖石等小玩意。左邻右舍都认为他不学无术，没有出息。只有母亲非常支持鲁班，她鼓励他从生活中汲取知识，在实践中发展才干，做自己喜欢的事情。正因为母亲的大力支持，鲁班从贪玩的孩子成长为一名优秀的建筑工匠。然而，年少养成的习惯使他并不安于成为一名普通木匠，而是非常留心观察日常生活，在实践中获得灵感，不断改进、创新自己的工艺和工具。

一次，他在爬山时被边缘长着锋利细齿的山草划破了手指，想到自己砍伐木料时，常因为斧子不够锋利而苦恼，心中顿时一亮。他请铁匠照草叶的边缘打造了一把带尺子的铁片，又做了个木框使铁片变得更直更硬，打造了一把锯木的好工具——就是后世使用的锯子。不

1　作者单位：北京滨松光子技术股份有限公司。

仅如此，鲁班还发明了墨斗、石磨、锁钥等工具，是名副其实的发明大家。日复一日的劳作使他练就了善于发现的本领，自我提升的要求使他形成了不断创新的思想，而精益求精的钻研使他成为建筑行业的先师，广为后世称道。鲁班的事迹也凝结为以爱岗敬业、刻苦钻研、勇于创新等品质为内核的"鲁班精神"，成为世代工匠追求的自我修养。

观照身边，王立春师傅就是新时代滨松医疗工匠精神的杰出代表，是我们身边的榜样。王师傅是滨松医疗的老员工，资深前辈，机械设计专家。进入公司以来，王师傅始终从事机械设计相关工作，参与了诸多医疗公司的重要项目，数十年如一日的坚守和执着，才能在工作中取得了令人瞩目的成就。

众所周知，医疗仪器的设计要求高，组成结构复杂，设计起来需要考虑的内容非常繁杂。其中涉及国标几十种，设计中需要对诸多要求和规定了然于胸，这本身就是非常庞杂的工作。同时作为医疗仪器，对于可靠性的严苛要求更是让设计难度更添一层，以核医疗的三探头产品为例，仅机械结构就有上千种，每种的设计又互相关联，各部件需要统筹考虑，全盘分析，整体配合方能发挥出应有的功能，任何一处的错误，哪怕千分之一的失误都可能造成严重的后果。王师傅始终严格要求自己，既能从整体统筹考虑，协调各部分的工作，使生产工作合理有序推进，又能观察入微，在细节中深入思考，不放过任何一个可疑的点。"设备关系到用户的生命安全，每个零件又都关系着设备的安全。确保质量，是我最大的职责。"设计、审核、检验、装配……凭借着高度的责任意识，王立春师傅在无数个日日夜夜重复着这样的工作，近乎苛责地要求自己，只为不出一丝差错，保证了核医疗仪器在海外的高可靠性，发货设备得到了用户的高度评价。

坚守岗位，精益求精，是匠人的职业道德；而心系国家医疗视野，不断探索技艺提升，更是公司工匠的风范。王师傅不仅精于设计，更关注整个生产过程，为生产设计了一整套的检验、组装、确认流程，为体系的搭建立下了汗马功劳。虽然增加了自己的工作量，却为设备的连续生产打下了坚实基础。

细可观察入微，总可俯瞰全局。王立春师傅在工作中不仅是一个执着的专家，解决一切问题的天才，更是一个身兼管理的全才，一个真正的多面手。生产的管理不同于科研，在科研中需要的精益求精，认真细致，对原因的探索，而在生产中的过程管控，对不同员工的合理分配。王立春师傅总能敏锐的把握生产部门每一个员工的能力，特长、喜好，"因材分工"是王立春师傅的一大法宝。在生产中，不论难度上多大的困难，不论时间上多么的紧张，都在王立春师傅的安排下井井有条，各项任务总是按期保质保量完成。王立春师傅对大家的关怀，大家对王立春师傅的信任在这里构成了一道美丽的风景线，是滨松医疗最强大的战斗力。

王立春师傅在工作中养成了严谨认真的习惯，生活中却不乏对同事的体贴关心。对待生病的同事，王立春师傅总是在第一时间想起来，帮助买药、关心身体状况。在井延东发烧隔离期间，王立春师傅多次同井延东通电话，鼓励其调整好心态，正确对待隔离期间的困难。使井延东在隔离期间始终保持较好的心态，积极同困难斗争，乐观的面对现状，即使身在他乡也感受到家的温暖。

将毕生心血奉献给一门手艺、一项事业、一种信仰，精益求精，这是劳动者的自我修养，也是工匠精神的淋漓体现。我想，作为一个青年，王立春师傅就是我们新时期在公司的榜样，身体力行的教育新员工什么是工匠精神，什么是精益求精，什么是合格的员工。公司正是有了一个个王立春师傅这样的优秀匠人，才能一步步做大做强，走到今天。他们用善于发现的双眼探寻生活；用反复的试验发明一件件劳动工具；用近乎苛责的态度面对一个个零件，用不断提升的技艺为祖国医疗视野贡献力量。时代虽在变化，身边的匠人们却用劳动的双手，默默无闻地将匠心薪火相传。摒弃浮躁、宁静致远。外边的世界很精彩，自己却不轻易动摇；外边的世界诱惑很多，自己却不忘初心，精心雕刻医疗的品质。一个医疗人的职业情操、独特品格和工匠精神，凝结成一生守望的文化自觉。把更多的时间投入到平凡的工作中，让心灵远离喧嚣，抵抗纷杂的诱惑，才能让能力在沉寂中提升，让平凡的工作绽放时代的光彩。

当前我国正大步从工业大国向工业强国迈进，培育和弘扬工匠精神，将为推进中国制造的"品质革命"贡献力量。育匠心，铸匠魂，守匠情，行匠行，让传承百年的工匠精神在新时代焕发新生机，成就下一个"中国神话"。

【评语】本文是一篇较好的工匠精神文章。作者从本企业代表人物王立春师傅的典型事迹出发，描述了一个从工作态度到职业技能、管理能力等多方面所体现的工匠精神。文章从鲁班的故事开始，以古代匠人代表对应当代本企业的匠人代表王师傅，具有一定新意。文章文字流畅，结构规整，逻辑线条明确。如果能在工匠精神的内涵阐述上提炼，结合到人物形象的描述上，则更能突出主题。

工匠精神的深度与温度

杨兴革[1]

有这样一群劳动者，他们精益求精，追求极致；他们严谨专注，沉着理性。同样是这群劳动者，他们技能过人却仍不断创新突破，寻求进步；他们功成名就却朴实低调，对名利不屑一顾。他们，是外表普通的一群人，也是拥有最珍贵的情怀的一群人。他们，是工匠。他们拥有的，是工匠精神。

胡双钱，是中国商飞上海飞机制造有限公司的一名高级钳工技师，他在长达35年的钳工生涯里，日复一日，年复一年地重复着几近相同的动作。他加工了数十万的飞机零部件，从未出现过一次差错。他参与了我国首架国产大飞机——C919飞机的研发生产。这个可以容纳190人的庞然大物，含纳了数百万的精密零部件。每一个都需要钳工胡双钱加工打磨。其中，最大的近五米，最小的甚至比曲别针还小。由于零部件过小，以通常加工后的孔径内圆尺寸，其内径无法进行打表测量，更有难度的是，没有相关的专业工具。胡双钱反复琢磨，自创了一种测量内壁尺寸的方法——用规加上标准的圆柱销进行辅助测量。通过一次次达标测量，直到符合图纸的要求。再一次"救急"任务中，紧急需要一个精度要求为0.24毫米，不到一根头发的二分之一的高精度零部件。在厂里没有相应专业设备的情况下，胡双钱艺高人胆大，硬是靠自己的双手和一台传统铣钻床，用了一个小时，打出36个孔，完成了这次"金属雕花表演"。而这枚零部件一次性便通过了检验。就是在这样的一次又一次的考验中，由我国自主独立研发的C919大飞机终于翱翔在蔚蓝的天空，成功问世，在世界掀起哗然大波。

自改革开放以来，蛟龙腾飞，超算亮相，天眼启动，北斗巡航，港珠澳跨零丁洋……中国的成就全世界有目共睹，成绩斐然。而这一切，都是由无数个胡双钱、南任东一样的伟大中国匠人所造就的。他们奋战在祖国的第一线，不遗余力地奉献自己。

一阵清脆的车铃，打破了故宫的寂静，杨泽华和其他古文物修复的同事们准时来上班了。二十世纪八十年代初，杨泽华来到故宫，学徒三年后分进书画修复组，性格活泼开朗的他乐于接受传统技艺与现代科技结合。将现代活力，融入古书画修复。杨泽华与他的工作组接受新的修复理念，加强修复档案的整理，他说："扫描这些图，将来还可以用来做复制品，

1　作者单位：北京滨松光子技术股份有限公司。

用在不同的展出场所，如果没有这道程序，人们看到稀世名画的机会就更少了。"然而，与古文物打交道，传统技艺是重中之重，这是每一个修复师需要毕生修炼的。古书画修复的步骤很繁杂，最核心的四个是洗、揭、补、全。其中最难的，便是揭裱。先用热毛巾轻轻温润字画，后用镊子手工揭裱，这是困扰修复师们的千古难题，这一步，决定着整副文物的命运。几个身材魁梧的男人挤在一起，各个手持镊子，趴在同一幅画周围，小心翼翼地挑起裱褙。每一步，都需极为谨慎、恰到好处。揭多了，损伤字画，揭少了，重新装裱后有残留物质的部分厚于整张画面，长期磨损会硌伤画心，画心在这里就容易裂。古书画的揭裱历来只许成功，不能有失。纸、绢、刀、糨糊等，都是杨泽华修补文物所必要的工具，补洞的绢丝与画心质地、颜色要求相近，做到修旧如旧，才能恢复书画作品的原貌。而这一切，靠的就是修复师的一双眼，一双手；凭的就是实打实的功力。杨泽华和他的团队坚持在修复每一件文物之前，都要先考察清楚这件文物所讲述的确切历史事件，其中每一个人物的姓名和他的身世，以及画中每一个元素所表达的寓意。杨泽华说："只有这样才能保证文物修复的准确性，要对文物负责。"[1]

工匠精神可以横跨55公里，可以容纳30个足球场，它是庞然大物，是大国重器。它，引领中国步步走向世界前沿。工匠精神亦是工作台上那根最细小的绣花针，那支最不起眼的笔刷，以微米为单位的精细勾画，呵护民族文化安然度过千年、仍旧璀璨绽放。它，造就了在世界之林一枝独秀、不可以替代的中华文化。

工匠精神，在巧夺天工的艺术手法，在世界前沿的科学技术，在一鸣惊人的医疗手段。这个词，是那么亮丽耀眼。它值得世人仰慕，那么，如何持有工匠精神？又如何传承工匠精神？

我国是拥有十四亿人口的泱泱大国，是以工人阶级为基础的泱泱大国。我们拥有上亿的技能劳动者。他们在推进中国科学技术的发展与腾飞、基本实现社会主义现代化，全面建成小康社会等各个方面发挥着举足轻重的作用。然而在当今社会中，还是普遍存在着"重视学历，轻视技能"的观念。这也与当前我国技能劳动者的普遍状况——社会待遇差、发展潜力弱、技能系统性与专业性参差不齐等问题形成了恶性循环。我想社会技能人才，是工匠精神的主要实践者、受益者，更是最主要的传承者。只有培育工匠，才能传承工匠精神。

打造本行技术卓越精湛、爱岗敬业、乐观自信的技能劳动者是非常必要的。在习近平总书记的倡导与带领下，我国正在不断完善相关技术人才保障制度，健全技术人才培养体系。在给予社会技能劳动者相关福利补贴的同时，免费提供专业技能培育课程，并授予相关证书，尽可能保障技能劳动者们最大程度的发光发亮。

若悉心观察，你会发现工匠精神一直在我们身边。也许是街角数十年如一日，每天凌晨五点准时亮起的那盏灯。在阿婆的煎饼摊，你总能遇见童年的味道，望着她佝偻的背影，你逗趣着问她："阿婆，您的煎饼能加芝士吗？"阿婆一脸认真："可以呀！前一阵我才学到的！"是学生课本里"每至于族，怵然为戒，视为止，行为迟，动刀甚微，謋然已解，如土委地"目无全牛的庖丁，亦是人们对一个个老字号在心中不可撼动的偏爱。在科学技术迅猛发展的时代，目所能及的任何一样事物，每天都在发生变化。在以"速度至上"的世界大环境中，你仍能发现我们心底对品质，对内在操守与外在沉淀，对工匠精神，保持的那份执着的赞颂与向往。静心想来你便能欣喜地看到，我们无时无刻不学习着工匠精神，感受着工匠精神，追随着工匠精神。几千年来，工匠精神始终如影随形地陪伴着我们，从未离开半步。这是一件多么令人欣慰的事情。

工匠精神，是对自己所从事的事业那发自内心的热爱与骄傲，是那份不可撼动的认真与耐力，是对卓越不懈追求的执着。"三百六十行，行行出状元"，人们推崇的从来不是职业的高度，而是那份发自内心的温度。正是因为一个个匠人们用生命热切地拥抱着这份温度，才有此后毕生的千锤百炼、百折不挠，才有大胆创新、不断突破。最终，才造就那绽放在世人面前，令人叹为观止的深度。工匠精神，在深度，亦在温度。

工匠精神，无论是对于社会还是企业，都应做到精益求精，坚持创新理念，善于找差距，补短板，坚持广阔的国际化视野，不断学习，不断优化；坚持奉行各项工序的严格标准，戒除一切懈怠散漫情绪；在产品、服务、管理体制等各个方面寻求高质量、高水准。

而身处社会各行各业的我们，践行工匠精神不仅仅是对我们自己的人生负责，也是为所在的公司、行业负责，更是为在奋力崛起、不断进步的中国负责。跟随工匠精神的引领，秉承"做一行，爱一行"的职业操守，术业有专攻，我们要不断精进个人技术，不断学习新技能；保持活跃思维，奉行创新理念，将工匠精神注入到每一天的工作中，渗透进每一件优质的产品上。

工匠精神，是那份来自心中的温度，能够提高个人能力与思想高度，实现自我价值。工匠精神，是那份令人叹为观止的深度，能搞创造物质与精神的价值，推动社会发展。让我们从自身做起，践行工匠精神，传承工匠精神！

参考资料

[1]电影《我在故宫修文物》第一集。

[2]《新闻直播间》7月5日专题报道。

【评语】本文从胡双钱、杨泽华这些大国工匠，到煎饼摊的阿婆——这些一个个鲜活的人物，所代表的正是作者所讴歌的中国工匠精神。作者认为，打造本行技术卓越精湛、爱岗敬业、乐观自信的技能劳动者，是我国工匠精神培育的必由之路；工匠精神来自于对工作的热爱，体现为工作态度上的坚忍执着。文字优美流畅，人物的登场自然并富有情景感，是一篇美文。

平凡中孕育着精干——工匠精神

康江松[1]

现在对于工匠精神有很多解读，但我觉得所谓工匠精神应具备以下三个特征：首先是创新精神，古往今来数不清的发明创造无不体现着工匠无比的智慧；其次是精益求精的职业态度，常说态度决定人生的高度，也是对完美的不懈追求；最后是敬业精神，干一行，爱一行，专一行就是敬业精神完美诠释。

我们现在从事岗位就是集成调试，作为四方公司产品出厂前质量把控和调试的一个重要部门，我们凝聚力量，分工合作，勇担领导交予的各项任务。在工作中严守质量关，执行三不原则，不清楚的设计图纸和原理绝不放过；产品有质量缺陷绝不放过；调试过程中发现异常和隐患绝不放过。我们在坚守质量的同时也不断优化作业流程，大胆创新不断提高工作效率，提升整体技能水平。部门同事团结友爱，爱岗敬业，在我们身边就有很多这样的同事。

一、科技创新

科技创新是公司长远发展不竭的动力，公司领导上下也十分重视，每年公司都在组织科技创新成果秀，无论是小改小革还是研发新产品、新技术，公司领导都给予丰厚的物质和精神奖励，因此我们部门也不甘逊色，下面简单介绍一下我们的成果。

首先是地标纵横定位优化，之前定义南北方向采用数字，东西方向采用应为英文字母标识，我们在实际工作中发现屏柜或物品标识位置不够细化，就像屏幕的分辨率不够高，我们将原来几面屏柜共用一个位置标识，细分修改为一面屏柜纵横添加数字标识，这样找寻物品和屏柜就能一步到位，精准识别，提高工作效率，实现了小改动大收获。

其次，我们也在工作发现总会遇到一些典型、易错、易忽略的问题，我们将其整理成册取名质量点控卡，就像高考时我们整理的错题集，这就是我们的制胜法宝，尤其对于新入职的员工，可以帮助他们快速掌握相关技能并且避免错误的产生，一举两得。

近期，国家对网络安全愈加重视，因此国产化芯片和软件操作系统应运而生，万物互联的时代也离我们越来越近，利用大数据智能化操作已成趋势，我们公司推出一键顺控实现智

1　作者单位：北京四方继保工程技术有限公司保定分公司。

能化操作，根据用户提供顺控票、五防逻辑及相关配置和要求，在顺控主机结合公司软件制作顺控逻辑和相关设置，可以大大节省人力和之前烦琐的操作流程，在安全问题上也得到了提升。在公司监控软件安装上，我们也由原来分步骤安装到开发一键安装包，大大缩短了软件安装时间，同时也减少了错误率的产生。

二、精益求精

由于工作需要，我们这里招聘的多数都是男同事，但能留下来的女同事可以说都是女中豪杰，她们巾帼不让须眉，干工作一点也不比我们男同事差。其中我们就有这样一个同事，她办事认真，工作踏实，精雕细琢，善于钻研，这就是我眼中的女工匠——邱江洪。

记得有一次，我们遇到调试的监控主机柜，需要将计算机及附件（打印机、键盘）等试结构，以保证其能够正常安装使用，打印机规格有很多种，我们有个同事为了省事，看了一下说："这个型号和之前的一样不用试了，没必要！"她却很严肃地说："这个必须要试一下，到现场出了问题怎么办，到时候不仅仅是自己的问题，也有损整个部门形象"。于是便很快纠正了那个想法。

为了节省现场工程服务同事的时间，同时也提高我们场内技能水平，有些屏柜出厂前需要进行综自制作和调试，开展厂调一体化工作，这项工作前期需要搜集模型模板，编写PLC，利用监控软件创建间隔，根据设计图纸在电脑上画图，并将相应的参数和数据库关联起来实现其相应功能。看似简单的工作，却是一个细心活儿，因为我们调试过程中经常发现有的同事制作的综自工程，有的画图不是很规范，要不就是遥信，遥控，遥测在主接线图和分图上匹配的参数不对，但这些错误却很少出现在邱江洪制作的工程中，看似简单的事情却从侧面反映出一个人对待工作的态度，常说细节决定成败，这就是精益求精的职业态度。

三、敬业

我们对待工作一丝不苟，兢兢业业，不放过任何一个质量问题和隐患。无论是面对国际工程紧急交付，还是面对脱贫攻坚国网新疆西藏重点项目和预制舱项目，我们从不在乎冬天寒风刺骨，夏天蚊虫叮咬，从未退缩，经常加班加点，全力以赴保交付、保质量这就是我们的光荣使命；为应对交付高峰期到来我们提前组织技能培训，休产假的女员工主动牺牲个人时间，周末组织培训和考核并远程支援团队工作；还有针对重点加急项目，我们安排专人负责，尽管工期紧张，我们同事仍每天来公司赶工组织验收，提前完成验收任务，保证产品顺利出厂，从而也高度赢得外厂验收单位的认可和称赞。

其中，我们身边就有这样一位平凡而不平常的老大哥，因他比我们年长，入职时间也相对较早，我们都尊称他浩哥，他平易近人，工作经验也比较丰富，遇到问题我们找他咨询，他总是很耐心帮我们答疑解惑，平时公司生产出新产品，他总是冲锋陷阵为我们开辟一条康庄大道。记得有一次领导交予他就地化装置的调试，之前四方公司没有这个产品，也是经过产品开发部同事日日夜夜不断摸索和尝试才有了现在的新产品。他接到任务迅速搜集相关资料，开始向这个新产品发起进攻，但由于新产品在设置和操作上都不是很熟练，遇到问题总是咨询相关技术人员一遍一遍尝试摸索，所以要经常加班到很晚才能下班，下班后还要编写作业指导文件，制作工装工具。有人问他："你为啥每天都这么拼命地工作，累不累呀？"他风趣说："落后就要挨打，现在无论产品还是技术竞争都很激烈。"有人问他："浩哥，你调试产品是怎么赢得质量和效率双丰收的。"浩哥说："很简单，就是一步也不能少并且争分夺秒抢时间。"一句很平常的话，却蕴含丰富的哲理，且道出了很多人共同的心声。有人问他："浩哥，你喜欢现在的工作的吗？"他说"有时做梦都在想着有一个点设计图纸怎么和实际接线不一样呢！你说我喜欢不喜欢？"很朴实的一句话，我想，干一行，爱一行，专一行就是这个意思吧。

我们就是这样平凡人干着平凡的工作，但我从他们身上体会到了什么是工匠精神，对工作敬业奉献、精益求精、不断创新发展，这将指引我们不断超越自我，不断为公司和国家创造更大的财富。

【评语】本文作者以自身企业工作为基础，描述了同事中具有工匠精神的先进代表。从巾帼女同事的一丝不苟，到争分夺秒、不怕苦累从事调试工作的元老级同事，作者捕捉到了本企业中的先进典型，论述了工匠精神的内涵：敬业和精益求精。同时，该企业的创新意识浓厚，在企业文化上尊崇创新科技的推进，也具有工匠精神的应有之义。文章选取的典型得当，描摹生活化，以对话方式展示了人物的性格特征。如果在语言之外增加外貌、行动等描写，会使得人物形象更为立体。文章语言清晰，布局明确，如果能将企业文化中的创新和后述先进人物的特质作相同处理，例如以人物典型的方式展示，可能行文更为统一。

工匠精神永流传

周宏江[1]

《说文》里曾记载："匠，木工也。"今天作为文字的"匠"，早已从木工的本义演变为心思巧妙、技术精湛、造诣高深的代名词。

我们可以发现，习近平总书记多次提到工匠精神的重要性。习主席告诉我们："广大企业职工要增强新时代工人阶级的自豪感和使命感，爱岗敬业、拼搏奉献，大力弘扬劳模精神和工匠精神，在为实现中国梦的奋斗中争取人人出彩。"

何为工匠精神？它是指工匠对自己的产品精雕细琢，精益求精的精神理念。工匠精神，并不是我们新提出的一种概念，而是我们作为中国人一直延续至今的理念。回顾中华悠久的历史，正是一代又一代工匠孜孜不倦地追求更精湛的工艺技术，才铸造了绚烂辉煌、领先世界的中国古代科技文明。其实，我们的先辈在几千年前就曾给我们示范过什么才是真正的工匠精神。他们可以不用一颗钉子，完全按照榫卯来设计桌椅板凳甚至是一座塔，他们可以在一块硬邦邦的石头上雕刻出栩栩如生的形象，他们可以制造出精美的瓷器……

从前"车马书信"的时代早已离我们远去，取而代之的是这个快节奏的社会，我们会发现，现在的很多企业的产品表现出多而不精的现状，正是因为我们过于注重数量上的多，而忽视了产品质量的问题。因此，工匠精神是我们千百年来文化传承的一部分，也是我们在现代发展过程中容易遗失、遗漏下来的宝贵财富。企业如何能发展，产品如何能得到消费者的钟爱，工匠精神不可或缺。

同时，工匠精神作为制造文化的重要组成部分，是我们制造业软实力的核心之一，发挥着重要的力量，它可以潜移默化影响我们的职业素养，不断丰富制造业的文化内涵。有了工匠精神的注入，我们会更加热爱我们的工作，把手中的零部件当作一个又一个艺术品去修饰，去打磨。长此以往，我们对工作，对职业的理解也会更加有深度，有格局。

可见，工匠精神既指生产者对自己的产品精雕细琢、精益求精、追求完美的精神理念，也指以"精益求精、专注耐心、专业敬业、勇于创新"为核心的职业素养。这种素养品质是职业精神的萃取，也是优秀文化的凝练。

1　作者单位：北京滨松光子技术股份有限公司。

北京滨松作为一家高新技术企业，是集研究、开发与生产、服务为一体的综合性企业，一直努力奋斗，以研制光电倍增管为基础，并不断向光子技术领域发展创新。我们公司的产品覆盖领域极广，例如医疗卫生，石油勘探，环境监测，生命科学，生物光子，工业测控，宇宙研究等等诸多重要领域。这些领域都是极为重要，极为关键的领域，我们所提供的每一个器械都必须经得住考验，这就需要公司各个部门，每一位员工的不懈奋斗，需要我们拥有"匠人"一样的精神品质，精益求精，专注耐心！

　　作为公司的老员工之一，我深刻地体会到北京滨松公司一向注重产品质量，环境保护以及技术的创新。我身为公司生产加工环节中的一名员工，更是将工匠精神融入自身，注入到自己平时的工作中。在工厂车间，就要弘扬工匠精神，精心打磨每一个零部件，生产优质的产品。"同时，我作为公司探测器部门PD封装工序的一名员工，平时主要负责封装和组装，这是一个听起来简单却又不太容易的工作。简单在于它只是两个部件的封装过程，不简单在于这个过程需要极大的耐心、定力、专注力以及精准度的把握，过程中稍有不足就会导致封装失误。就比如说CF-431型号晶体，由于CF-431晶体和PD窗口都极小，因此在封装过程中就更要极为小心谨慎，做到又稳又准。其次，在封装过程中，胶的量也是重点，一定要把握好，用胶太多或太少都会导致封装失误，进而影响它的稳定性。由于胶具有一定的流动性，在封装过程中手的力度也要控制好，让晶体牢牢固定在PD上，并且在取胶的过程中还要确保胶中不能有白色气泡，否则也无法进行稳固封装。在封装的过程中，需要我确保晶体窗口和PD窗口是否对准，仍需要时刻保持头脑清醒，集中注意力，精确取量，精准封装。然而每日重复地进行同样的精准封装，难免会导致视觉疲劳，眼花目眩，便更容易封装出错，一不小心就会导致晶体跑偏，与PD的窗口对不准。因此，更需要我们拥有极大的耐心和定力，脚踏实地，按部就班地一步一步做好每道工序。不仅要保证简单完成封装，还有做到精准封装，保持合格率达到99%~100%。

　　除此之外，每日需要封装量也有明确规定，因此又面临一个难题：数量与质量的平衡。古人云"欲速则不达"，我们不能一味地追求速成，追求数量多，我们更要追求高质量，追求高合格率。因此我需要不断地反思，不断探索，如何在速度和合格率上达到一个平衡，我需要不断思考，用什么方法可以在每日重复同一件封装中仍然保持工作激情，仍保持高度集中，用什么方法可以既保证每日封装的数量，又确保极高的合格率，这些都需要在工作中不断摸索尝试。

　　因此，这就需要我们具有"匠人"一样的精神，精雕细琢，精益求精，一丝不苟。我们需要在产品的细节上精雕细刻，不断地提升产品的品质，及时发现并改变产品存在的问题。也是在公司以及领导的带领、栽培下，铸就了我对工作一丝不苟的严谨态度，以及精益求精的工匠精神，这种工匠精神早已融入每一位滨松员工的心中。无论做什么工作，我们都要踏踏实实，脚踏实地，一丝不苟地完成，我们要追求高质量的产品，高合格率的封装，追求完美的理念，不断提高自己的工作效率。

无论哪个岗位，都是企业发展不可忽视的重要一环，我们都要做好每一道工序，每一个零件的焊接，每一个型号晶体的封装。我们要将工匠精神融入我们的血液中，融入企业文化中，只有我们都做到了"匠人"，才能更好地促进企业的发展进步。

北京滨松对高精尖的不懈追求，和工匠精神不谋而合。无论在哪个部门哪个岗位，我们都应该像手工匠人一样，拥有一颗"匠心"，即能工巧匠之心，它是指精巧、精妙的心思，本质上就是拥有创新之心。在平时工作中，不迷于声色，不惑于杂乱，沉潜自己、专注一事，始终不忘初心，精心雕琢技艺，时刻将工匠精神牢记在心，外化于平时的工作中，始终保持严谨认真，精益求精，追求完美，勇于创新的精神。我们要做到怀匠心，具有一定的创新意识和创新精神；铸匠魂，拥有较高的职业道德素养；守匠情，保有对工作的热爱和崇敬之心；践匠行，投身于日常的工作中！

【评语】本文是作者作为一线工作者对工匠精神的践行和理解。文字朴实，但是对工作环节的细节记述和工作经验的分享，一下子拉近了读者和作者的距离，让人可以身临其境的去想象工作中对工匠精神的践行方式。作者以第一人称的口吻，详细记述了封装工作的技术要求，也非常真实地诉说着工作重复性、精确性与劳动者体力和专注力之间的严格要求。文章结构完整，字字真情实感。在结尾处的工匠精神提炼，稍显重复；如果适当调整，增加文字的递进效果可能更好。